JN233440

橋の造形学

杉山 和雄 著

朝倉書店

序

　ローマ法王（Pope of Rome）の正式タイトル名を Pontifex Maximus という。これは英語に直訳すれば，Bridge Engineer in Chief，すなわち『最高の橋梁技術者』の意味である。橋を僧侶が建設していたころ，橋梁技術はずば抜けた信心を持つ人にのみ与えられる神の霊感と考えられており，最高位の僧侶は同時に『最高の橋梁技術者』と呼ばれたのだそうである。正式タイトル名が橋梁の技術者であり，例えば『難病を治す名医』など他の何者でもなかったところに，当時の架橋がいかに困難であったかが想像できるとともに，橋が表象する意味の大きさ，人々が橋に抱いていたであろう特別な感情がうかがえる。

　工学技術の進歩により，橋の建設は当時に比べれば格段に容易になった。それにともない，自分の仕事が昔でいえばローマ法王の正式タイトル名に匹敵するほどの象徴性のある仕事だと認識している橋梁技術者は少なくなってきたと言えよう。強度と経済性の枠組みの中で，合理性の追求が設計の主要部分を占めるようになった今日では，橋梁技術者の情熱が伝わってこない，無味乾燥で没個性的な橋も多くみかける。しかし，どの地域を訪れてもめぼしい橋は絵葉書になり，観光資源の1つになっていることをみてもわかるように，橋はその大きさと，他の構造物にはない特殊な象徴性のために，好むと好まざるとにかかわらずモニュメンタルな作用を生んでいる。だとすれば，志向してモニュメントとなるか，志向せずにモニュメントとなるかでは結果に大きな差が生ずることとなろう。「橋は醜ければ心の荒廃を招く」という Leonhardt(1968)の言葉に代表されるように，橋は，今日の文化を表象する性格と力を有しており，橋のデザインは「文明の時代に求められる社会的要請」（Oscar Fabar,1944）なのである。

　ただ，本書はその橋のデザインのありようを解説したものではない。デザインのありようの如何にかかわらず，橋梁技術者や景観デザイナーが橋のデザインを行う際に必要なデザインの言語や文法，修辞法としての造形の基礎について解説したものである。すなわち，思想を想いめぐらすには言葉が必要である。構造を考えるには数式が必要である。作曲をするには楽譜や楽器が必要であるように，人の思考は何らかの言語を媒介として成立している。デザインの場合も同様に，デザインを考えるには何らかの媒介が必要である。そして言葉に文法や修辞法があるように，媒介にはそれなりの法則や成り立ちがある。それが造形の基礎である。

　本書は大きく4つの内容から成り立っている。第一は，言葉そのものについてである。パースやモデルといった表示技術を，思考の媒介，思考の道具として解説している（第1章）。第二は文法に相当するもので，形というものをどう捉え，どう考えればよいか，さらには，色彩，テクスチャーに対する考え

方について解説している（第2, 3, 4章）。第三は，修辞法に相当するもので，魅力ある造形を導くために，バランスとか調和の考え方，鋼橋あるいはコンクリート橋といった材料の特質からくる魅力とは何かについて解説している（第5, 6, 7章）。そして最後に，造形の基礎と橋のデザインそのものを結びつけるものとして，吊橋主塔形状の変遷にみるデザイン思想の変遷や，デザインプロセスのなかで造形コンセプトの果たす役割を議論し，氾濫するコンセプトの考え方を整理している（第8, 9章）。

　ところで言語の習得は，それを知識として獲得すればそれで事足りるというものではない。必ず反復練習が必要である。そこで本書では，読者が自習できるような演習課題を各章毎に設けてある。巻末には解答例も示してある。しかし，それを最初から見るのではなく，ぜひ読者自身でまず解答してみて欲しい。さもなければ，言葉の習得はおぼつかない。

　本書が橋梁技術者や景観デザイナーにとって橋をデザインする際の言語を習得するのに役立ち，その言語を自由に操って個々のデザイン観を構築するとともに，様々に工夫したデザインを展開するための一助となれば幸いである。

　本書は建設図書出版の雑誌「橋梁と基礎」に14回にわたって連載された「橋の造形の手引き」に加筆，修正を加えて再構成したものである。そのきっかけを作って頂いた東京大学藤野陽三教授，横浜国立大学山田均教授に深く感謝したい。各章を執筆するにあたっては多くの方々からご助言や資料提供を頂いた。ことに，㈱長大シビックデザイン室，オリエンタルコンサルタント㈱野崎秀則氏，住友建設㈱，東海ゴム㈱の方々には多大のご協力を頂いた。ここに深く感謝する次第である。また，同僚の日比野治雄教授，渡辺誠助教授，洪尚憙助手にも多大の協力を頂いた。あわせて感謝したい。資料分析や図表作成を手伝ってくれた原田和香君，解答例を作成してくれた大平正君を始めとする大学院生諸君にも深く感謝したい。なお，表紙のデザインは博士後期課程在学中の小野健太君にお願いした。素敵な表紙ができたと感謝している。

　最後に，先般お亡くなりになられた元埼玉大学教授田島二郎先生には本書全般を通してご意見，ご助言を頂いた。感謝の意を捧げるとともに，ご冥福を心よりお祈り致します。

2000年12月

杉山和雄

目　次

第1章　　　思考の道具としての表示技術 ……………………………………………… 1
　　　　　まえがき ……………………………………………………………………… 1
　1-1　　思考の道具としての表示 ……………………………………………………… 2
　1-2　　表示媒体・技術の種類 ………………………………………………………… 5
　1-3　　スケッチ ………………………………………………………………………… 12
　1-4　　モデル …………………………………………………………………………… 21
　　　　　あとがき ……………………………………………………………………… 27
　　　　　演習課題 ……………………………………………………………………… 27

第2章　　　形の考え方 …………………………………………………………………… 29
　　　　　まえがき ……………………………………………………………………… 29
　2-1　　人による形の捉え方の違い …………………………………………………… 29
　2-2　　形の成り立ち …………………………………………………………………… 31
　2-3　　形の成り立ちの検討 …………………………………………………………… 36
　2-4　　橋全体の形の成り立ち ………………………………………………………… 43
　2-5　　アールがけ ……………………………………………………………………… 47
　2-6　　部材間隔の徐変方法 …………………………………………………………… 54
　　　　　あとがき ……………………………………………………………………… 62
　　　　　演習課題 ……………………………………………………………………… 63

第3章　　　色彩の考え方 ………………………………………………………………… 65
　　　　　まえがき ……………………………………………………………………… 65
　3-1　　色彩の表示法 …………………………………………………………………… 65
　3-2　　候補色の選定に際して考慮すべきこととその留意点 ……………………… 68
　3-3　　候補色の絞り込みと補助色の選定 …………………………………………… 74
　　　　　あとがき ……………………………………………………………………… 77
　　　　　演習課題 ……………………………………………………………………… 77

第4章　　　テクスチャーの考え方 ……………………………………………………… 79
　　　　　まえがき ……………………………………………………………………… 79
　4-1　　テクスチャーの構成 …………………………………………………………… 80
　4-2　　光沢（艶） ……………………………………………………………………… 82
　4-3　　起伏の形 ………………………………………………………………………… 85
　4-4　　テクスチャーの視知覚 ………………………………………………………… 89
　　　　　あとがき ……………………………………………………………………… 93
　　　　　演習課題 ……………………………………………………………………… 93

目 次

第5章		橋の注視個所と魅力づくり	95
		まえがき	95
5-1		注視点について	95
5-2		人々は橋のどこを見るか	97
5-3		人々は橋をどのように見るか	101
		あとがき	103
		演習課題	104

第6章		美的形式原理と魅力づくり	105
		まえがき	105
6-1		プロポーション	106
6-2		バランス	111
6-3		調和（ハーモニー）	116
		あとがき	127
		演習課題	128

第7章		橋の材料と魅力づくり	129
		まえがき	129
7-1		二次素材による形（鋼橋）と一次素材による形（コンクリート橋）の魅力	129
7-2		Multi Piece の美しさと One Piece の美しさ	132
7-3		軽快感と重量感	134
7-4		光沢・色彩・テクスチャー	135
		あとがき	137
		演習課題	138

第8章		デザイン思想の変遷 －吊橋主塔形状を中心として－	139
		まえがき	139
8-1		装飾の時代	139
8-2		モダニズムの思想獲得に向けて	140
8-3		モダンデザイン	143
8-4		長大吊橋にみる形作りの思想	150
8-5		ポスト・モダン	152
		あとがき	153
		演習課題	153

第9章		デザインコンセプト	155
		まえがき	155
9-1		コンセプトとは	155
9-2		設計方法とコンセプト	157
9-3		固有要件やコンセプトの具現化の方法	161
		あとがき	162
		演習課題	163

演習課題　解答集	165
橋梁形式ならびに橋梁各部の名称	195
索引	199

第1章

思考の道具としての表示技術
Presentation Techniques as Idea Developing Media

まえがき

　私たちが考えをめぐらすときを思い浮かべてみよう。私たちは考えをめぐらすとき必ず言葉を使用している。言葉を介さないで考えていることもあるかもしれないが，言葉に全く依存しないで，ある思想をまとめるのは不可能である。では，構造を考える場合はどうであろうか？　言葉で構造を考える場合はまれで，数学（数字）なり，図によって考えている。作曲家が作曲する場合も五線譜を媒介とするか，ある楽器を実際に演奏してみることが必要で，五線譜にも書かず，楽器も演奏せずに頭の中だけで考え，1つの曲をまとめることは不可能だと言う。

　このように，人が何かを考えるには，必ず考える道具が必要である。しかもその道具は数式であったり，図であったり，五線譜であるように，言葉であるとは限らないのである。デザインあるいは形を考える場合も同様である。デザインあるいは形を考えるための道具が必要である。そしてその道具は多くの場合言葉ではないのである。

　さて，人の思考をモデル化したものは幾つかある。そのなかでデザインあるいは形を考える際の思考を説明する上では，「思考の媒介過程説」[1]は最も受け入れやすい。これは思考の構造を，あるものに刺激されて積極的に反応を作り出し，反応が新たな刺激となって次々反応を生起すると捉えるモデルである（図1-1）。思考をこのように捉えるとき，刺激は大きく言語と物の2つに分類され，前者による思考を言語的思考，後者による思考を対象的思考と呼んでいる。こうした対象的思考を思考の一種として捉え，思考の言語万能説に対して反論がなされ始めたのは1960年代であると言うから，それほど古いわけではない。言い換えれば，デザインあるいは形は言葉では考えられないというのが筆者の立場であるが，そのような立場自体が比較的新しいということである。

　本章では，図面やスケッチ，パース，あるいはモデル等，一般に表示媒体と呼ばれるものが，アイディアの社会的伝達を目的とした視覚化の手段であるとともに，デザインにとっては対象的思考の媒介（言語的思考における言語に相当するもの）であることを示し，その種類と特性などを解説するとともに，それらの標示技術のうち，最も思考の道具となりやすいスケッチとモデルについてその仕組み，技法について解説する。

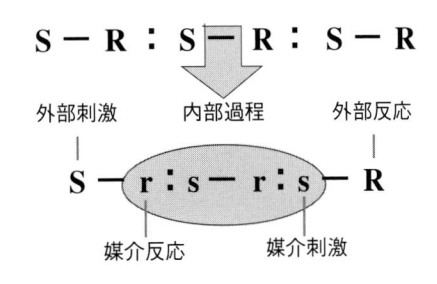

S－R：S－R：S－R

外部刺激　　内部過程　　外部反応

S－r：s－r：s－R

媒介反応　　媒介刺激

外部刺激と外部反応の間には内部過程があり，内部過程における刺激は媒介刺激，反応は媒介反応と呼ばれる

図1-1　思考の媒介過程説

1-1 思考の道具としての表示

1-1-1 表示の目的

　図面やスケッチ，パース，あるいはモデル等は，一般に表示媒体あるいは表示技術と呼ばれる。表示とは「外部へ表し示すこと」（広辞苑）で，技術者が考案したアイディアを目に見える形で外部へ表し示すことである。アイディアを頭の中だけで考えているだけでは，のぞき窓から限られた範囲をのぞいているようなもので，部分と全体，プロポーションやバランス，他との関係，機能性，材料特性と形など様々な観点をチェックして，実際に実現可能なものに作り上げてゆくことはできない。アイディアは何らかの形で視覚化されることによって初めて定着し，具体性をもって展開してゆくことができる。

　「外部」の意味は2通りある。1つは技術者が考えた内容を自分以外の，第三者に表し示す場合である。デザインの良否を比較・検討・評価したり，関係者との合意を図るためには，検討内容は適切に視覚化されていなければならない。いわば後者は，アイディアの社会的伝達を目的として表し示す場合である。もう1つは，技術者が頭の中で考えている内容を目に見える形で，技術者自らに対して表し示す場合である。浮遊するアイディアの定着や更なる展開を目的として視覚化する場合である。

1-1-2 社会的伝達を目的とした表示

　社会的伝達を可能ならしめるには，送り手と受け手が共通に理解できる媒体を用いることが原則である。媒体を個性的に表現したために，内容が伝わる人と伝わらない人がいることは好ましくない。したがって，送り手は一般的な意味で，没個性的にその媒体を作成することが要求され，受け手が確実に理解できる媒体を作成せねばならない。その点は，画家や彫刻家が感性の表出として個性的な表現を行うことと根本的に異なる。つまり，画家や彫刻家の表現は，それ自体が作品であるのに対し，デザイナーが描くスケッチやレンダリングは，それ自体は作品ではなく，伝達を目的とした表示媒体である。デザインそのものはいくら個性的，独創的であってもよいが，その伝達方法は没個性的でわかりやすく表現されねばならない。

　さて，このような表示媒体の作成過程においてアイディアを獲得すること，すなわち思考の生産的側面に遭遇することもないわけではない。しかし多くは，検討も終えて，単にデザイン案の伝達性を高めて視覚化する場合も多い。その場合には創造性に関与することも少ないので，表示技術に長けた専門家に依頼することが可能である。技術者自らがそれを作成する必要はない。したがって，社会的伝達を目的とした高度な表示技術の習得は技術者には不要であると言えよう。

1-1-3 技術者自らに対する表示

　技術者自らに対する表示は，第三者に委託することはできない。技術者自らが行わなければならない。

　技術者自らに対する表示にも，アイディアを視覚化するという側面と，視覚化することによってアイディアを得るという2つの側面がある。アイディアの視覚化は，前述した「技術者が考えたアイディアを自分以外の第三者に表し示す」場合と似ているが，表示媒体は社会的伝達性が強く求められているわけではなく，技術者自身がわかればよいというものでもよい。この両者は思考の媒介過程説における刺激と反応の連鎖のなかで，等しく思考に関与しており，思考の道具となる表示として重要な意味を持っている。以下この両者の機能を詳細に見てゆくことにする。

1-1-4 アイディアの視覚化

　一般に表示は，それが技術者自らに対するものであっても，先行するアイディアを視覚化したものとして捉えがちである。モデルを例にとるとわかりやすい。プラモデルには，例えばあるメーカーのオートバイであるとか，戦艦大和であるといった実在する対象がある。モデルはその対象に似せ

て作ったものというのが一般的理解であろう。科学的な分野で用いられているモデルも人体模型，分子の構造模型など，大部分は実在する対象を持っている。では橋のデザインの場合はどうかと言えば，橋という存在形式，アーチ橋という構造形式があるのみで，特定の実在する橋に似せてモデルを作るわけではない。実在する対象はないのである。そこで，先行するアイディアを実在する対象と考え，それを立体化したものがモデルであると捉えるのであろう。もちろん，こうしたアイディアの視覚化にも重要な役割がある。それはアイディアの定着である。アイディアはふわふわと浮遊しているようなもので，それを視覚化して定着しない限り，どこかに飛んでいってしまう。

表示の目的がこの段階で終わるならば，表示と思考との関わりは希薄である。しかし，いったんアイディアが視覚化されると，部分的であったアイディアと全体との関係が見えてきたり，機能性やプロポーション，バランスなど様々な観点からアイディアを見直し，次々と展開してゆくことができる。ラポポートは，これらをモデルの機能と呼び，以下をあげている[2]。すなわち，

発見的機能：モデルが示唆して新しい質問に導く機能，
予見的機能：モデルの示す仮定に基づいて事象を予言する機能，
計量的機能：単に質的であった観念を量化することを可能にする機能

である。ここで言うモデルは科学的分野で用いられているものであるが，本章で議論しているスケッチやモデルに十分当てはめることができる。このように，視覚化されたものに発見的機能，予見的機能，計量的機能を積極的に見つけてアイディアを展開するならば，アイディアの視覚化は思考の一部となる。

ところで，技術者が頭の中で考えている内容を頭の外に，目に見える形で表すという意味では，表示されたものは当人だけがわかるというものであって差し支えない。しかし，それがより積極的に思考の一部となるためには，表示されたものはここで述べた発見的機能，予見的機能，計量的機能を発揮するものでなければならない。アイディアの定着だけならば乱暴に描きなぐったものでも十分かもしれないが，それが新たな反応を生む刺激として機能するためには，反応を喚起するだけの質を有している必要がある。ちょうど，一般の言葉が，考えるときも話すときも同じであるように，我々の知覚が社会的伝達力のある媒体に大きく依存している以上，ある程度の社会的伝達力を有しているものであると言えよう。

1-1-5 視覚化によるアイディアの獲得

技術者自らに対する表示のもう1つの重要な側面は，視覚化することによってアイディアを得るということにある。発見的機能も予見的機能もアイディアの獲得であるが，ここで意味するものは，その元となったアイディアを得るということである。

科学的な分野では，例えば，ある現象の結果は事実として知られていても，なぜそうなるのかが不明の状態にある場合，「それは，○○と考えればどうなるか？」と様々な例え（隠喩）を思い浮かべているうちに，突如ある1つの例えがすべてを説明してくれることがあるとよく言われる。この例え（隠喩）が科学的分野で言われるモデルである。前述のラポポートは，こうしたモデルの事実を説明する機能を構成的機能と呼んでいるが，デザインの分野でもスケッチや，立体としてのモデルは，それが示唆する構成的機能によってアイディアを獲得するために作られる。

構成的機能：モデルの事実を説明する機能

ただ，デザインの場合は実在する対象を持たないので構成的機能の働きの方向は異なる。実在する対象を持つモデルを作る場合には，モデルで観察しようとする対象の特徴を把握し，何を抽象すべきかを見極めなければならない。言い換えれば，モデルを作る行為とは対象を抽象化してゆく過程で

あると言えよう。一方，デザインの分野で作られるスケッチやモデルは，実在する対象を抽象化して作ったものではない。それらは，そこに何かが抽象化されていると見なした結果である。スケッチやモデルが示唆する構成的機能を読みとり，これから創ろうとするものとそれが同じものであると見なすこと，すなわち同定化してゆくことによって生まれたものである（図1-2）。

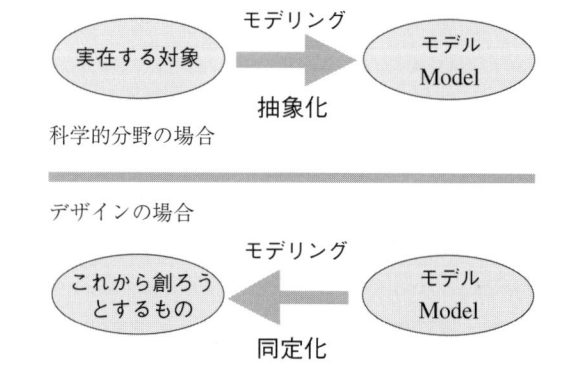

今，アーチ橋の構造形を考えていて，取りあえずスチレンボード（発泡スチレンをある厚さの板状にしたもの）から，適当な曲線でアーチリブの形を切り出したが，誤って途中で折れ曲がってしまったとする（図1-3）。しかしその形を見て，これを2枚背中合わせに貼り合わせると，単弦ながら橋面積の増加を抑えた面白いアーチ橋ができるかもしれないと考えたとする。このような場合，スチレンボートの折れ曲がったアーチリブは立派なモデルである。折れ曲がったアーチリブをアーチ橋の新たな構造形と同定した途端，それはモデルとなったのである。モデルはアイディアを視覚化して作ったのではなく，折れ曲がったアーチリブに構成的機能を読み取ることによってアイディアを獲得することができたのである。

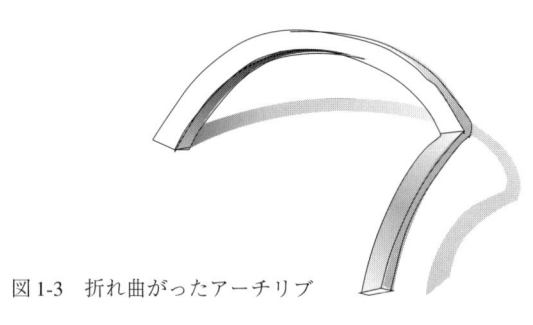

もちろん前述したように，いったんモデルができ上がると，「吊り材のアーチリブでの定着部を背中合わせの隙間に見せるという案はどうか」とか，「折れ曲がった部分どうしを連結して図1-4のような構造形は成立しないか」といったモデルの発見的機能や予見的機能を働かせて，様々にアイディアを展開することがでる。また，実際の形が目の前にあるので，モデルの計量的機能を駆使して，折れ曲がった部分が道路の建築限界を侵さないためにはどうしたらよいかを検討することも容易である。

写真1-1は，ここで述べたような過程を経たのかどうかは不明だが，折れ曲がったアーチリブを持つアーチ橋である。

図1-2　モデリングの意味

図1-3　折れ曲がったアーチリブ

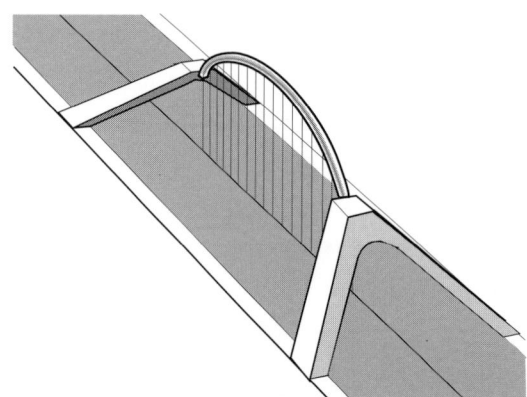

図1-4　折れ曲がったアーチリブの変形

写真1-1　折れ曲がったアーチリブを持つ橋

1-2 表示媒体・技術の種類

1-2-1 デザインプロセスと表示媒体・技術

では、表示媒体・技術として現在広く利用されているものにはどのようなものがあるであろうか。これに関しては成書[3]も多く、ここでは簡単に触れる程度に止める。

表示媒体は大きく、

① 図面やスケッチ、フォトモンタージュなど2次元上に表現されたドローイング（Drawing）

② 2次元上に表現されたものに時間が加わったアニメーション (Animation)、

③ 3次元の立体として表現されたモデル (Model)

の3種類に分けることができる。

デザインプロセスにおいてアイディアは徐々に昇華され、具体性を帯びてくるが、それに伴って表示の目的も異なり、より正確な、精度の高い媒体・技術が用いられる。そこでデザインプロセスに沿ってこれらがどう用いられているかを分類すると以下のようになる。

まず、表示の目的は、

① Study：デザイン案の作成、検討に役立てる

② Presentation：デザイン案の伝達に役立てる

③ Production：デザイン案の製作、施工に役立てる

の3つに分類することができる。

作成された表示媒体は、ドローイングの場合あるいはモデルの場合それぞれ、Study Drawingあるいは Study Model、Presentation Drawingあるいは Presentation Model、Production Drawingあるいは Production Modelと呼ばれる。以下それぞれを概観する（表1-1）。

① Study Drawing (Model)

デザインの初期の段階において、デザイナーが自問自答の形で作成するもので、アイディアの発想、定着のために作成する場合と、他の方法で得られたアイディアを確認、検討するために作成する場合がある。いずれの場合も第三者に提示する

図1-5 スクラッチスケッチ

図1-6 ラフスケッチ

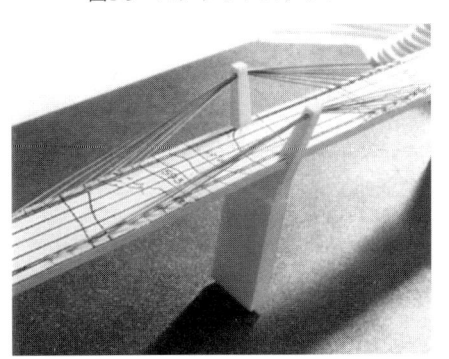

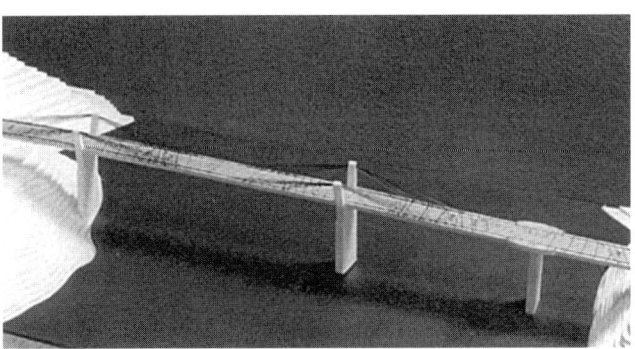

写真1-2 スケッチモデルに近いラフモックアップ

表1-1　表示媒体・技術の種類

表示の目的	ドローイング (Drawing)		モデル (Model)	
Study デザイン案の作成，検討に役立てる	Study Drawing	スクラッチスケッチ (Scratch Sketch) 走り書きしたようなスケッチ。俗に言うポンチ絵もこれにあたる。伝達性はあまり期待できない	Study Model	スケッチモデル (Sketch Model) アイディア獲得のために作られるモデルで，ただの切れ端のような橋の形をなさない場合が多い
		ラフスケッチ (Rough Sketch) 荒削りではあっても形は誰にでも把握でき，伝達性はある。		ラフモックアップ (Rough Mock-up) アイディア確認のために作られるモデルで，一応全体の形を作るが寸法比率などは大まか
Presentation デザイン案の伝達に役立てる	Presentation Drawing	パース (Perspective Drawing) 形，寸法比率に関しては図法に則って正確に描くが，素材の質感や色，背景に関しては簡略もしくは省略することが多い	Presentation Model	モックアップ (Mock-up) 形，寸法比率に関しては正確に作られるが，材料の質感，色，背景などは簡略もしくは省略される
		レンダリング (Rendering) 質感，色，背景に至るまで精密に描かれたもので演出性を盛り込んで表現される。通常カラーパースと呼んでいるものは，このレンダリングに近い		ダミーモデル (Dummy Model) 外観に関してできるだけ実際のものに似せて作られたモデル。材料の質感，色，背景もそれらしく表現するが簡略化する場合もある。動きのあるものに関しては省略する
		コンピュータグラフィックス (Computer Graphics) コンピュータで描いたレンダリングであると考えることができる		
		フォトモンタージュ (Photo Montage) カメラで撮影した架橋地点の写真上に描画したもので，橋を精密に描けば臨場感ある絵が得られる		フィニッシュモデル (Finish Model) 展示室に置かれているような全てを実際のものに似せて作られたモデル
Production デザイン案の製作，施工に役立てる	Production Drawing	詳細図 (Detail Drawing) デザイン検討の最終成果として描かれる詳細な図面	Production Model	ワーキングモデル (Working Model) ダミーモデルとは反対に，構造や挙動だけを模して作ったモデル
		製作図 (Production Drawing) 製作のため実寸で描かれる図面など図面による表示が中心となる		プロトタイプ (Prototype) 実際に作られるものと全く同じ方法で作られた試作原型 など

ことを目的とはしていないので表示の精度は低いが，その中にも程度の差により，媒体にはスクラッチスケッチ(Scratch Sketch)(図1-5)，ラフスケッチ(Rough Sketch)(図1-6[4])のような呼び方がある。前者に相当するモデルは，スケッチモデル(Sketch Model)，後者に相当するモデルはラフモックアップ(Rough Mock-up)(写真1-2[5])と呼ばれる。

② Presentation Drawing (Model)

アイディアがほぼ固まり，デザイン案の良否を検討・評価するために，第三者への伝達を目的として作成するものである。同じ第三者への伝達であっても，設計組織内での検討用と，関係者への伝達あるいは合意形成のために作成されるものとは表示の仕方が異なる。前者の場合には検討する対象，内容に焦点を当てて，その範囲での正確性を確保して作成すればよく，演出的な要素を盛り込む必要はない。しかし，後者の場合は，正確性もさることながら演出的な要素は欠かせない。

表示媒体は精度や演出的要素の程度により，パース(Perspective Drawing)(図1-7[6]，1-8[7])，レンダリング(Rendering)(図1-9[4])，コンピュータグラフィックス(Computer Graphics)(図1-10[8])，フォ

図1-7 鉛筆パース

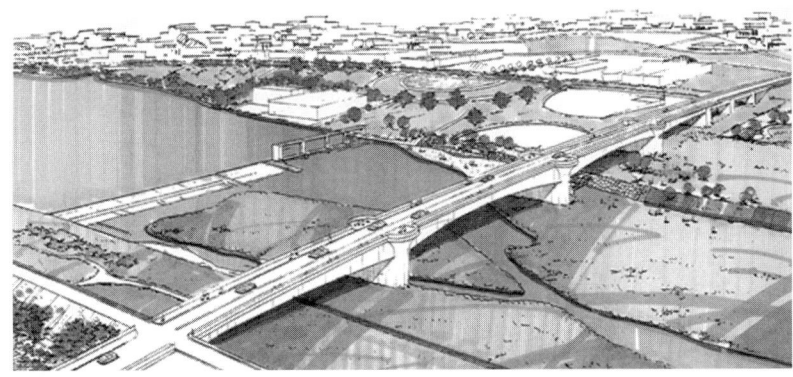

図1-8 鉛筆パースにマーカーで彩色したもの

図1-9 レンダリング

8　第1章　思考の道具としての表示技術

図1-10　コンピュータグラフィックス

図1-11　フォトモンタージュ

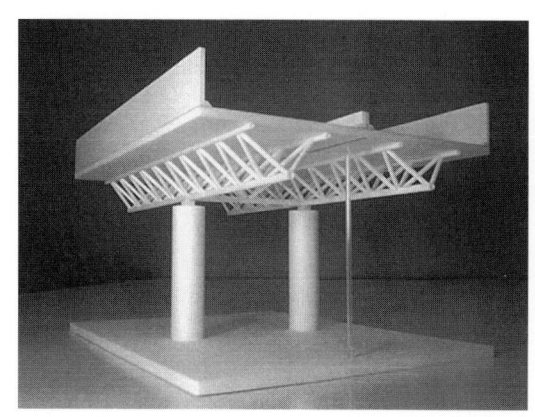

写真1-3　モックアップ（形だけで質感，色などは表現されていない）

写真1-4　ダミーモデル（ただし，すべての質感が表現されてはいない）

トモンタージュ(Photo Montage)(図1-11[9])がある。パースに相当するモデルはモックアップ(Mock-up)(写真1-3[10])である。レンダリング，CGに相当するモデルはダミーモデル(Dummy Model)(写真1-4[4])と呼ばれる。展示室に置かれているようなモデルはフィニッシュモデル(Finish Model)と呼ばれ，フォトモンタージュに相当する。

③ Production Drawing (Model)

　デザイン案を実際に製作，施工するために必要となる図で，図面による表示が中心となる。細部形状の検討図，曲線が用いられている場合の曲線の指定などデザイナー自身が描かなければならない部分もあるが，大半は，製作，施工担当者の手で描かれることが多い。また，この段階では，風洞実験用のモデルに代表されるように，デザイン案の実現に向けて必要となる実験や検討を行うためのモデルが作られる（写真1-5[11])。

④アニメーション

　アニメーションはコンピュータの発達とともに表示媒体として用いられるようになった。複雑な形状を視点を変えながら眺めるようにつくられたアニメーションは，図面や透視図よりもはるかに理解しやすい。さらに，高架橋の平面，縦断線形が動的環境の中でどのように見えるかの検討および評価（図1-12[8])，吊橋や斜張橋の主塔形状が走行車からどう見えるか，あるいはイルミネーションの点滅パターンのデザインなど，アニメーションならではの検討が行われるようになった。このように，橋の場合の利用目的は，同じアニメーションでもゲームなどの画面とは異なり，単に奥行き知覚が得られればよいというのではなく，より現実味を帯びたシミュレーションが主体となる。ところが，3次元データから自動的に透視図を作成し，陰影を含めてそれを次々に表示しようとすると膨大なメモリーが必要となる。ことに橋の周辺環境の表現は厄介で，パソコンレベルではなかなか追随できない。したがって現状では，むやみにすべてを写実的に表現しようとするのではなく，経費と時間を考慮し，シミュレーションの目的を絞り込んで表現することが重要であろう。

写真1-5　風洞実験用の斜張橋主塔形状の模型

図1-12　アニメーション

1-2-2 思考の道具となる表示媒体

以上の表示媒体を用いて刺激と反応を繰り返している限り，その表示媒体は，基本的には，思考の道具である。しかし，デザインプロセス全体から見ればこれらのすべてを思考の道具として活用するのは難しいものもある。集中的な思考のためには，刺激と反応にはある程度即時性が必要であり，刺激と反応を技術者自身が自由に扱えなければならないためである。その意味で，手軽に，容易に扱えるものは思考の道具となりやすい。上記の表示媒体で，思考の道具となるものは，Study Drawing, Study Modelと簡単なパース，モックアップ，簡単なコンピュータグラフィックスであると言えよう。

以下，各表示媒体の特性の違いや用具の違い，媒体の抽象度がどのように発想に影響を与えるかについて述べる。

(1) 各表示媒体の特性と発想

①図面：橋は橋軸方向あるいは橋軸直角方向に構造形の特徴が現れやすいため，図面で形を考えることは頻繁に行われる。正面，側面，平面といった基面に形の特徴が現れる物体を，定量的に検討・把握するには最も適した媒体であろう。物体の形を3面に分割して表示することは，適切な面を選んで形の検討を行えば，従属的な情報を省略して検討でき，効率的にアイディアを出すという長所もある。反面，形の視覚的，直感的把握に適しているとは言いがたい。凹凸のある形や，基面に対していずれも角度を持っている面や形，曲面のある形の検討は困難である。また，図面だけで形を考えていると，斜めから見たときの形の悪さや煩雑さを見落としたりするので注意せねばならない。

②透視図：透視図は図面と全く反対の性質を持っている。定量的な検討には適していないが，目で見た形の検討・把握を行うのに適している。透視図の最も優位な点は，目で見た形を描いているので，形の不整合，不具合を発見しやすく，部分的なアイディアを全体の中で調整したり，全体に敷衍する発想は無意識のうちに働くことと，2面あるいは3面同時に考えるので，平面的でない形のアイディアが得られやすいことであろう。透視図，図面ともに，それぞれの長所は短所ともなりうるので，図面で考えたり，透視図で考えたりと，行き来することが効果的であろう。

③コンピュータグラフィックス(CG)：これまでCGはデザイン案の社会的伝達を目的とした場面で使われ，思考の道具として使われる場面は極めて少なかった。今日でもアイディアを獲得しようとする初期の段階での使用は難しい。もちろん図面と同様，形の検討を平面的な図形に落とし込むことができれば，レイヤー機能などをフルに活用してパソコンレベルでも十分思考の道具として用いることができる。しかしCGの魅力は何と言っても，図面から透視図，透視図から図面への変換ができるということであろう。それぞれの媒体が持つ長所を生かして発想することができる。デザインの後工程も極めて楽になる。そこで，工業デザインの分野では，ある形の方向性が定まってからの形状検討にCGを利用しているところが多い。ただ，その状態にするまでのセットアップには時間と手間を要する。セットアップそのものはデザインの思考と無縁であるため，自動車や時計メーカーではオペレーターとデザイナーがペアを組んで，思考の道具として使っている。橋のデザインの分野でも考えねばならない問題である。

④モデル：基本的には発泡材を切ったり，曲げたり，あるいは粘土を成形したりするだけで，格別の技術はいらない。モデルの最も優位な点は，立体であるため，企まざる情報を豊富に抱えているということであろう。図面や透視図が抱えている情報の大半は，技術者がそれを描き終えた時点で掌握できているが，モデルには予期せぬ情報が含まれている。したがって，発泡材を折ったり，曲げたりするだけで，図面や透視図では思いもつかなかったアイディアにたどり着くことがある。創出したいアイディアの方向に向かってモデル材料

と遊ぶような感覚が必要である。他方，手軽に追加加工できることもモデルの持っている優位な点であろう。先行するアイディアの視覚化に止まりがちであるが，どしどし追加加工してアイディアを獲得したい。ただ，複雑な形の加工に無為の時間を要したり，モデル材料によっては追随できない形があるため，すべてをモデルで考えることができるというわけではない。

以上のように，各媒体の特性にはそれぞれ得手不得手がある。したがって，1つの媒体だけでアイディアを獲得，展開しようとすると限界に打ち当たる。スケッチをしては図面に取り組み，モデルを作るというように，ときどき媒体を変えることが好ましい。

(2) 用具の違いと発想

前述の折れ曲がったアーチリブの例では，スチレンボードが折れ曲がっていたところに着目してアイディアを得た。スチレンボードではなく，弾力性のある素材や折れ曲がらない素材を用いていれば，全く違ったアイディアになっていたかもしれない。このように，用いる用具によって着目点が異なってくる。モデルの場合，

　①扱った素材の性質に着目する場合

　②素材に関係なく，形に着目する場合

の2つがある。前者の場合，3次曲面を作ることのできない紙でモデルを作りながら，そこから3次曲面を発想することは難しい。反対に，3次曲面を構成しやすい粘土を扱いながら，平面や2次曲面を発想するのも難しい。モデルの材料選択には十分注意せねばならない。

スケッチの場合は，筆記用具の影響がよく知られている。アイディア創出の初期の段階で，細線の描ける筆記用具で描くと，細かいところまで描けるので，ついディテールに注意が行ってしまい，全体的なアイディア獲得がなおざりになることがある。細部は細い筆記用具で，全体的なアイディアは太い筆記用具で検討した方が良い。

(3) 媒体の抽象度と発想

スケッチやモデルの抽象度が高ければ高いほど，それは言わば何にでも見えるわけで，発想の範囲は極めて広いと言える。逆に具体的になればなるほど発想の範囲は狭くなる。紙に描いた長方形や細長いスチレンボードは，床版にも見えるし，壁式の橋脚として見ることもできる。しかし，T字橋脚のスケッチやモデルを床版としてみることは困難である。このように媒体の抽象度によって発想の範囲は異なる。したがって，これをアイディアの具体化の過程，すなわち，デザインプロセスに適切に位置づけて媒体を作成せねばならない。方向付けが全くなされていない初期の段階においては，抽象度の高い媒体によって発想の範囲を広げ，ある方向性が生まれてきた段階で具体性のある媒体を作成し，細部検討が行われるようにしたい。

一方，媒体が具体性を帯びてくると，その具体性に囚われて次の発想が浮かばないことがある。そのような場合，モデルではもう一度抽象度を高めて検討することになるが，スケッチでは，物理的にその刺激を弱めて発想を促すことがある。すなわち，スケッチの上に，そのスケッチが僅かに透けて見える程度の白紙を置いて，そこに新たなスケッチを描くのである（図1-13）。こうすることによって刺激を弱め，かつ前のスケッチが持っている情報を適度に取り入れて発想することができるわけである。こうした方法はスーパーインポーズと呼ばれ，多くのデザイナーが行っている。

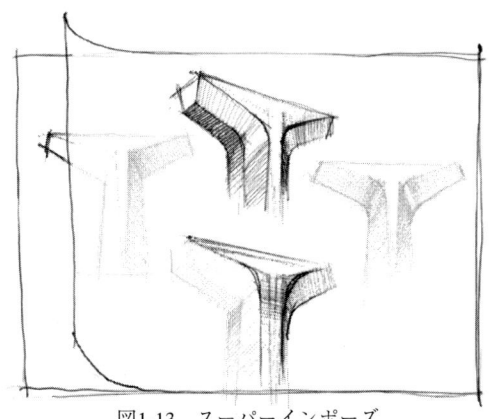

図1-13　スーパーインポーズ

1-3 スケッチ

1-3-1 見取り図の種類

物体の実際の形を示す実形図 (True Shape) と眼で見た形 (Apparent Shape) を1つの図の中に混在させず，明確に区別して描くということは，学習しない限り難しいようである。投影（あるいは投象）の概念が確立されて初めて両者は分離したとされている[12]。図学では，投影は中心投影図法 (Central Projection) と平行投影図法 (Parallel Projection) の2つに区分されている。

中心投影図法とは，目の位置と物体とが比較的近距離にあって，各投影線（空間にある物体の各点から投影面に引く線）が目の一点に集中する場合である。透視図は，この中心投影によって描かれた図で，目と物体との間に1枚の透明な画面を想定し，各投射線が画面を貫く点を連結することによって描いたものである。透視図法は，物体と投影面の角度の関係によってさらに，平行透視図（物体の主要な面を投影面に平行に置いている場合），成角透視図（物体の1面は大地に平行に置かれているが，他の面は投影面に対して任意の角度を有している場合），斜透視図（物体の3面とも，投影面に対して任意の角度を有している場合）の3種類に分かれる。

平行投影図法とは，目の位置が無限の遠距離にあって，各投射線が互いに平行する場合の図法で，投射線が投影面と直交する場合を直投影図法 (Right Projection)，斜交する場合を斜投影図法 (Oblique Projection) と呼んでいる。直投影図法はさらに，物体の主要な面を投影面に平行に位置させて投影する正投影図法と，物体の3面が見えるように物体を投影面に傾けて投影する軸測投影図法の2つに分かれる。いわゆる製図の図面は正投影図法によるものである（表1-2）。

さて，見取り図（ここでは形を眼で見たように描いた図を総称する）は透視図が中心となる。レンダリング，フォトモンタージュ，コンピュータグラフィックス等，いずれも透視図によって描かれている。しかし，平行投影の斜投影図法あるいは軸測投影図法によっても見取り図を描くことができる。これらは透視図に比べると物体は歪んで見えるが，立体的に見える図が得られる。これらの図は寸法を正確に表現できるので，図面的な感覚で見取り図を描くことができる。適切に用いることで思考の道具となるため，本書でも取り上げることにする。

1-3-2 透視図法の仕組み

手法の習得には図法の理解は欠かせない。そこで透視図の仕組みから説明する。前述のように，透視図は画面と物体の角度の関係によって，1)平行透視図，2)成角透視図，3)斜透視図の3種類に分けられる（図1-14）。

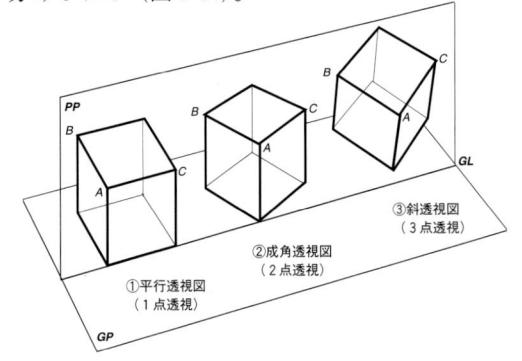

図1-14 透視図の種類

表1-2 投影図法の区分

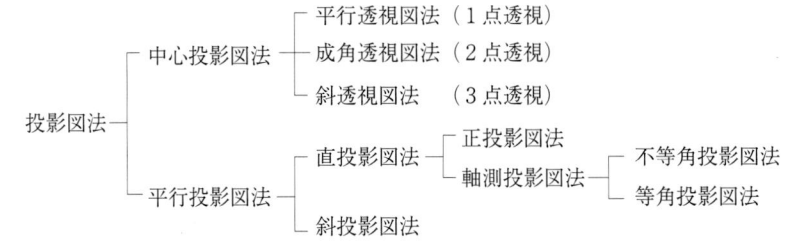

```
投影図法 ─┬─ 中心投影図法 ─┬─ 平行透視図法（1点透視）
         │              ├─ 成角透視図法（2点透視）
         │              └─ 斜透視図法 （3点透視）
         │
         └─ 平行投影図法 ─┬─ 直投影図法 ─┬─ 正投影図法
                        │             └─ 軸測投影図法 ─┬─ 不等角投影図法
                        │                             └─ 等角投影図法
                        └─ 斜投影図法
```

①**平行透視図（1点透視）**：物体の主要な面を投影面に平行に置いた場合の透視図である。作図法を図1-15に示す。なお，

- S ：停点 (Station Point) = 視点 (Eye Point) の平面図
- GL ：基線 (Ground Line) の立面図
- HL ：水平線 (Horizontal Line)
- VP ：消点 (Vanishing Point)
- G_1L_1 ：基線 (Grosund Line) の平面図

である。ここで，任意の直線の消点は，視点を通り，その直線に平行に引いた直線と投影面との交点であり，投影面に傾斜し，大地に平行な直線の消点は水平線上にある。ただし，AB, DCなどの水平方向の線，ならびにAE, DHなどの垂直方向の線の消点は，投影面上では無限遠点となるので，それらは透視図上でも水平，垂直となる。AD, DHなどの投影面に直交する直線のみが水平線上の視心（視点の立面図）と一致する箇所に消点を持つ。消点は1つなので，通称1点透視と呼ばれる。なお，立方体の立面ABFEは投影面に接しているので，透視図上でも実形図そのままである。GLを描く位置は任意である。

②**成角透視図（2点透視）**：物体の1面は大地に平行に置かれているが，他の面は投影面に対して任意の角度を有している場合の透視図である。作図法を図1-16に示す。この場合，直線AB, ADなど，大地に平行で投影面に対して傾いている直線には，水平線上に消点がある。一方，AE, BFなどの垂直方向の線に消点はなく，透視図上でも垂直に引くことができる。消点は左右に2つあるので，通称2点透視と呼ばれる。なお，1点透視，2点透視ともに，停点の位置は任意である。

③**斜透視図（3点透視）**：物体の3面とも，投影面に対して任意の角度を有している場合の透視図である（橋は大地にあるので，投影面が傾いている場合と考えて良い）。垂直方向の直線も投影面に対して傾いているので，左右の消点に加えて垂直方向にも消点がある（図1-17）。消点が3つあるので，

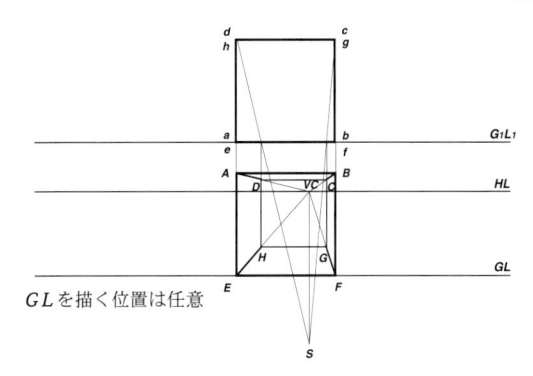

図1-15　平行透視図（1点透視）の作図法

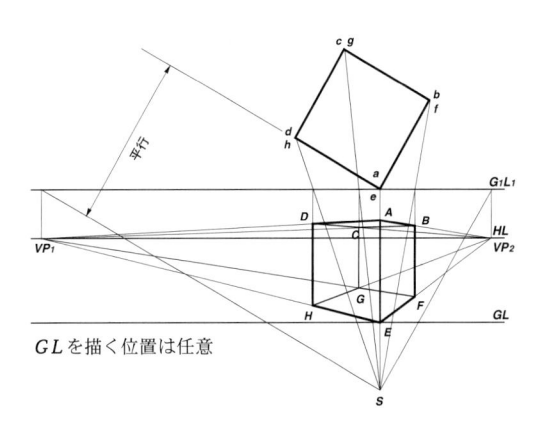

図1-16　成角透視図（2点透視）の作図法

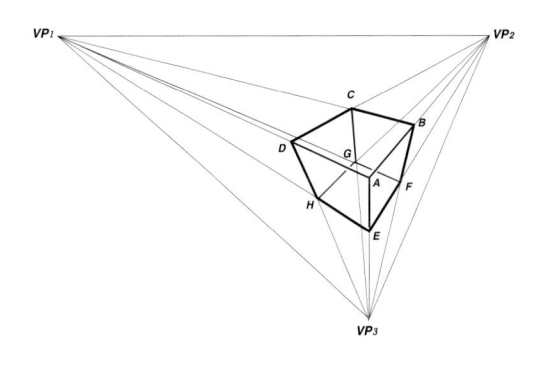

図1-17　斜透視図（3点透視）の作図法

通称3点透視と呼ばれる。

1-3-3 視距離と透視図法

①**垂直方向の消点**：さて，カメラで撮影した写真は，図法的に見れば3点透視となっていることが多い（感光面はレンズの後ろにあるため，暗箱カメラでは倒像となる）。吊橋のタワーを撮影すると，タワーが空に向かって細く写るのはタワーとカメラの感光面が平行でないためである(写真1-6(a))。タワーから十分離れてカメラをタワーと平行（ともに垂直）にしても全体がフレーム内に収まるようになればタワーは垂直に写る。あるいは，レンズは上を向いていても感光面は垂直にすることができるあおり装置（一眼レフカメラは倒像を正立像に直すため，感光面をさらに傾けることになる）のあるカメラで撮影すればタワーは垂直に写る（写真1-6(b)[13]）。

　私たちの目も原理的にはカメラと同様であるとすると，私たちは常に物体の垂直面と網膜面を平行にして見ているわけではない。机の上に置いてあるものを，様々な角度をもって見ている。つまり，3点透視として物体を見ていることが多いと言えよう。したがって，私たちは常に先細りの物体を見ているはずであるが，あまり先細りの感覚はない。それは，物体の大きさに対しては十分離れた距離から見ることが多いためである。灰皿を2〜3cmの距離から見ることはまれであり，日常生活の上では50〜60cm離れて見ることが多い。消点は，前述のように，直線を無限遠に延長したとき，その無限遠の点と目とを結ぶ投射線が投影面と交わる点である。したがって，物体と目との距離が離れれば離れるほど垂直方向の消点も投影面上で遠く離れた処に位置する。すなわち垂直方向の傾きは僅かとなるため，先細りの感覚が少ないのである。橋はヒューマンスケールからすれば十分に大きく，灰皿を2〜3cmの距離から見るような状況で橋を見ていることも多い。そのような状況では3点透視は感覚的にも調和している。しかし，いったん橋を一望しようと，ある程度距離を

(a)

(b)

写真1-6

置いて橋を眺める場合には，垂直方向の消点は遠くなり，先細りの感覚は薄らぐ。事実，建物や吊橋のタワーの写真では，先細りに写っている写真よりも，垂直なものは垂直に写っているものの方が私たちの目に近いと感じることが多い。建物やタワーの全景を望遠レンズで写した写真（建物やタワーから十分離れてカメラとタワーを平行にした場合）や，前述したあおり装置のあるカメラで撮った写真の方が私たちの目に近い。このことは，私たちにとって物体と投影面の関係は，多くの場合，1点透視あるいは2点透視でよいということを意味する。3点透視は吊橋のタワーを見上げるとか，逆に塔頂から下を見下ろすといった，特殊

なアングルが欲しい場合に効果的な図法であると言えよう。

②**適切な視距離**：日頃橋などを見る際の経験則は図法の選択に影響していると同時に，描かれた図から感じる物体の大きさ感にも影響を与えている。図1-18は1辺が5mの立方体を想定し，視距離を5m, 10m, 15m, 20mと変えた場合の透視図を1点透視と2点透視によって描いたものである（視点の高さ：HL=1.5m）。これを見ると，視距離5mの図は，5mの立方体よりもずっと大きく，まるで20〜30mの立方体のように見える。視距離5mの図は，図法的には20〜30mの立方体を20〜30m離れた処から見た図に等しい。つまり5mの立方体を5mの近くから見た経験よりも20〜30mの立方体を20〜30m離れた処から見た経験の方が勝っているということである。5mの立方体らしく見えるのは，視距離15mから20mの図であろう。このように，大きな構造物を描く際には，それを日頃どのくらいの距離から眺めているかを考慮せねばならない。橋には様々な規模があるので一概には言えないが，視距離20〜30mあるいは，橋の大きさの3倍から4倍の視距離を取っておきたい。

1-3-4 透視図法の習得に向けて

透視図法の習得は，これまで述べてきた図法の仕組みを踏まえた上で，図法に頼らず様々な角度の立方体をできるだけ正確に描くことができるようになることから始まる。

①**立方体の習得**：図1-19は，投影面に対し様々な傾きを持つ1辺5mの立方体を，視距離20m，視点の高さ：HL=1.5m, 7m, 14mから見たところを想定して描いたものである。左の2列は1点透視，右の3列は2点透視で描いている。様々な角度の立方体を描くには，まずこの15種類の立方体を繰り返し描いて，各直線の向き，立方体の奥の稜線の位置などを覚え込むことが必要である。デザインの学生にも，低学年の時にこれと似た15種類の立方体を反復練習させているが，ことに15°の立方体は形を覚えていないと直ちには描けない。

視距離 5m

視距離 10m

視距離 15m

視距離 20m

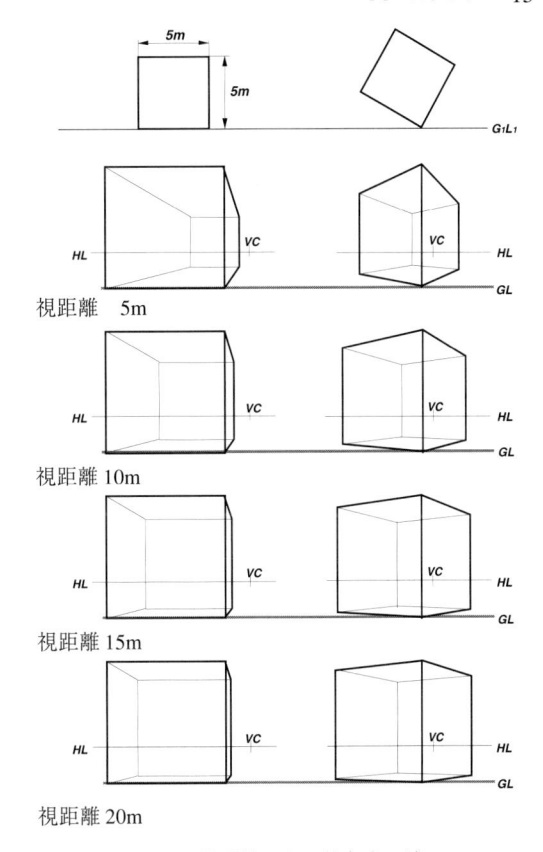

図1-18 視距離による見え方の違い

60°, 75°の傾きを持つ立方体の透視図もあわせて覚えた方がよいが，それらは30°, 15°の透視図をそのまま裏返したものとなる。また，本書を逆さまにしてこれらの図を見れば，立方体を見上げた図が得られる。覚えておけば，渓谷に架かる橋などで，下から眺めることが多い橋に適用できよう。

②**立方体をベースに橋の形を描く**：立方体が描けると，その立方体をベースに，縦，横を伸ばしたり，縮めたりして描きたい物，例えば橋全体であれば，その橋全体が収まるような長方体を描く。その長方体の中に，各稜線の中点などを目安として描いてゆけば，形に破綻をきたすことなく，しっかりとした透視図を描くことができる（図1-20）。橋の形が透視図のようにならない人の図は，この長方体を描いていないことが根本的な原因である。必ず描きたい物全体が収まるような長方体

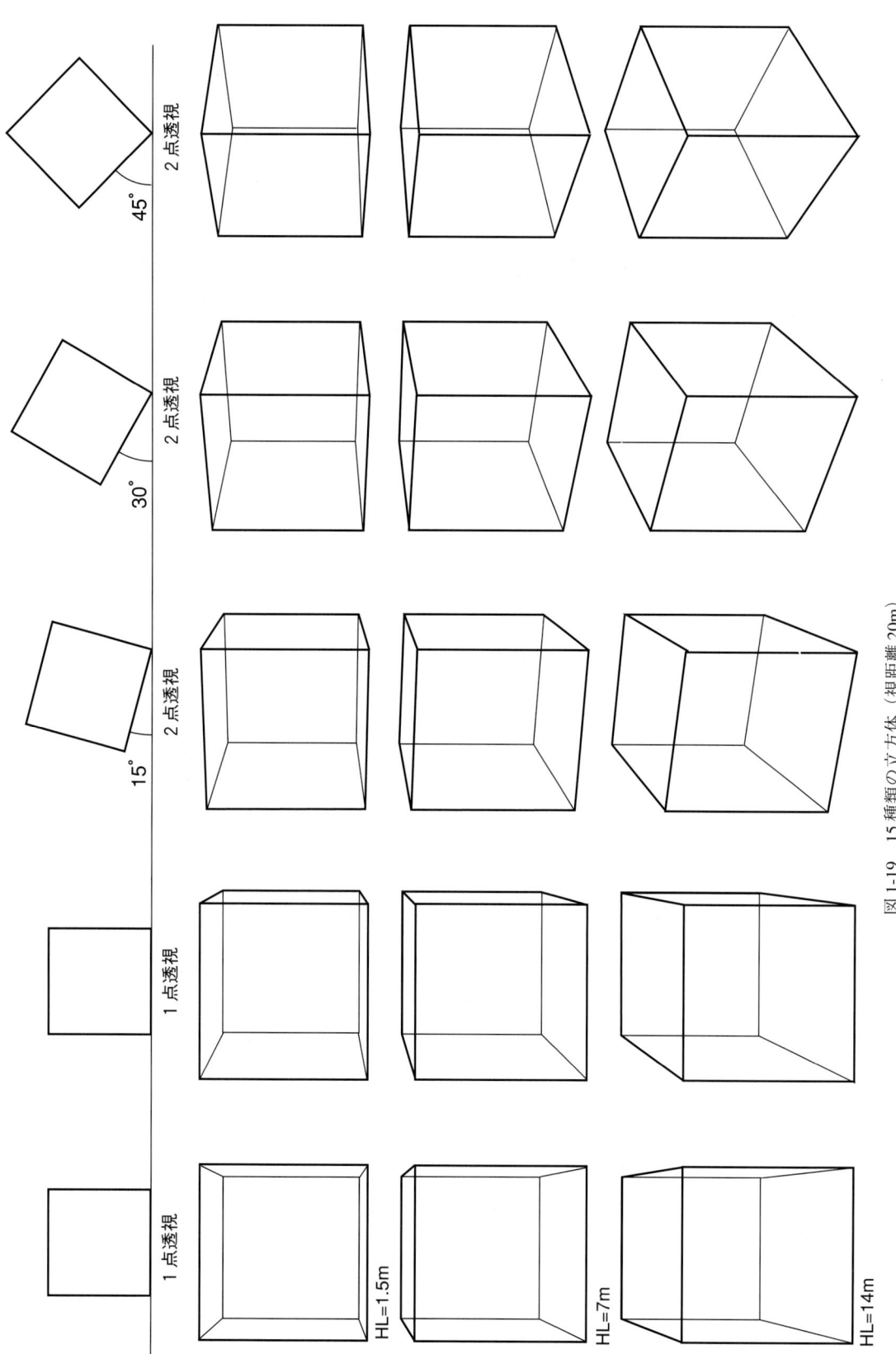

16　第1章　思考の道具としての表示技術

図1-19　15種類の立方体（視距離20m）

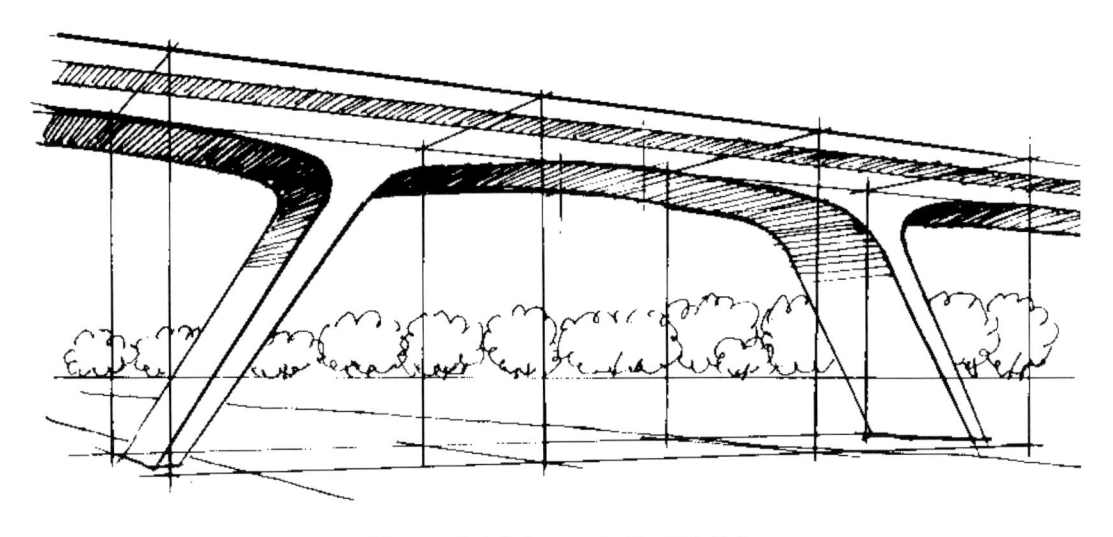

図 1-20　立方体をベースに橋の形を描く

を描き，その中に形を描いてゆくようにしたい。

スケッチをする際，次の２点を心がけておくとしっかりとした透視図になる。

①１点透視，２点透視ともに消点は水平線上にある。橋の各部の直線の方向に留意し，互いに平行な直線は必ず水平線上にある同じ消点に向かうよう心がけたい。

②ベースとなる立方体は45°の傾きを持ったもの（図1-19の右端の立方体）になりやすい。すなわち，橋は横に長い構造物であるため，ベースが45°の傾きを持った立方体であることに気がつかないが，45°が描きたいものに対する最も適切な角度であるとは限らない。どの立方体をベースにするのが良いか考えることを習慣としたい。

以上を繰り返し練習することによって，橋の形は無意識のうちに，透視図法に則ったものとなる。

1-3-5　透視図の修正

アイディアの創出が進み，もう少し，形を正確に把握して検討しようとすると，フリーハンドで描いた図を図法的にチェックし，修正したい場合がある。このような透視図の修正における問題点は，フリーハンドで描いた図が必ずしも立方体の投影面に対する傾きや，視距離を設定して描いたものではないという点にある。つまり，立方体の傾きや視距離を設定せずに，いかに図法的に正しい透視図を描くかという問題である。

①１点透視の場合：１点透視の場合，消点は描いている図の近くにあるため，直線を延長して消点を求め，フリーハンドで描いた直線の方向を修正することは容易である。奥行きは，視距離の設定の仕方によって任意に定まるので，あまり近くなければ修正は不要である。このように１点透視の場合の修正は簡単である。

②２点透視の場合：２点透視の場合，直線を延長して消点を求めようとすると大きな画面が必要となる。また，投影面に対する傾きを設定して図を描いているわけではないので，作図法から奥行きを求めることもできない。このような場合，図1-21に示す方法[14]は便利である。

今，立方体の一部が図1-21(a)のようであったとする。これを投影面に平行な任意の面で切断したところ，断面は図1-21(b)の□ a'bcdになったとする。ところが立方体の上面，底面は大地に平行なので，直線a'bも水平で，断面は□ abcdでなければならない。つまりフリーハンドで描いたoxの方向は，aを通るox'の方向に修正せねばならないことがわかる。

次に，立方体の奥行きは図1-21(c)のようにして

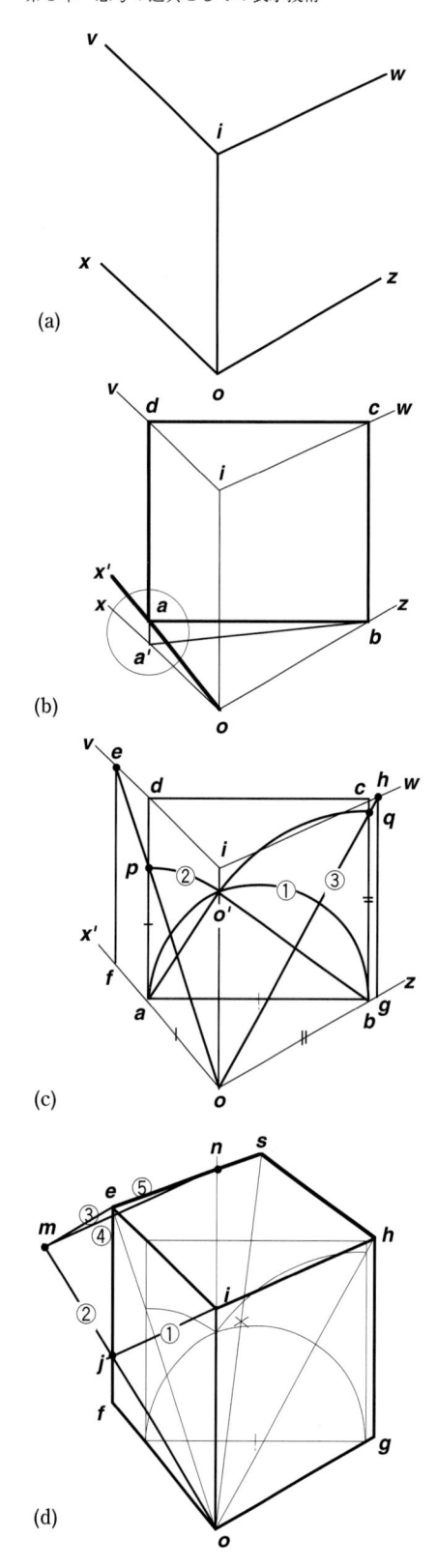

図 1-21　簡便で正確な透視図の修正法

求める。すなわち，

①△aobの実形図は直角三角形であるので，abを直径とする円弧を描き，oi（oiを，oiを通り画面に直交する平面と切断面との交線とみなす）との交点をo'とすると，△ao'bは△aobをabを軸として切断面に回転させたもので△aobの実形図：直角三角形である。したがって，

②ao'ならびにbo'の長さをそれぞれad, bc上にap, aqとして移せば，op, oqは立方体の対角線の方向となる（透視図上でao=ap, bo=bq）。

③op, oqを延長した線と，iv, iwの交点e, hは，求める立方体の奥行きを示す点である。

図1-21(d)の，e, hから消点方向にes, hsの線を正確に引く方法は，次項で詳述する。

③任意の点から消点方向に線を引く方法：2本の平行な直線が図1-22(a)の透視図ab, cdとして描かれている。ac間の任意の点eからab, cdと同じ消点を持つ直線の方向を見つけるには，まずeからcdに平行な直線を引き，対角線adとの交点mを求める。次にmからabに平行な直線を引き，bdとの交点fを求めれば，efは求める直線である。これは以下のような関係を利用している。すなわち，

　　　　ae：ec=am：md　であり，
　　　　am：md=bf：nf　である。
　　ゆえに　ae：ec=bf：fd　である。

acの外側の任意の点pの場合も，まずpから，cdに平行な直線を引き，adとの交点oを求める。次にoからabに平行な直線を引き，bdとの交点qを求めれば，pqは求める直線となる。図1-21(d)において，es, hsの線はここで述べた方法により描いている。

対角線を逆に引いた場合は，ce：ea=cm：mbとなるよう，eからabに平行な直線を引き，対角線bcとの交点mを求める手順となる（図1-22(b)）。

④立方体の分割と増殖：立方体の垂直方向には消点を持たないので，各垂直方向の稜線を等しく分割し，対応点を結べば立方体の水平方向の分割ができる（図1-23(a)）。これに対角線を描き加え，各

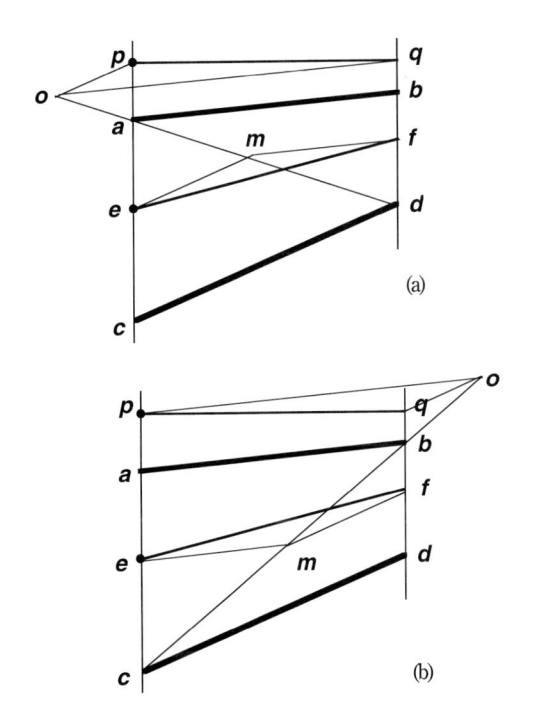

図 1-22 任意の点から消点方向に線を引く方法

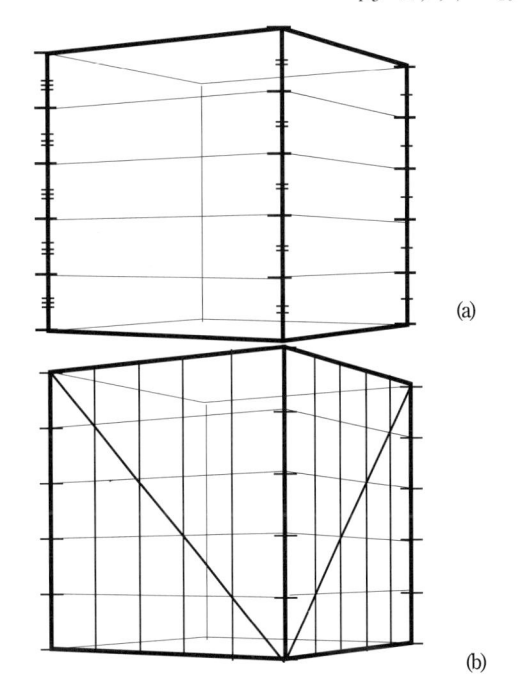

図 1-23 立方体の分割

交点で垂線を引くと，垂直方向の分割ができる（図 1-23(b)）。

水平方向への立方体の増殖は図 1-24(a)に示す対角線の中点の性質を利用する。すなわち，立方体の頂点 a から増やしたい方向の稜線，例えば cd の中点 m を通る直線を引くと，直線 bd との交点 d' は増やしたい立方体の奥行きを示している。垂直方向への増殖は，各稜線の垂直方向にそれらの透視図上での長さを等しく取り，対応する点を結べばよい（図 1-24(b)）。

以上，ここで述べた透視図の修正方法に従えば細部を含めて図法に則った透視図を描くことができる。しかし，これによってすべてを描き込むこ

とを期待しているのではない。正確な透視図は今日ではコンピュータが描いてくれる。図法はあくまでもフリーハンドで描いた橋の形を大まかに修正したり，ベースとなる立方体あるいは長方体を修正するに止めるべきである。それ以降は，無意識のうちに図法に則って手が動き，思考を邪魔することなく形の検討が行えるようにしたい。

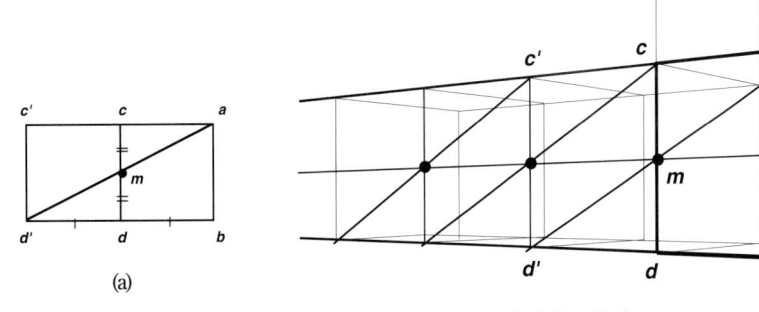

図 1-24 立方体の増殖

1-3-6 平行投影図法による見取り図

平行投影図法による見取り図としては，斜投影図法のうち，投射線が平面，立面ともに45°の角度を有するものと，軸測投影図法のうち，立方体の3面が等しく見えるように投影面に傾けておいて投影する等角投影図法（Isometric Projection：通称アイソメ）の2つが思考の道具として用いることができるものであろう。

①**斜投影図法**：図1-25(a)は斜投影図法の原理を示したものである。投射線の角度は自由に設定できるので，投射線が平面，立面でともに45°の角度になるよう設定すれば，手前と奥の正方形は互いに1つの角で接することになり，投影面に直交する稜線の角度も45°に描かれることになる。つまり，方眼紙があれば見取り図が描けるというわけである（図1-25(b)）。しかも投影面に平行な面は実形図を描くことができ，奥行き方向の寸法も比例的ではあるが正確に表すことができるので，寸法が得られれば誰にでも描くことができ，描かれた図から寸法を読みとることもできる。しかし，図を見てもわかるように，形はかなり歪んでいる。とても形の良し悪しが検討できる図ではない。したがって，デザインプロセスの後半に，アイディアの骨格がほぼ固まり，寸法に重きを置いた形の思考が必要な場合や，生産あるいは施工に役立たせるための表示媒体としてかなり有益な図法であると言えよう。

②**等角投影図法**：図1-26(a)に等角投影図法の原理を示す。等角投影とは，∠XO'Y，∠XO'Z，∠ZO'Yが等しくなるように立方体を投影面に傾けて投影するという意味である。3つの角度が等しいのでそれぞれは120°となり，図1-26(b)のような斜眼紙（市販されている）があれば見取り図が描ける。斜投影図法のように実形図は描けないが，寸法は正確に表すことができる。形の歪みも少なく，見やすくなっているので，斜投影図法よりも形の思考は容易である。ただ，寸法に関する情報を保持した図法であるだけに，デザインプロセスの初期の段階で用いるよりも，寸法を考慮しつつ形を考えねばならない場面や，考えた内容の社会的伝達を目的として用いる場合により有効な図法であると言えよう。

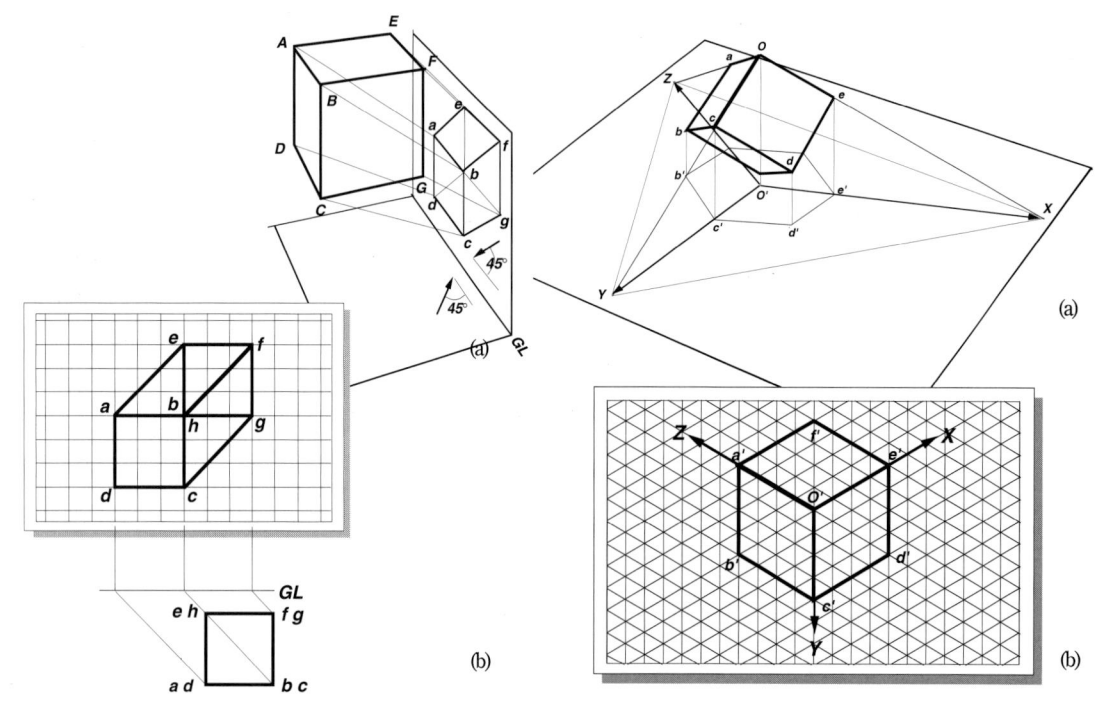

図1-25 斜投影図法の原理と方眼紙上での作図

図1-26 等角投影図法の原理と斜眼紙上での作図

1-4 モデル

　モデル製作はスケッチと異なり，その習得に格別の知識が必要とされるわけではない。簡潔に仕上げるための若干の技法があるのみである。また図1-3では，たまたま折れ曲がってしまった発泡スチレンのアーチリブにヒントを得て，新しい構造形を発想することがあることをみた。技術者にとってモデル作りの最大のねらいは，こうしたモデルからの発想にあるが，このようなモデル作りの体系的トレーニング方法はない。幾つも試作し，モデル材料と遊ぶことによって発想を得るということを繰り返す以外にない。

　そこでここでは，先行するアイディアの視覚化のためのモデル作りも，その過程において，幾つもの着想があり，新たな発見，予見があることを期待して，一般的なモデル作り，ことにスケッチモデルやラフモックアップに適した，スチレンボードを主体としたモデル作りのプロセス，および技法について説明する。

1-4-1　材料と用具

①**主たるモデル材料**：スケッチモデルやラフモックアップ用の主たるモデル材料として今日最も広く使われている材料は，板状になった低発泡スチロールの両面に薄いケント紙を貼ったスチレンボードである。カッターで簡単に切断でき，また折り曲げることもできる。ボードの厚みは数種類（1, 2, 3, 5, 7mm）用意されているので，組み合わせて貼り合わせれば，目的に応じた厚みを得ることができる。

　スチレンボードを加工することで2次曲面はほぼ問題なく作ることができるが，3次曲面は作れない。また，斜めの面が多い形も加工が面倒である。そのような場合には，スタイロフォームと呼ばれている発泡材の塊を使用し，木の塊から形を切り出す要領で加工する。もちろんスタイロフォームは木よりも簡単に切断でき，サンドペーパーで滑らかにすることも容易である。スタイロフォ

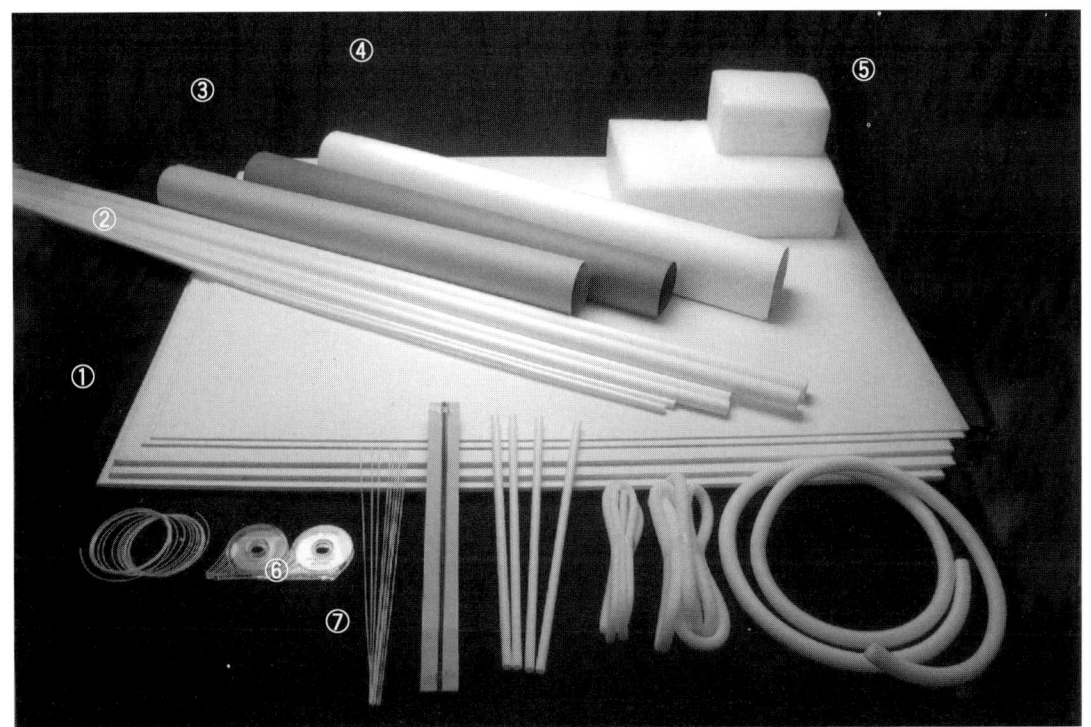

①スチレンボード　②スチレン丸棒（様々な径がある）　③カラーペーパー　④ケント紙　⑤スタイロフォーム
⑥接着面のある紙テープ（様々な幅のテープがある）⑦ピアノ線

写真1-7　モデル材料

ームにも様々な厚みが用意されているので，所定の寸法を得るのに不自由はない(写真1-7)。

　形によってスチレンボード（板材）を組み合わせた方が便利か，スタイロフォーム（塊材）から切り出した方が便利かを考え，材料選択せねばならない。橋脚形状を1/20〜1/50の縮尺で幾つもモデルを作って検討する場合などは，スタイロフォーム（塊材）から切り出した方が早い。

②補助的モデル材料：2次曲面の作り方は後述するが，スチレンボードで粗方形作りし，あるいはガイドを作り，曲面そのものは中厚のケント紙のたわみを利用して作るときれいに仕上がる場合がある。また，スチレンボードは板を貼り合わせて作るので木口の見栄えが良くない。そのような場合にも，薄手のケント紙でそれらをくるむように上貼りすると，きれいに仕上がる。このように厚さの異なるケント紙は補助的モデル材料として欠かせない。粘着面のある紙テープやシートも同じ目的で使うことができるが，柔らかくコシがないので，用いる場所を考えねばならない。

　やや薄手のカラーペーパーも何色かあるとよい。路面に濃いグレーの紙を貼るだけで臨場感がでてくる。レンガやタイル，石積み模様などを印刷した透明粘着シートもあるとよいが，スクラッチモデルやラフモックアップの段階ではあまり懲りすぎないよう注意したい。

　斜張橋のケーブルやアーチ橋の吊り材にはピアノ線や糸を用いる。

③接着剤：スチレンボード，スタイロフォームの接着剤としては，スチのり，木工用速乾ボンドを使用する。スチのりは粘着性があるので仮止めの煩わしさは少ないが，完全に乾くまでには時間がかかる。木工用ボンドは水溶性なので，はみ出たボンドを簡単にふき取ることができ，また，薄く延ばして広い面を接着する場合にも便利である。

　スチレンボードから形を切り出す際には，スチレンボードに図面などを貼って，図面とともに切り出すと作業しやすい。その図面などの仮貼りに

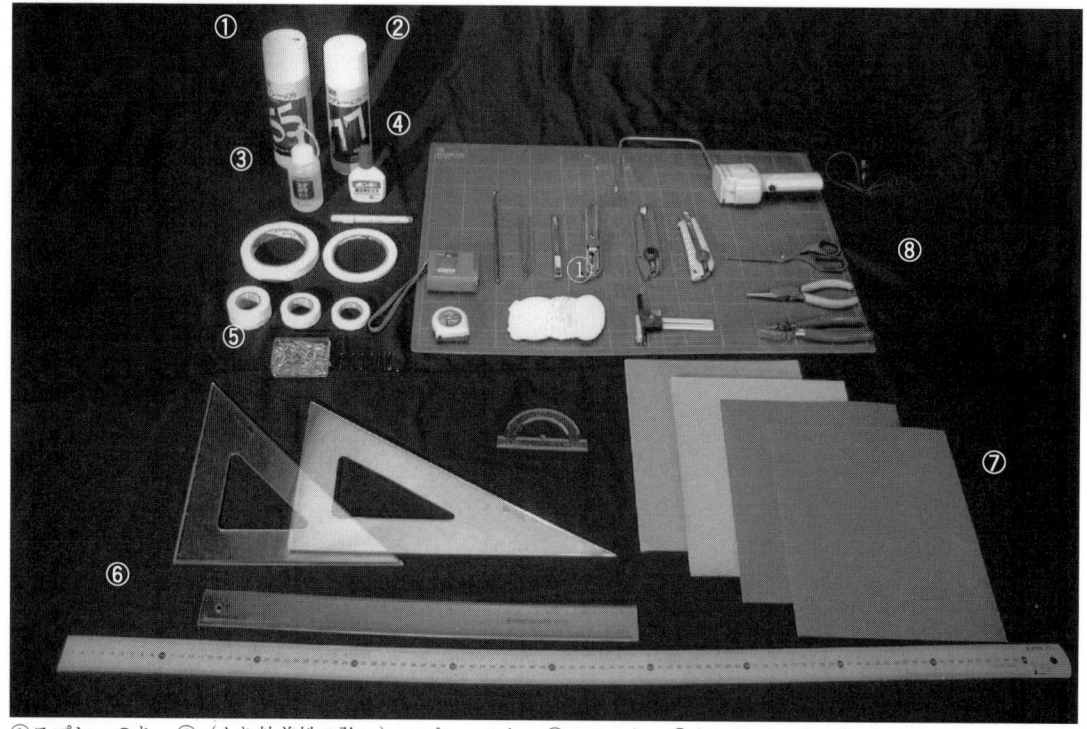

①スプレーのり　②（より粘着性の強い）スプレーのり　③スチのり　④木工用ボンド　⑤プッシュピン，むしピン　⑥定規類　⑦サンドペーパー　⑧カッターなどの道具類

写真1-8　接着剤と用具

はスプレーのりを用いる。接着力が弱く，後で簡単に剥がせて，表面に痕が残らないのりである。

両面テープは素早く接着できるが，接着力は弱いので，それでも十分な箇所に使用すると良い。

接着剤ではないが，仮止め用に虫ピンやドラフティングテープも必要である(写真1-8)。

1-4-2 基本的な技法

①シャープコーナー：スチレンボードを貼り合わせただけでは見栄えが良くない。見栄えよく作るには，図1-27に示すような３種類の方法がある。図1-27(a)はケント紙でくるむように上貼りする方法である。ケント紙には定規で折り目を付けて置いた方がよい。図1-27(b)はスチレンボードを表面の紙1枚残してVカットして曲げる方法である。ただし，紙が伸びるので寸法通りに作るのは難しい。図1-27(c)は，貼り合わせるスチレンボードの厚み分だけ表面の紙を残す方法である。

②小さなコーナーアール：小さなコーナーアールを作るには，やはりケント紙でくるむ場合（図1-28(a)）と，カッターで切れ目を入れ，そこを鉛筆などで押しつぶしておいてから曲げる方法（図1-28(b)）がある。

③大きなコーナーアール：大きなコーナーアールは，切れ目を２～３本に増やして，それぞれを押しつぶしておいてから曲げる方法（図1-29(a)）と，コーナーアール部の裏紙を剥がし，全体を先がボール状になったもので軽く押しつぶしておいてから曲げる方法がある（図1-29(b)）。多少弱くなる

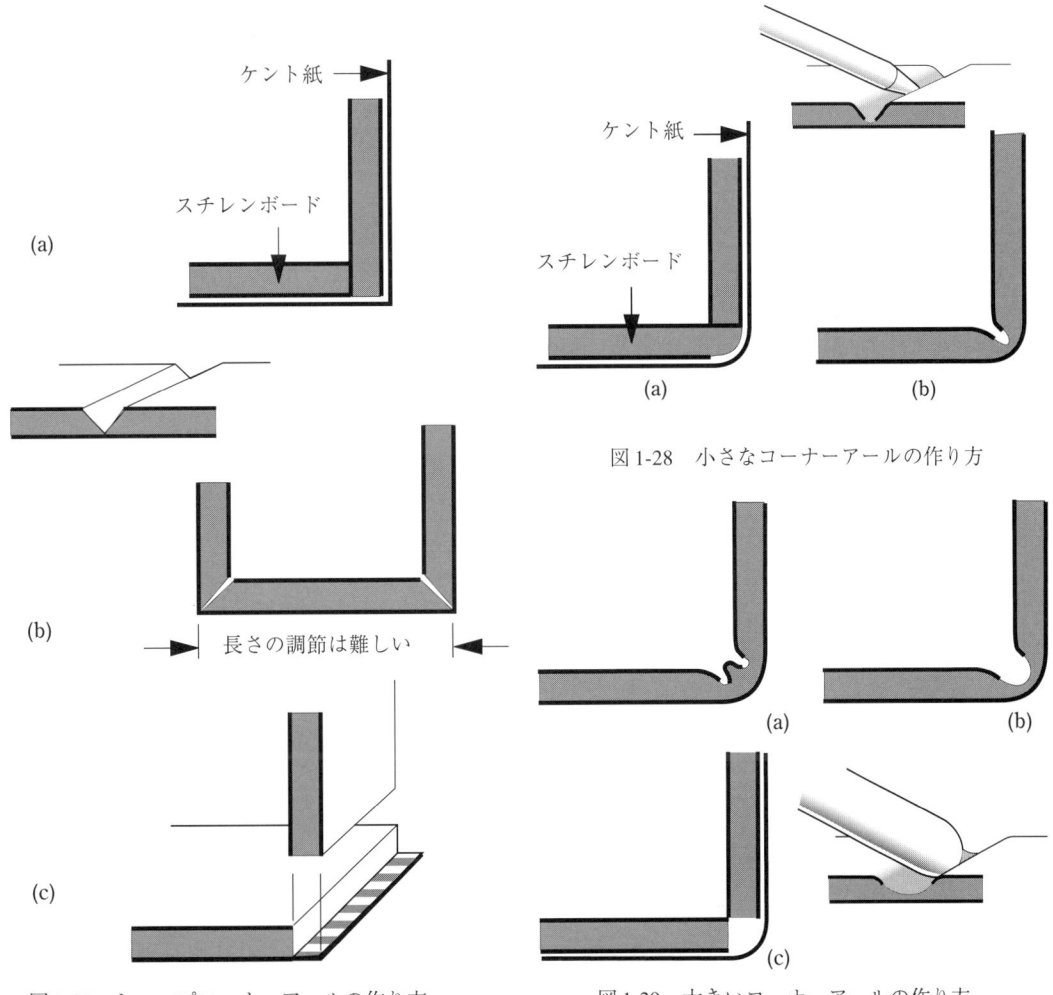

図1-27　シャープコーナーアールの作り方

図1-28　小さなコーナーアールの作り方

図1-29　大きいコーナーアールの作り方

が，図1-29(c)のようにケント紙でくるむこともできる。

④2次曲面：小さな2次曲面はコーナーアールの作り方と同じである。大きな2次曲面は，裏紙を剥がして使う（図1-30(a)），スチレンボードのガイドに沿ってケント紙を貼る（図1-30(b)），スチレンボードをカーブさせたままで，貼り固める（図1-30(c)）などの方法がある。

1-4-3 橋のモデル作りの手順

1) 桁橋の場合

3径間変断面コンクリート箱桁を例にモデル作りの手順を示す（図1-31）。

①箱桁はどう作るか，橋脚はどう作るかなどを計画する。いわば図1-31のような手順を頭の中で計画する。本例の場合，変断面箱桁の曲面は2次曲面なのでスタイロフォームから切り出すよりは，図1-30(b)のケント紙を貼る方法を用いる。桁と床版との接合部のアールも同様の方法を用いる。

②図面をスプレーのりでスチレンボードに貼り，図面とともに形を切り出す（図1-31(a)）。スチレンボードから形を切り出す際，一気に切断するのではなく，切れ目を入れる→半分くらい切る→全部切る，というように3回程度に分けて切ると，ボードに直角に，形通り切ることができる。

③床版の裏側に，桁の側板を支えるリブを接着し，そのリブに沿って側板を貼る（図1-31(b)）。それぞれ虫ピンなどで仮止めしておくとよい。側板は床版に対して斜めになっているので，形を切り出す際，角度を付けて切断することも考えられるが，その部分には，ステップ④でケント紙を貼るので斜めをあまり気にせずとも良い。この段階で壁高欄も接着しておく。

④ケント紙を桁の側板に沿って貼り，桁裏を作る（図1-31(c)）。桁裏は舟底形になっているので，その形より少し大きめのケント紙を貼

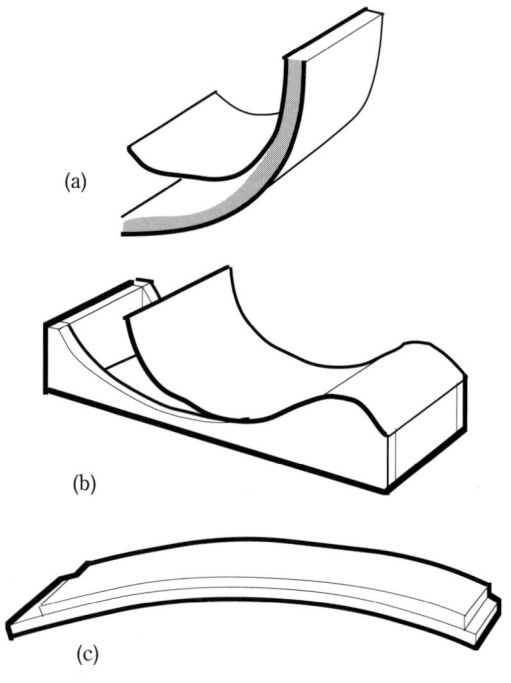

図1-30 2次曲面の作り方

り，乾いてから現物合わせで，側板に沿ってカッターではみ出している部分を切り取った方が手際よく作れる。

⑤桁と床版との接合部にケント紙を貼り，接合部にアールをつける（図1-31(d)）。目的は接合部のアールの表現であるが，その部分だけを作るのではなく，壁高欄，桁の側板すべてにケント紙を貼り，継ぎ目をなくしてコンクリートとしての一体感を表現する。④と同様，変断面の曲線の部分は現物合わせで，実際の形よりはみ出させてケント紙を貼り，乾いてから切断するときれいに仕上がる。

⑥橋脚はスチレンボードを貼り合わせて所定の厚みを得る。木口にもケント紙，あるいはテープを貼ってきれいに仕上げ，桁に接着する（図1-31(e)）。

⑦床版の表側には，歩道のマウンドアップした状態を示す薄いスチレンボードと，車道にはグレーのいろ紙（パントーン紙など）を貼り路面を表現する。車道の中央には白いテープでレーンマークを入れれば仕上がりである

1-4 モデル 25

(a)

(b)

側板に沿って切断する

(c)

桁裏に沿って切断する (d)

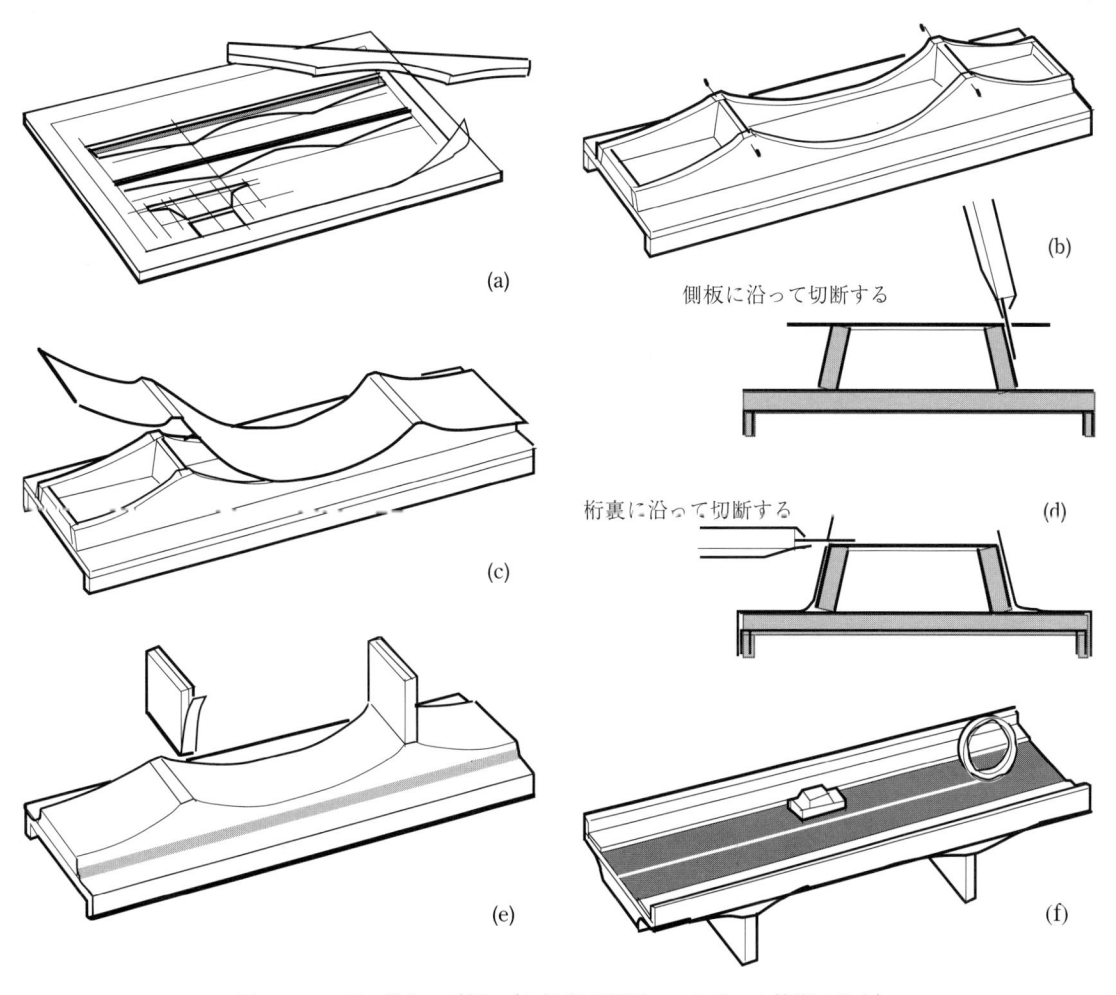

(e)

(f)

図1-31 モデル作りの手順 （3径間変断面コンクリート箱桁の場合）

(a)

(b)

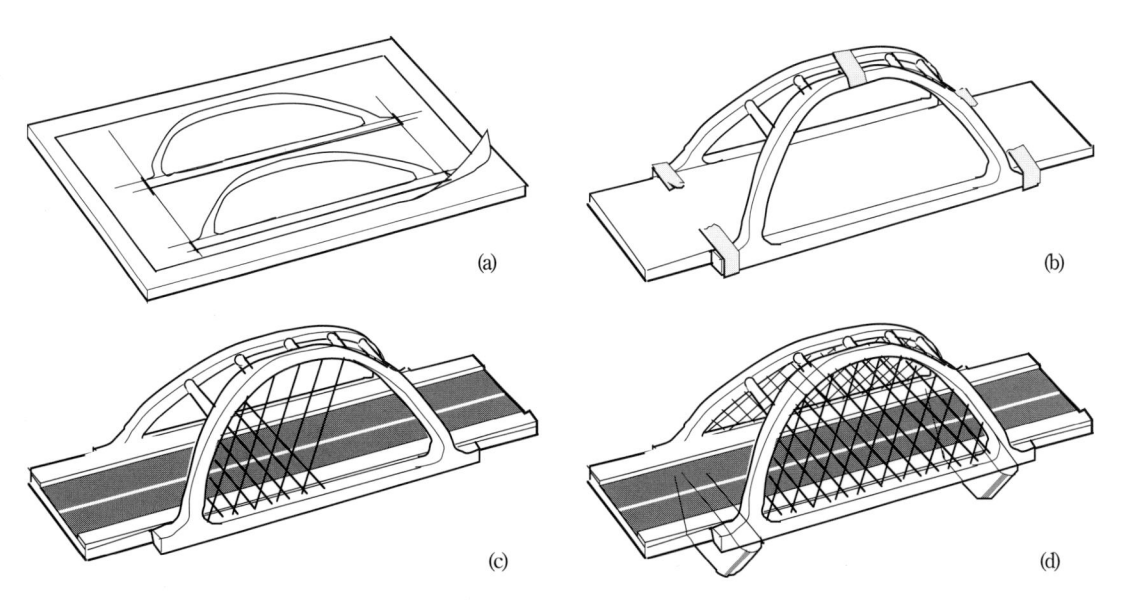

(c)

(d)

図1-32 モデル作りの手順 （ニールセンローゼ橋の場合）

（図1-31(f)）。なお，同じ縮尺で車を作ると，スケール感が把握しやすくなる。

2) アーチ橋の場合

アーチ橋の場合も作り方の手順，技法は桁橋の場合とほとんど同じである（図1-32）。

①手順を頭の中で計画する。

②図面をスプレーのりでスチレンボードに貼り，図面とともに形を切り出す（図1-32(a)）。

③床版とアーチリブおよびアーチリブのつなぎ材を接着し，粘着テープで軽く止めておく（図1-32(b)）。

④マウンドアップ用の歩道を貼り，車道にはレーンマークを入れたグレーのいろ紙を貼る。次いで吊り材をピアノ線で作る。アーチリブの木口は発泡材なので簡単に突き刺すことができる。所定の位置に突き刺せば，瞬間接着剤で固定する（図1-32(c)）。なお，透明の塩ビ板をアーチの内側の形に切り取り，その上に黒テープを貼って吊り材を描き，アーチリブに貼り付ける方法もある。

⑤アーチと橋脚とを接合すれば完成である（図1-32(d)）。

以上のように，橋種によってその橋独特の部位の表現もあるが，その場で十分工夫，対応できるものと思われる。

3) 地形模型

地形の複雑さによって2通りのモデルの作り方がある。複雑な場合は等高線を立体化する。まず，等高線のピッチとスチレンボードの厚みを合わせ，等高線の形に沿ってスチレンボードを切り，それぞれを貼り重ねて作る。水面がある場合は，濃い水色の紙の上に塩ビ板を敷いておくと，橋のモデルを置いた場合に水面への映り込みも期待できる（図1-33(a)）。

地形が複雑でなく直線に単純化できる場合は，スチレンボードを折り曲げただけの形で表現する。図1-33(b)は高水敷のある川を単純化した模型である。水面にはやはり塩ビ板を敷いておくと良い。

写真1-9 スチレンボードを主体としたダミーモデル[15]

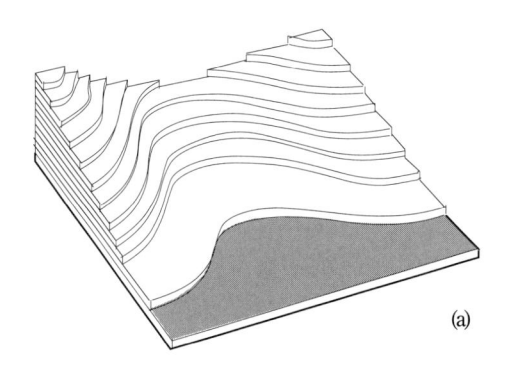

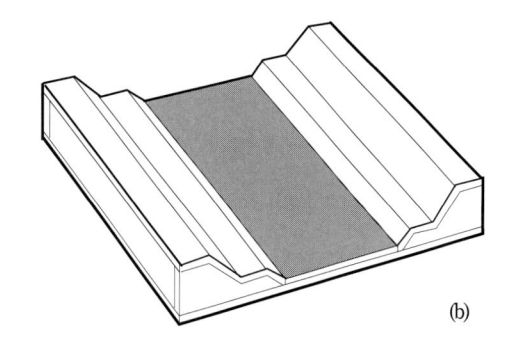

図 1-33　地形模型の作り方

あとがき

　橋梁技術者にとって，ここで述べた思考の道具としての表示技術は，図面はもちろんであるが，透視図，CG，モデルそのいずれも何らかの形で扱ったことはあるはずである。ただ，それらは思考の道具であると認識して，アイディア獲得や形作りの場面で適切に活用していたかどうかは問題である。各媒体，技術の特性を踏まえて，アイディアの視覚化だけでなく，アイディアの獲得に表示技術を活用するよう習慣づけたい。そのためには，本章で述べてきたことを，単に知識として理解するだけではデザインあるいは形を考える言葉の習得にはならない。1点透視，2点透視を図法通りに描いてみることから始まり，橋のモデルを作って地形模型に置いてみるところまで，何回か試みてスケッチとモデルを思考の道具としたい。

演習課題

① 1枚のケント紙（300×600mm）に，先の尖った鉄筆状のもので直線や曲線の折り目を付け，その折り目に沿って折ってゆき，ランプシェードになるような円筒状の美しい形を作る。ただし，ケント紙に切れ込みを入れたり，切り放してはならない。最後に筒状にする際には糊などを用いて良い。
　小さな紙片で幾つも折り方を試作してから作ること。

② 1枚のケント紙（300×600mm）を加工してアーチリブ状の形を作る。ただし，その上に3cm程度の厚みの辞書を載せてもつぶれない程度に頑丈な構造体を作るものとする。また，糊付けは一切行わないものとする。①と同様，紙片で幾つも試作してから作ること。

③ 図 1-19 の 15 種類の立方体を，本書を見ずに，A3サイズの用紙に7分以内で正確に描けるようになるまで，繰り返し練習する。

④ 橋の一般図を参照しながら，立方体を分割・増殖した枠組みの中に，それをフリーハンド（定規を補助的に用いても良い）で描く。

⑤ ④で描いた橋の透視図を図 1-21 の透視図の修正の方法を用いて修正，描画する。

⑥ 架橋地点を想定し，そこに相応しいと思われる橋をスケッチ，モデルを思考の道具としてデザインする。そのデザイン案のモデルを作成し，架橋地点の模型にはめ込んでみる。

　演習課題①，②のねらいはともに，モデル材料と遊び，モデルから形を発想するということを体験することにある。ぜひ体験して欲しい。

[参考文献]

1) 東編：講座 心理学 8 思考と言語，東京大学出版会（1970）
2) Anatol Rapoport：操作主義哲学－思考と行動の統合－，誠信書房（1960）
3) 例えば，石川：工業デザイン計画，美術出版社（1973）
4) 勝瀬橋景観検討委員会・津久井土木事務所：勝瀬橋景観検討委員会報告書（1992）
5) 群馬県八ツ場ダム水源地域対策事務所・(株) 長大：(仮称) 八ツ場ダム 1 号橋概略及び景観設計（1997）
6) 新富岡大橋景観検討委員会・群馬県土木部：新富岡大橋景観検討委員会報告書（1992）
7) さがみかわ 9 橋景観等検討委員会・神奈川県土木部道路整備課：さがみかわ 9 橋景観等検討調査報告書（1991）
8) 山口県土木部：角田大橋景観検討報告書(1993)
9) 神奈川県津久井土木事務所：勝瀬橋パンフレット（1993）
10) 日本道路公団東京第二建設局：上信越自動車道の橋「翔る」パンフレット
11) 運輸省第一港湾建設局・(財) 沿岸開発技術研究センター：福井港テクノポート橋（仮称）景観・技術検討委員会報告書（1995）
12) P. J. ブッカー：製図の歴史：みすず書房（1967）
13) 首都高速道路公団パンフレット
14) 永田：インテンショナルパースペクティブ，美術出版社（1983）
15) 第 2 福島橋景観検討委員会・群馬県土木部：第 2 福島橋景観検討委員会報告書（1994）

第2章

形の考え方
Generation of Form

まえがき

英国のデザイン教育のテキストとして用いられている Looking and Seeing シリーズの第2巻 The Development of Shape [1] では，形をどのように捉えたらよいかを説明するのに，普段何気なく見ている小石の形を題材に取り上げている。すなわち，丸い石，ゴツゴツした石，鋭いエッジの残る石など様々な形の小石を示して，それらは石が川の流れに流されて行く過程で，大きい石が割れて間もない石であったり，その石の角が流されて行く過程で徐々に磨耗して丸くなった石，あるいはその磨耗の少ない石であるなど，石の形は，その石がどういう成分でできているかということと，その石に加えられた力によって形作られていることを説明している。そして石の成分やそれに加えられる力をものの働きや機能，個人的，社会的要請にまで敷衍することにより，形というものを捉えねばならないことを説いている。確かに，工学的手段によって生産され，人の使用に供するために作られたものの形は，生産手段による制約と，使用目的への適合性が求められる。その意味では，このような形の捉え方は，「形は，結果あるいは目的とそれを達成するための手段との必然的な関係によって生まれる」とする機能主義的姿勢を理解するのに適しており，その姿勢そのものは工学的手段を通して形に携わる者すべてがまず理解せねばならないものと言えよう。

しかし，それだけでは，形を具体的に操作することはできないし，また，結果としての形は，自然の草花や動物の形あるいは彫刻などとは異なった様相を呈していることも理解せねばならない。ここでは工学的手段によって生産され，人の使用に供するために作られるものの形をいかにすれば操作的に捉えることができるか，橋の設計という形を作る立場として形をどのように考えたら良いかについて考察するものである。

2-1 人による形の捉え方の違い

2-1-1 形の分類

まずはじめに，図2-1の12種類の図形を分類し，各グループの特徴を記述してみよう。分類の観点は自由である。

この図形の分類は被験者が形というものをどのように捉えているかを知るためのものである。過去に一般学生，デザイン専攻学生，プロのデザイナーを対象として何度か同じ図形の分類を行って貰った結果から推測すると，分類の観点は以下の3つのいずれかに属するものと思われる [2]。

(a) 印象：丸い感じ，四角い感じ，あるいは柔らかい感じ，硬い感じといった形から受ける印象による分類。

(b) 属性：角にアールがあるかないかとか，辺が直線か曲線かといった形の有している属性による分類。

図2-1 図形の分類

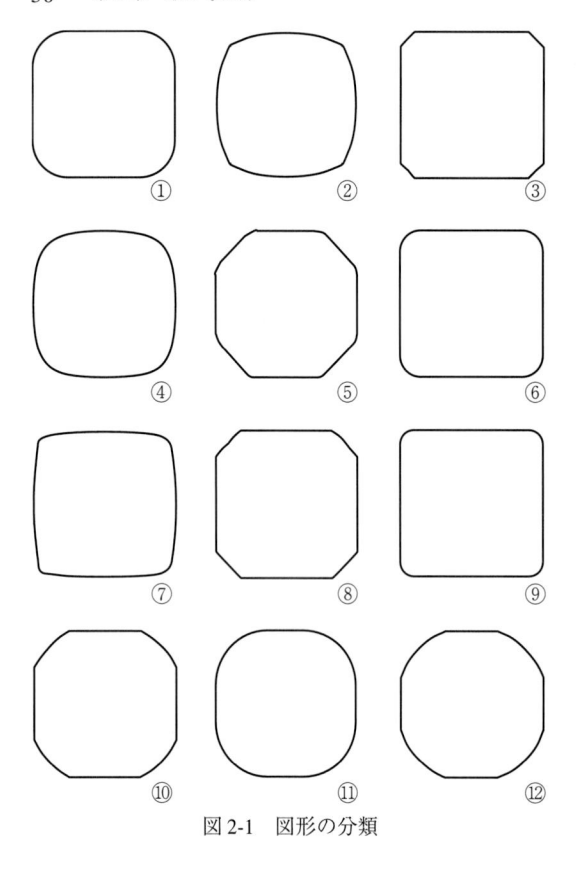

(c)作図方法：正方形をその1辺より大きい円で切断したものといった図形の作図方法による分類。

(a)の印象による分類よりは，(b)の属性による分類の方が迷いなく分けられると思うが，それでも2～3の図形はどちらのグループに含めたら良いか迷うはずである。(c)の作図方法で分類すると，12種類の図形は以下の5グループに分類できる。

(1)正方形のコーナーにアールを付けたもの
　　　　　　　　　　…………………①⑥⑨⑪
(2)正方形をその1辺より大きい円で切断したもの　　　　　…………………③⑧⑩⑫
(3)正方形の辺を円弧で構成したもの
　　　　　　　　　　…………………②
(4)(3)のコーナーにアールを付けたもの
　　　　　　　　　　…………………④⑦
(5)八角形のコーナーにアールを付けたもの
　　　　　　　　　　…………………⑤

さて，(a)で分類した人は，形を印象で捉えていると言える。たとえ作図方法が違う図形であっても，丸い感じがすると思えば，それらは同じグループに属し，反対に同じ作図方法の図形であっても印象が違えばそれらは異なったグループとして捉えている。(b)で分類した人は，形の属性リストを構成し，それをチェックする要領で分類し，同じ属性パターンを有しているものは，同じグループとして捉えている。しかし，縦横の直線と斜めの直線は同じ属性と考えた方が良いのか，あるいは別の方が良いのかなど，属性の分類で悩んでいるところがある。属性リストの不完備・不整合のためか被験者にとって納得のゆく分類となっていないことが多い。(c)の作図方法による分類では，形がどうやって生まれているか，が分類の観点である。作図方法による分類が(b)と大きく異なる点は，これらの図形が正方形あるいは八角形を「もとの形」としてそれを「加工」したものである，という理解が意識の前面に現れているという点である。属性で分類した人も，そのことは直感的に理解していたものと思われる。しかし，作図方法にまで着目することはなかった。ここでは，「もとの形」とそれに対する「加工」という形の生成過程を「**形の成り立ち**」と呼ぶことにする。

2-1-2 形を造る立場としての分類の観点

この3つの分類の観点は，形作りの経験の有無や長短と強い関連がある。形作りの経験がほとんどない一般学生は印象によって分類する傾向があった。経験をいくらか積んできたデザイン専攻の低学年の学生は属性に着目していた。プロのデザイナーはほぼ全員，図形を作図したその方法通りに分類した。このことは，形を見る人と，形を造る人では形に対する捉え方が異なっていることを示している。形を見る立場の人にとっては，形がどのように造られていようと関心はなく，結果としての，形から受ける印象がすべてであり，また，形を印象でしか語れない。おそらく橋の利用者も，アールがどのように付いていようと関心を

止めるには至らず，柔らかい感じがする，シャープな感じがする，心地よいといった印象しか持ち得ないであろう。しかし，形を造る立場の人が印象でしか形を語ることができないのでは形は造れない。プロのデザイナーは形を造る立場の表れとして，図形がどのように形作られているか，すなわち「形の成り立ち」に着目しているのである。

事実，造形手順はまず形の成り立ちを検討し，その属性を決め，属性の量を定めて印象をチェックするというサイクルの繰返しである（図2-2）。形作りの経験を経るに従い，印象から属性へ，属性から形の成り立ちへと分類概念が展開している方向とは全く逆の方向である。形は最終的には印象

図2-2　形の分類概念と造形手順

でしか評価されないとしても，形作りの過程においては，印象を形成する筋道を見つめ，形の成り立ちを明らかにすることが造形の基本である。

2-2　形の成り立ち

形を造る立場の人は，「形の成り立ち」に着目して形を捉えねばならない。では「形の成り立ち」はどのように説明できるであろうか。作図方法によって分類した人は，正方形あるいは八角形を「もとの形」としてそれを「加工」したものであるという理解が意識の前面に現れていると述べた。ここでは「もとの形」とは何か，「加工」とは何かを説明する。

2-2-1　もとの形とその性質

図2-3は長方形の4隅を60°の角度で隅切りし，その量を徐々に多くしたものである。これを見ると，(c)では長方形の4隅を隅切りしたというよりは八角形のように見える。また，(d)は長方形を隅切りしたというよりは，菱形の各頂点を隅切りしたように見える。同様に図2-4は，正四角柱の4隅を大きさを変えて鉤形に切り取った十字断面の角柱である。(a)は明らかに正四角柱の4隅を切り取ったように見えるが，(c)は正四角柱を切り取ったというよりは，扁平な四角柱を組み合せたように見える。(b)はちょうどその中間で，正四角柱を切り取ったようにも見えるし，四角柱を組み合せたようにも見える。あるいは，もともと十字の形であったとも見える。

では，なぜ図2-3(d)は長方形の4隅を隅切りしたとは見えずに，菱形を隅切りしたように見えるの

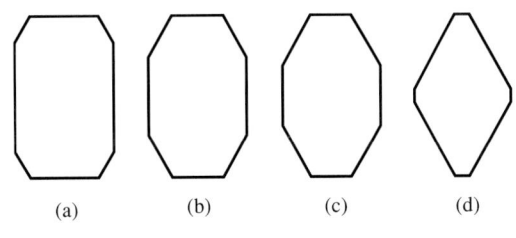

図2-3　長方形の隅切り

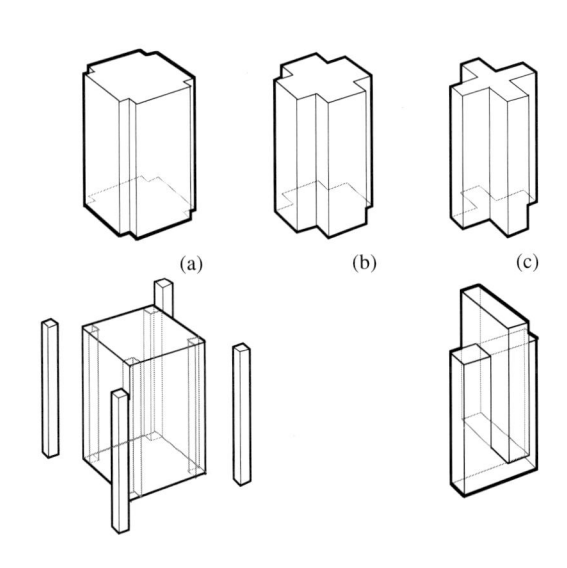

図2-4　正四角柱の4隅の切り取り

であろうか。なぜ図2-4(c)は正四角柱の4隅を切り取ったようには見えずに平らな角柱を組み合わせたように見えるのであろうか。それは，菱形や扁平な四角柱が長方形や正四角柱と同じように，簡潔でまとまりのある形であるためと言えよう[3, 4]。図2-3(a)あるいは図2-3(b)では，長方形がまとまりのある形として見えていたのに対し，図2-3(d)では長方形よりも，菱形の方がまとまりのある形として見えるため，菱形をもとの形としてその頂点を隅切りしたように見えるのである。同様に，図2-4(c)から正四角柱を見ることは難しく，扁平な四角柱がまとまりのある形として見えるため，それをもとの形として2つを組み合わせたように見えるのである。図2-3(c)の八角形や図2-4(b)の十字形は，長方形や菱形，正四角柱や扁平な四角柱に比べればまとまりのある形としての力はやや弱いが，それらと同等のまとまりのある形に見える場合はもとの形となる。

簡潔でまとまりのある形は幾何学図形に限られるわけではない。図2-5(a)は角のある曲玉のようにしか見えないが，図2-5(b)では，歪んだ卵形の一部が欠けたように見える。歪んだ卵形はいわば自由形状でありながら，欠けた部分を補完し，まとまりのある形として見ている。

以上のように，もとの形とは，眼前の形の加工される前の形を指し，簡潔でまとまりのある形が想定される。

2-2-2 ゲシタルト要因

さて，簡潔でまとまりのある形とは，ゲシタルト心理学でいうところの「good configuration」の1つであると考えることができる。ゲシタルト心理学ではgood configurationが形成されやすい要因をゲシタルト要因（Gestalt factors）と呼び，以下の9要因を抽出している[3, 4]（図2-6）。

①近接の要因（factor of proximity）:互いに空間的距離の近いものどうしはまとまりやすい(a)。

②類同の要因（factor of similarity）:類似したものどうしはまとまりやすい(b)。

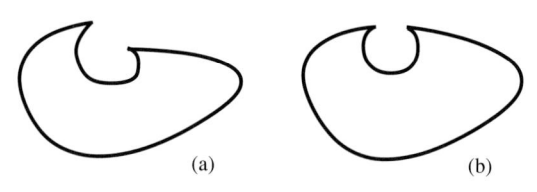

図2-5　角のある曲玉と歪んだ卵形

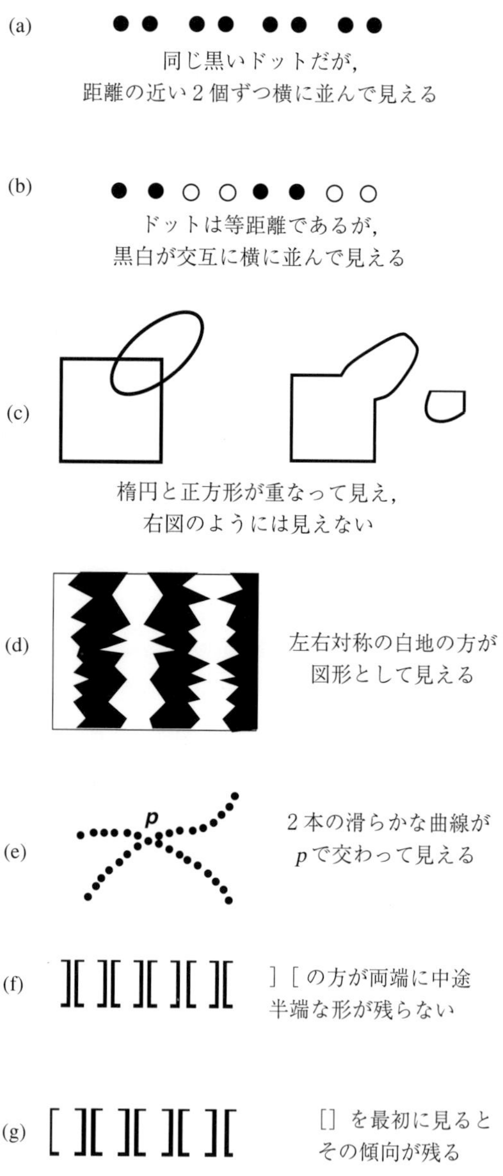

図2-6　ゲシタルト要因

③閉合の要因（factor of closure）：1つの面を囲む閉じた形はまとまりやすい(c)。

④よい形の要因（factor of good Gestalt）：簡単で統一的，規則的，左右対称的な形はまとまりやすい(d)。

⑤よい連続の要因（factor of good continuity）：連続をなすよい曲線がつくられるようにまとまる(e)。

⑥残りの要因（factor of absence of remainder）：中途半端なものが残らないようにまとまる(f)。

⑦客観的構えの要因（factor of objective set）：最初あるまとまりで知覚したものは他の系列の中でもまとまりやすい(g)。

⑧共通運命の要因（factor of common fate）：ともに動くものはまとまって知覚される。

⑨経験の要因（factor of past experience）：経験的に意味ある形はまとまりやすい。

これらの要因が働いている形はもとの形として認知されやすいと言えよう。ゲシタルト要因についてさらに詳しくは成書を参照されたい。

2-2-3 加工

次に，正方形のコーナーにアールを付けるとか，角柱を組み合せるといった加工にはどのような種類があるであろうか．2次元の図形ではなく3次元の立体ともなると加工の種類は無数にあるように思える．しかしアールがけも隅切りも「切断」という行為で捉えれば，それぞれは同じ加工のバリエーションの1つであると見ることができる．このようにして加工の種類を整理していくと，加工は以下に述べる5種類にまとめることができる[5]．

ここで，加工にはどのような種類があるかという課題は，立体で考えると，2つの断面間を単調な関係でつなぐ方法にはどのようなものがあるかという課題と同義である．そこで，ここでは上面が正方形，下面が円の場合（図2-7）で説明する．

(1) 比例法：比例法とは，上面から下面への変化を比例的に行う方法である．具体的には，断面の輪郭線を点に分解し，上面から下面へ向かう途中の

図2-7 正方形と円をつなぐ

任意の断面の各点がそれぞれ対応する点と比例的な関係を保つように各点の位置を決める．上面，下面における変化の対応区間の指定は任意で，全区間どうしを対応させて変化させることもできるし，正方形の一部と円の一部を対応・変化させ，それらを合成することもできる．

図2-8(a)は正方形の1辺と1/4円とを対応・変化させたものである．図2-8(b)では正方形の1辺と，それに対応する円の区間を変えて変化させている．図2-8(c)は全区間どうしを対応・変化させたものである．図を見てもわかるように，対応区間の指定の仕方によって途中の断面形状は異なる．この比例法は今日のコンピュータが最も得意としている方法で，パソコンレベルでも十分対応できる．

比例法におけるもとの形は，正方形から円へ変化したとも考えられるし，その逆も考えられるので，2つの面のうちのどちらかということになる．

(2) スイープ法：円はもともとは正方形で，その4隅にアールを付けたものであると解釈すると，上面と下面をつなぐもとの形は截頭正四角錐である．したがって，その截頭正四角錐の4隅を下面でちょうど円になるようにアールをつければ正方形と円がつながる．このようにスイープ法は，丸い図形も多角形にアールを付けたものと解釈することにより，断面間をつなぐ立体を截頭多角錐体とし，それにアールをつけることで目的の立体を得るという方法である．図2-8(d)にその作図法を示す．なお，線分am, anは稜線aa'に対して付けるアール始まりの位置を示す線である．

ところで，スイープとは放物線や双曲線の一部を用いた曲線定規のことである．本方法をスイープ法と呼ぶ理由は，図2-8(e)のように，丸い図形をスイープで描ける曲線と，アールに分解し，その

34　第2章　形の考え方

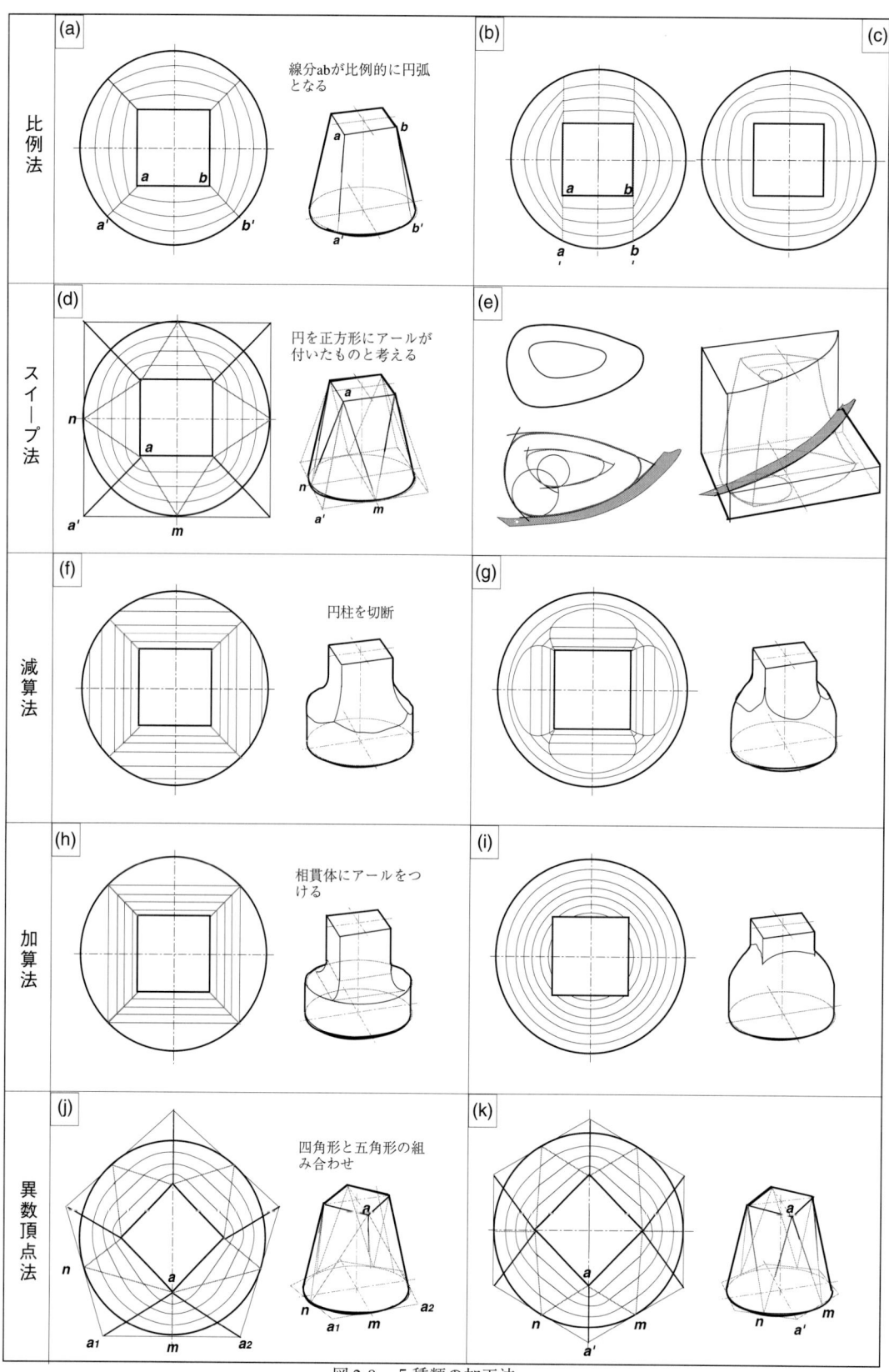

図2-8　5種類の加工法

スイープで立体を切り出す操作を想定すれば，曲面の多い形も作り出すことができるためである。今日の乗用車の外形デザインは概ねこのスイープ法がベースとなっている。本方法におけるもとの形は，スイープで描いた多角形あるいは截頭多角錐体である。

(3)減算法：減算法とは，塊から形を切り出す方法である。例題の場合，円と正方形を比較すると下面の円の方が大きいので，円柱をもとの形として想定し，丸鉛筆を削るように，その円柱を上面で正方形になるように切断する。切断の方法は図2-8(f)のようにカーブさせてもよいし，任意である。図2-8(g)では円柱の先端を球形にした形をもとの形として想定し，それを切断している。

減算法はわかりやすく形はまとまりやすい。しかしその分，物足りなさを感じることもある。

(4)加算法：引き算があるのなら足し算があるというわけで，加算法とは2つ以上の形を足し合わせる方法である。つまり，相貫体として両断面をつなぐと考えればわかりやすい。この場合，2つの形が拮抗していてどちらがもとの形とも言えない場合と，あるメインの形（もとの形）があって，それにもう一方が足し合わされる場合の2通りがある。図2-8(h)は前者の場合であり，図2-8(i)は後者の場合である。

なお図2-8(h)では相貫線の部分にアールを付けている。また，図2-8(i)では，図2-8(g)と同様，円柱の先端を球形にした形を用いている。

加算法も非常にわかりやすいが，減算法と逆で，いわゆる，とって付けた感じになることがあり，まとまりにくい。しかし，うまく用いれば面白い形が生まれる。

(5)異数頂点法：前述のスイープ法は，上面が四角であれば下面も四角として解釈しなければならなかった。すなわち，頂点の数は同じでなければならなかった。では，頂点の数を意図的に違えたらどうなるかというのがこの異数頂点法である。

図2-8(j)は下面を五角形に解釈したものである。

図を見てもわかるように，頂点の数が1つ多いので，頂点aからは稜線が2本引かれている。図2-8(k)は下面を六角形に解釈したものである。なお，両図とも，上面と下面の向きはこの配置でないと整合性をもってアールがけができず，四角形と円をつないだ形にならない。また，上面がn角形の場合，下面の円をn-1角形として解釈することも同様の理由により作図できない。

2-2-4 橋に適用しやすい加工法

さて，この5つの加工法のなかで橋にとって最も使いやすいのは減算法と加算法であろう。比例法は，断面の一方が円弧であれば必ずここで示したような微妙な3次曲面が生まれる。この3次曲面そのものは理性的で，公共財としての橋の性格とは調和しており，このような曲面が造れることは望ましいことである。しかし，鋼にしろコンクリートにしろ現時点でこうした微妙な3次曲面を求めるのは困難が予想される。したがって比例法の活用は，どうしても比例的に断面変化させねばならないという特殊な場合に限られるであろう。

スイープ法は，ここで示した範囲で言えば，一種のアールがけの方法であると考えることができ，その意味ですでにそれとは気づかず使っているかもしれない。しかし，スイープ法が威力を発揮するのは，何と言っても曲面が多い形である。したがって，例題のような幾何学的な形のアールがけの方法として十分用いることができるが，比例法と同様，活用できる場は限られてこよう。

異数頂点法のように，頂点の数を違えて面白い形を造るというのは，デザイナーにとっては挑戦的なテーマではあるが，これまで成功した試しがないとされている。その意味で，異数頂点法は理論的には成立しても実際には使えない方法であると言ってよい。

減算法と加算法はわかりやすく，橋に用いた場合にも製作しやすい形が生まれやすい。橋にとって当面必要なのは減算法と加算法を用いて，形の成り立ちを明快にすることと考える。

2-3 形の成り立ちの検討

　もとの形とその加工について述べてきたが，ここでは，様々な形の成り立ちを検討することが造形の基本であることを示し，その際，減算法と加算法をどのように適用して形の成り立ちを考えればよいかを，十字断面柱を例に説明する。併せて，形の成り立ちの検討には3つのレベルがあることを示す。

2-3-1　十字断面の形の成り立ち

　吊橋や斜張橋の主塔には耐風安定性のために十字断面が用いられることが多い。図2-9(a)程度の十字断面は，図2-4(a)のように正四角柱の4隅を切り取ったものとして見られやすい。つまり，減算法によって形作られたと見るわけである。しかし，図2-9(b)のように平板を付け加えたものと解釈できなくもない。例えば柱の端部（主塔では塔頂部）を図2-9(c)のようにすると，これは明らかに四角柱に平板を付け加えたもの，つまり加算法によってできた形となる。図2-4に示したように隅切りの量を変えても形の成り立ちは変化するが，端部の形の加工はより意図的に形の成り立ちを操作することができる。

　図2-10(a)はその例である。隅切りの量を図2-9(a)と同じにして，十字断面の端部に様々な加工を加えたものである。それぞれ形の成り立ちは違って見える。上段の①～④は四角柱や正四角柱に平板を付け加えたもの，あるいは端部が屋根の形をした四角柱を2つ組み合わせたものなど加算法を意識して形作ったものである。下段⑤～⑧は減算法を意識して形作ったものである。⑦，⑧は主塔の塔頂部としてはトップヘビーだが，上下反転した形は塔基部では用いられている。このように，構造や耐風安定性の要請から，隅切りの量が図2-9(a)と定まっても，形の成り立ちは1つではなく，端部の加工によって幾つも考えられるのである。

　図2-10(b)の①～⑥は図2-10(a)の①と④のバリエーションを示したものである。すなわち，四角柱に平板を付け加える，あるいは屋根の形をした四

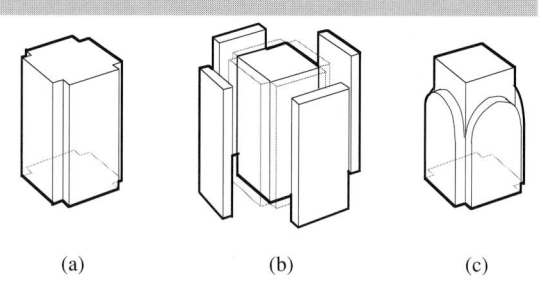

図2-9　加算法で考えた場合の十字断面柱

角柱を2つ組み合わせるという形の成り立ちそのものは変化させず，それぞれの属性の形のみを変化させたものである。①～③では平板の端部をテーパーから矩形，半円に，あるいは角柱と平板のコーナーにアールを付けている。④～⑥では屋根の形を変化させている。このように属性の形を変えることによって，形の成り立ちより明快になったり，逆に明快さを失う場合もある。また，同じ形の成り立ちをしていながら，よりユニークな形，面白い形が生まれる。

　⑦，⑧はともに端部を大きく斜めに切断したり，屋根の形にしているが，形の成り立ちは端部が水平な場合と何ら変化していない。このように，ある形の成り立ちを変えずにそのバリエーションを考える場合には，属性の形のみを変化させればよいことがわかる。一方，形の成り立ちそのものを検討する場合には，十字断面の隅切り部と何らかの関連ある加工をしないと形の成り立ちは変化しない。

　図2-10(c)は，図2-10(b)の①と④のバリエーションである。すなわち，形の成り立ちはもちろん，属性の形もあまり変化させず，属性の大きさや角度，加工位置のみを変えたものである。これにより形はより洗練され，快い印象を与える形を創出することができる。

　以上のように，十字断面の形の成り立ちは端部の加工によって様々に変化し，属性の形や属性の大きさ，角度，位置を変えて様々なバリエーションを作ることができる。

2-3-2 加工の3つのレベルと形作りの過程

以上の図2-10の(a)〜(c)は,加工に対する3つのレベルの違いを表している。すなわち,

(1) 形の成り立ちレベルの加工:加工によって形の成り立ちが変化する加工
(2) 属性レベルの加工:属性の形を変化させるだけで,形の成り立ちは変化しない加工
(3) 属性の量レベルの加工:属性の大きさや角度,形の成り立ちを変えない範囲での加工位置の変更などの加工

形作りの過程においては,どのような分野であれ,(1)の形の成り立ちレベルの加工の検討が出発点である。設計対象に課せられた制約条件の中で,あるいは造形コンセプトに沿う形で豊富にアイディアを出し,設計対象の持つ形の可能性を展開せねばならない。その際,常に減算法と加算法を意識するようにしたい。削り取ったように見せるにはどうしたらよいか,付け加えたように見せるにはどうしたらよいか,このような削り方もあるのではないか,このような付け加え方もあるのではないかと考えてアイディアを出すようにすると良い。車の外形デザインの場合も,このレベルで豊富にアイディアが出せるデザイナーほど優秀なデザイナーであると見られているようである[6]が,豊富に形の成り立ちについてのアイディアを出すように心がけたい。

これらのうち,良さそうな案については(2)の属性レベルの加工の検討を加え,形の成り立ちがより明快になる手だてを探ったり,諸条件に対するより良い適合を求めてより良い形になるよう更に探索する必要がある。

(3)の属性の量レベルの加工は主としてプロポーションやバランスといった美的形式の検討のために行われる。技術者がアイディアを出し,スケッチを描く場合,形のプロポーションやバランスは無意識のうちに調整して描いているものであるが,それを確認するためにも属性の量を変えてスケッチしてみることは重要である。形を見る側の人は

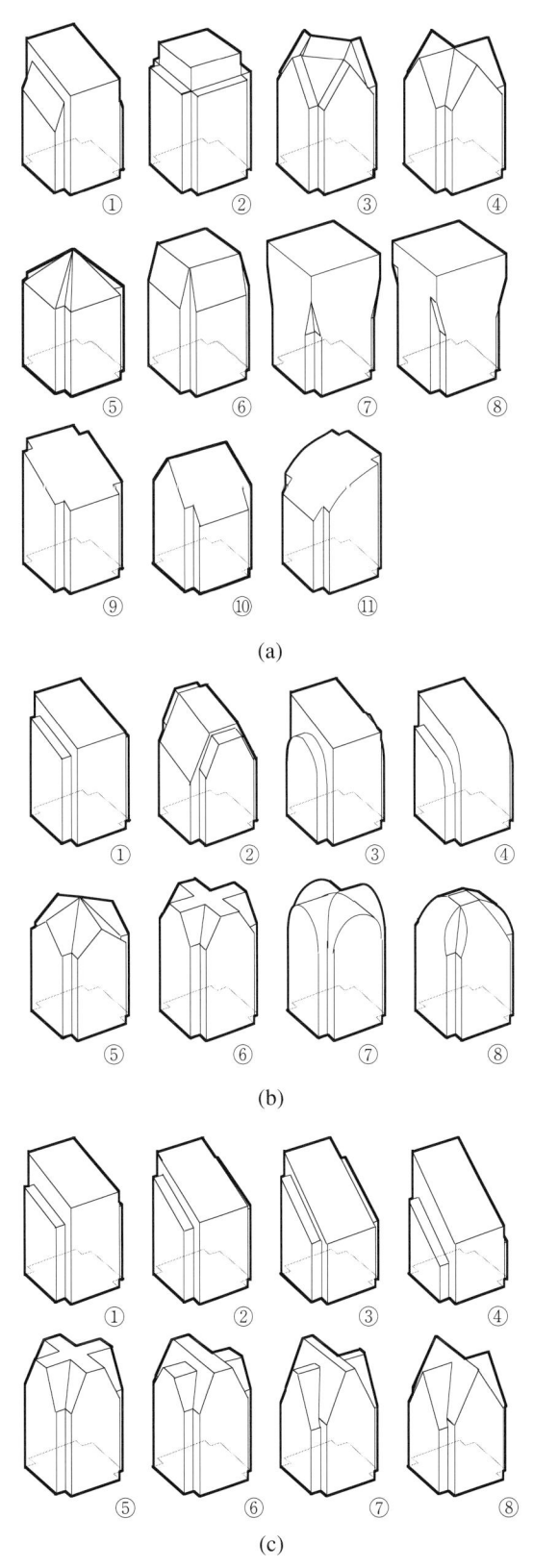

図2-10 十字断面柱の形の成り立ち

形を印象でしか捉えないとすれば，なおのこと，形の成り立ちとプロポーションやバランスを調和させ，快い印象が得られる形を創案せねばならない（図2-11）。

さて，実際の形作りの過程において，形の成り立ちの検討が(1)→(2)→(3)と順序通りに進むかと言えば，決してそうはならない。(1)の段階ではあまり良い形に思えなかったものも，属性の形を変えれば面白い形に変身することはよくあることである。それを良くないからと放棄してしまっては，その方向でのアイディアの展開はなくなる。また，良さそうな案に対してはスケッチを描き終わらない段階から，すでにそれに関連した次のアイディアが生まれており，それを描き止めておきたいこともある。したがって，必然的に形の成り立ちレベルの検討と属性レベルの検討は混然としたものになる。場合によれば属性の量レベルの検討まで(1)の段階で踏み込まねばならないこともある。しかし，あまり深く踏み込みすぎると，全体としてみれば極めて狭い範囲の検討しか行っていないということになりかねない。KJ法のマップでは似たものどうしを集めてグループを作り，そのグループに表題を付けるが，(1)の段階で最初に考えた案が常にあるグループの表題を示しているわけではない。単に1枚のラベルにすぎない場合が多い。表題が意識できる程度に同類の案を幾つか作成してグループを形成する必要がある。しかしラベルが多すぎてもマップは偏ったものになってしまうというわけである。検討のレベルは混然とするものの，各段階での目的を見極め，バランスよく検討することが必要である。

2-3-3 T字橋脚の形の成り立ち
(1) よく見かけるT字橋脚の形の成り立ち

図2-12(a)や図2-12(b)のT字橋脚はよく見かける。しかし，どことなく生な形といった印象を受け，洗練されていない感じがする。これらの「形の成り立ち」を観察してみよう。図2-12(a)は，図2-12(c)のように平板（壁状の矩形柱）を切り欠いたとも見えるし，図2-12(d)のように2本の棒材（細長い矩形柱）をくっ付けたようにも見える。図2-12(c)の加工は，平板をもとの形とする減算法であり，図2-12(d)の加工は加算法である。どちらかと言えば，

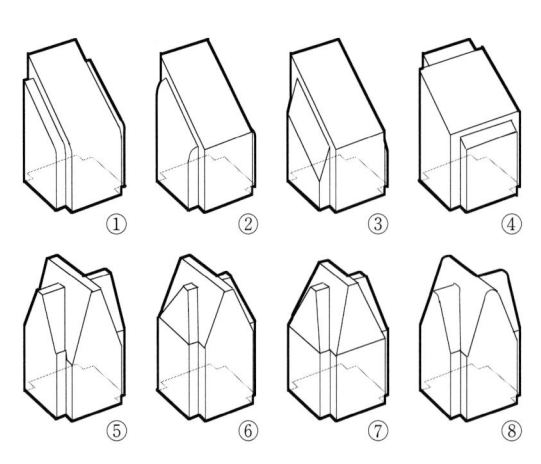

図2-11　図2-10(c)の代替案

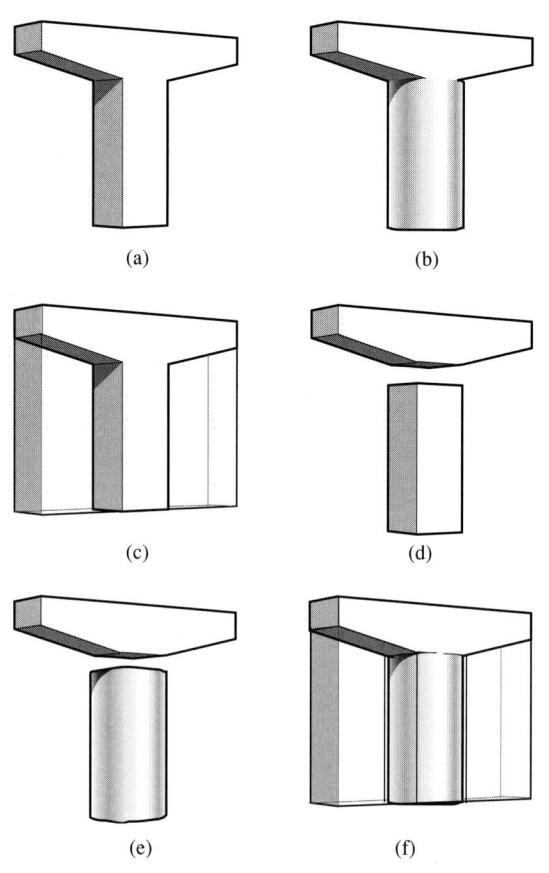

図2-12　よく見かけるT字橋脚の形の成り立ち

図2-12(c)の減算法によって形造られたと見る方が勝っているとは思うが，「形の成り立ち」は明快さを欠いている。図2-12(b)の場合も，図2-12(e)のようにどちらがもとの形とも言えない2つの拮抗した形を積み重ねた加算法によって造られていると見るのが普通であろう。しかし，図2-12(f)のように図2-12(c)をさらに加工して円柱を造ったという減算法として見ることもでき，「形の成り立ち」はあいまいである。このように形から受ける印象が，生な形であったり，洗練されていないと感じる場合は，「形の成り立ち」が不鮮明である場合が多い。

(2)減算法による形の成り立ちの明確化

ではどのようにすれば形の成り立ちは明快になるであろうか。まず減算法によって明確化を図ってみる。

図2-12(a)の場合，図2-12(c)のように平板を切り欠いたとするなら，図2-13(a)のように，横梁の斜めの線と脚柱の垂直な線の間にアールを付ける（横梁の下斜面と脚柱の垂直面との間を曲面でつなぐ）と，平板を切り欠いたという加工はより明快になる。これはアールが介在することにより，ゲシタルト要因（Gestalt factor）の1つであるよい連続の要因（factor of good continuity）が働き，2本の線は1本の線として見られ，図2-12(d)のように見られることがなくなるためであろう。図2-13(b)のようにアールが大きくなりバチ型に近くなると，切断線は1本の線で構成された感がより強くなる。さて，図2-13(c)のような全くのバチ型は，平板を切り欠いたというよりも，バチ型自体がもとの形で，その端部を切り欠いたように見える。平板を切り欠いていたつもりが，結果としての見え方はバチ型を切り欠いた形になったが，T字橋脚の形の成り立ちを探索している段階では，新たな形の成り立ちが発見できたものとして捉えればよく，結果としての形の成り立ちは明確である。

形の成り立ちが明確なものをベースにして面取りやコーナーアールといった2次加工を施し，形の洗練を図ることは，形作りの次のステップとし

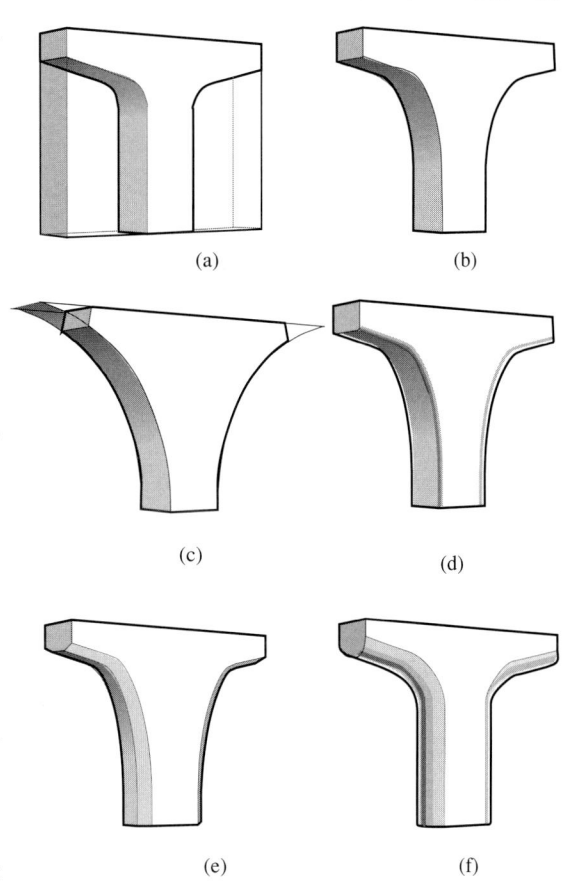

図2-13　図2-12(a)の減算法による形の成り立ちの明確化

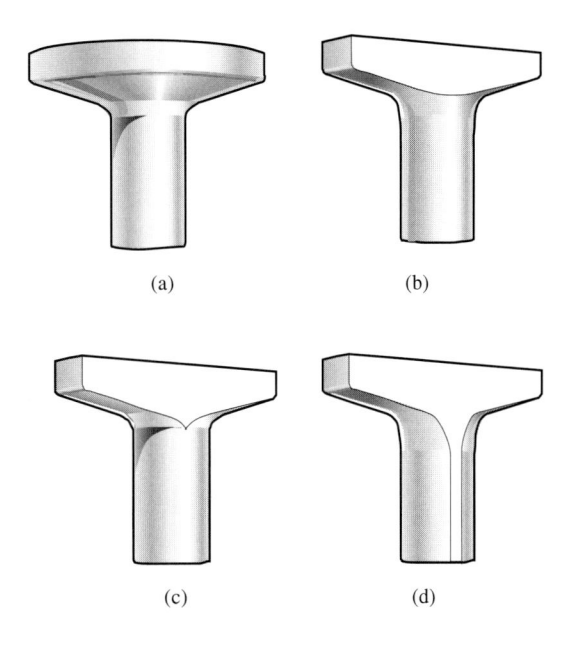

図2-14　図2-12(b)の減算法による形の成り立ちの明確化

て重要である．図2-13(d)はコーナーにアールをつけたもので，図2-13(e)はコーナーを面取りしたものである．また，ちょうど切断する刃物の刃が直線ではなく，湾曲した刃で切断するような加工を想定することもできる．図2-13(f)は図2-13(a)の切断部の断面を半円にしたものである．

図2-12(b)の場合，円柱と横梁の角柱を簡単な減算法の操作によって形作るのはなかなかに難しい．図2-12(f)のように減算法として解釈するとしても，その成り立ちのイメージは伝わりにくい．そこで1つの考え方は，もとの形を図2-14(a)のような配水塔の形を想定し，これを図2-14(b)のように切断すれば，形の成り立ちは明快となり，面白い形が出来上がる．図2-14(c)は横梁の太さと円柱の太さを揃えて切断した場合である．また，図2-14(d)は円柱の太さよりもやや小さい寸法で切断したもので，円柱の一部に平らな面ができている．ここをさらに凹ませて配水管を設置するようにしても面白い．

(3) 加算法による形の成り立ちの明確化

　図2-12(a)の形の成り立ちを加算法として明確にするには，図2-15(a)のように2本の棒材が組み合わされた形を表現すればよい．すなわち，脚柱が横梁よりも出っ張っているように作れば組み合わされた感じが表現できる．ほんの少しの出っ張りが形の成り立ちには重要なのである．出っ張りは図2-15(b)のように横梁の天端と揃っていなくてもよい．揃ってなくとも2本の棒材が組み合わされたという形の成り立ちは明らかである．また，2本の棒材は同じ形をしている必要はない．図2-15(c)のように横梁の断面に大きなアールを用い，脚柱の形と違えても形の成り立ちは明らかである．前項で述べたように，形の成り立ちが明確なものをベースに2次加工を施して形の洗練を図ることができる．図2-15(d)は，脚柱と横梁の双方に面取りを施したものである．図2-15(e)は角アールを付けたものである．

　図2-12(b)は，図2-16(a)のように円柱に横梁が組

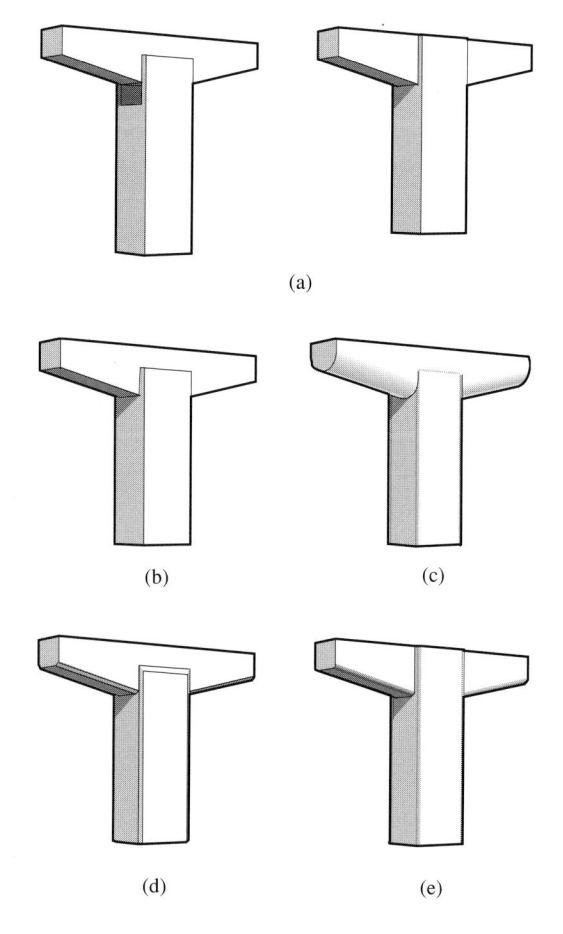

図2-15　図2-12(a)の加算法による形の成り立ちの明確化

み合わされた形にすれば，加算法としてすっきりまとまる．図2-15(b)と同様，図2-16(b)のように，円柱と横梁の天端は揃っていなくとも，加算法としての形の成り立ちは明確である．また，図2-16(c)，図2-16(d)のように，横梁に角アールを付けたり，半円形の断面を用いて形の洗練を図るのも良い．図2-16(e)は，円柱の上部は斜めに切断されており，横梁の根本は太くなっている．円柱上部の斜めの切断は，加算法で作られた形をさらに切断するという2次加工を施したことになるが，これは円柱の上部が余剰の断面となりがちなのを意識するとともに，横梁と円柱との隅角部に応力が集中することに抵抗することを狙ったものである．図2-16(f)は，円柱の上部を切断する代わりに截頭円錐を用い，横梁の付け根も太くして所定の断面

(a) (b)

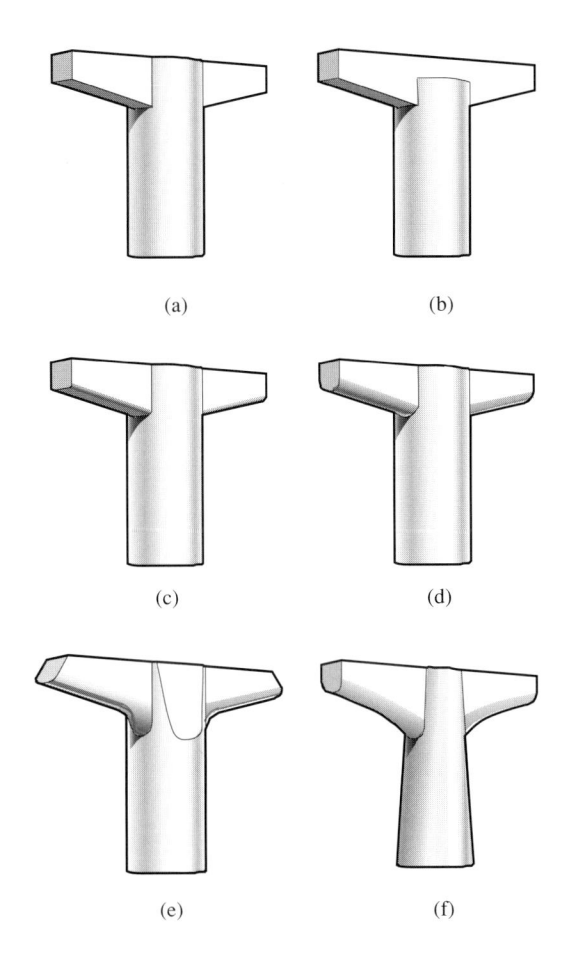

(c) (d)

(e) (f)

図2-16　図2-12(b)の加算法による形の成り立ちの明確化

を確保したものである

　以上のように，図2-12(a),(b)のようなT字橋脚も，減算法あるいは加算法によって形の成り立ちを容易に明確にすることができる。また，減算法，加算法によってT字橋脚の様々な形の成り立ちを考案することができる。ところで，形の成り立ちの探索は，図2-16(e),(f)に若干示したように，構造的要請や製作・施工上の要請を上手に取り入れることが望ましい。言い換えれば，構造的要請や製作・施工上の要請を形の成り立ちを発想するための動機付けとして用い，それらに適した形の成り立ちを考えることが重要である。

　T字橋脚の形の成り立ちはここに示した例だけではない。各自が様々に工夫して新しい形の成り立ちを考案することが大切である。

2-3-4　吊橋や斜張橋主塔の形の成り立ち
(1)主塔形状の形の成り立ちの明確化

　吊橋や斜張橋の主塔は横に長い構造物の縦方向の主要部材として，最も人々の視線を集めやすく，構造形の主役となる構造部材である。その意味ではT字橋脚よりもさらに洗練された形が要求される。しかし，なかには形の成り立ちの不鮮明なものもみられる。図2-17(a)は，図2-12(a),(b)のT字橋脚と同様，生な形という印象を受ける。平板を切り欠いたというなら，図2-17(b)の方が切り欠いた状態が表現されているし，塔柱と腹材を組み合わせたというなら，図2-17(c)の方がその感じが出ている[2]。生な形の印象はT字橋脚の場合と同様，切り欠くという減算法の表現，組み合わせるという加算法の表現がはっきりとなされていないところに原因がある。図2-17(b)の減算法では，切り欠

(a)

(b)

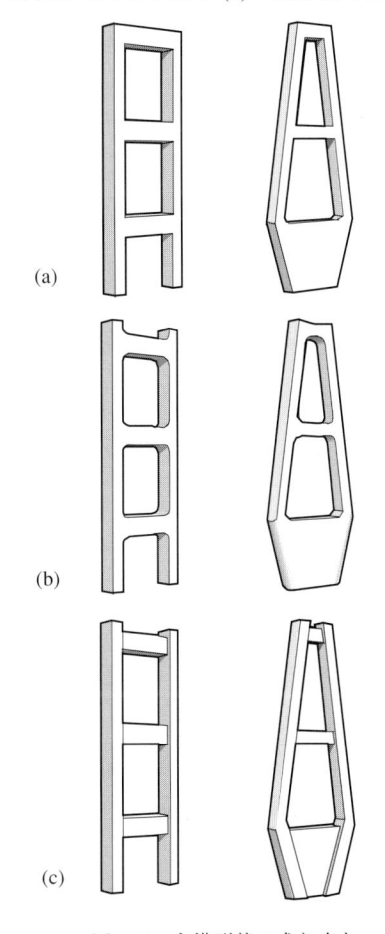

(c)

図2-17　主塔形状の成り立ち

く部分にアールを設け，そこが閉じた図形であることを強調することによって，切り欠くという加工を表現している。図2-17(c)の加算法では，主塔が塔柱と腹材とで構成されていることを強調するために，塔柱と腹材との間に段差を設け，両者が異なる部材であることを明らかにしている。隅角部にアールを付けたり，塔柱と腹材の寸法をわずかに違えるだけで，形の成り立ちは容易に明確となり，外観も良くなるのである。

(2) 形の成り立ちのアイディア

形の成り立ちをもう一工夫して，図2-18(a),(b)のような形を考えることもできる。図2-17(a)では，まず①もとの形として平板の木口が半円になった形を想定し，②その中央部を凹状に，角にアールを付けて切断した上で，③水平材の部分を残して切り欠く加工を考えたものである。図2-17(b)は，やはり①木口が半円になった菱形の平板をもとの形として想定し，②その平板を基部を残して塔柱部分を切り出し，その後に③水平材を添加する加工を想定している。

このように，主塔の軸線を図2-17(a)と同じにしても形の成り立ちは幾つも考えることができる。2-3-2項で説明したように，制約条件や造形コンセプトに調和しつつ，形の成り立ちに対するアイディアが豊富に出せるようにしたい。

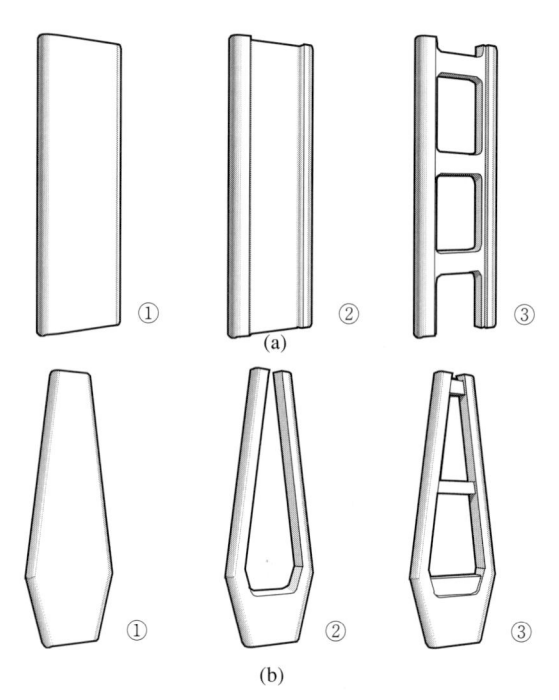

図2-18 主塔形状形の成り立ちの明確化

写真2-1 大島大橋の主塔形状（減算法）

写真2-2 ベイブリッジの主塔形状[7]（加算法）

2-4 橋全体の形の成り立ち

形の成り立ちに留意し，その明確化を図らねばならないのは，橋脚とか，主塔といった橋の部分形状だけではない。橋全体の形がどのように成り立っているかについても留意し，成り立ちが明確になるよう工夫し，表現することが重要である。桁橋やラーメン橋を例にして形の成り立ちを観察してみる。

2-4-1 減算法による形の成り立ち

写真2-3[8]のようなラーメン橋の場合，まずもとの形は図2-19(a)のような直方体の塊であると考えられる。そこから，張り出し部と高欄を切り出して図2-19(b)を得る。そして更に図2-19(c)のように橋脚部を切り出して目的とする形を得たと解釈することができる。つまり，橋の形全体が減算法で成り立っていると見ることができる。

写真2-4[8]もほぼ同じような形の成り立ちを示しているが，桁と橋脚との接合部にはアールが設けられており，図2-19(b)から橋脚部を切り出したという形の成り立ちはより明快になっている。本橋は5径間連続橋であり，各支点には沓がある。それを，橋脚と桁にそれぞれ沓隠しを設けることにより，図2-19(d)のように桁の下端線と橋脚の稜線を一体化させ，全体としては3心円アーチの形状になるように工夫・表現したものである。ところで，コンクリートラーメン橋ことに高橋脚のラーメン橋では，隅角部にアールを付けなくても構造的には成り立つようであり，ほとんどの橋は写真2-3と同様，隅角部にアールは付いていない。しかし，図2-19(d)にみられるように，桁の下端線と橋脚の稜線との間にアールを入れ，両者を1つの線として表現した方が橋脚部を切り出したという形の成り立ちは明快になる。もともとラーメン構造の隅角部にアールがあること自体は不自然なことではないであろうから，コンクリートラーメン橋の場合も図2-19(e)のように，隅角部にアールを付けることを前提に設計してみてはいかがであろうか。

写真2-3 減算法によって形作られたラーメン橋

(a)

(b)

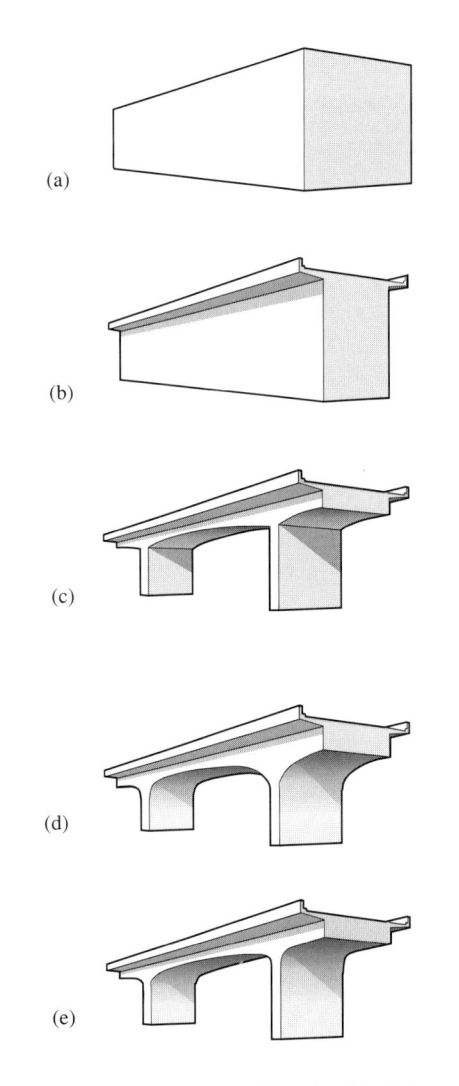

(c)

(d)

(e)

図2-19 写真2-3の橋の形の成り立ち

写真 2-4　桁の側面とバチ型橋脚の曲線を揃えた橋

写真 2-5　沓隠しにより桁の下端線と橋脚の稜線を一体化させた橋

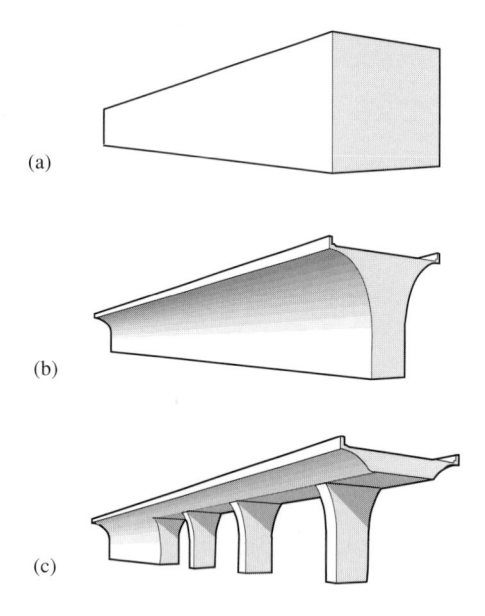

図 2-20　写真 2-4 の形の成り立ち

写真 2-4[8]) は桁の側面とバチ型橋脚の曲線を揃えて桁と橋脚の一体化を図っている。つまり，図2-20(a)から図2-20(b)のように橋全体をバチ型に切断したと解釈することができる。そこから図2-20(c)のように橋脚部を切り出して写真2-4の形を得たとみることができる。写真2-3の張り出し部と壁高欄の形の成り立ちに比べれば本橋のその部分の形の成り立ちはよほど明快である。したがって，写真2-3の場合も減算法による形の成り立ちをより鮮明にするためには，張り出し部と箱桁との接合部には若干のアールを付けた方が良いと言えよう。

さて，本橋の橋脚の場合，それがどのように生成されたかという形の成り立ちはさほど明確ではない。図2-20(b)から橋脚を切り出したというなら写真2-5のように隅角部にアールを用いて桁の下端線と橋脚の稜線が1つの線として認知されるような工夫が必要であろう。写真2-3の場合も，隅角部にアールがあった方がより明快になるとは思うが，偏断面桁の線が塊から橋脚を切り出したという形の成り立ちを弱いながらも説明している。ところが本橋の場合は等断面桁で，各橋脚には沓がありその上に桁が載っているため，図2-20(b)から橋脚を切り出したというようには見えない。むしろ加算法で形が成り立っているようにも見える。桁と橋脚をバチ型の曲線に揃えて全体を減算法で形成しているにもかかわらず，最終的な橋の形では，桁と橋脚が加算法となっているという違和感が形の成り立ちを不鮮明にしている原因であろう。桁と橋脚が形の成り立ち上縁が切れざるを得ないのであれば，わざわざ桁の側面とバチ型橋脚の曲線を揃えて一体化する必然性も感じられなくなる。

2-4-2　加算法による形の成り立ち

沓が介在することにより桁と橋脚が形態上縁切りになる傾向にあるなら，桁と橋脚とを一体化せず，写真2-6[8])のようにそれぞれ別の形を作り，それを組み合わせて構成するのも1つの考え方である。すなわち，写真2-6では図2-21(a)のように，もともと，桁を形成する直方体の塊と，橋脚を形成する塊が別にあったとみることができる。その塊

2-4 橋全体の形の成り立ち　45

写真2-6　加算法によって作られた橋

写真2-7　橋脚中央部に凹面のある橋

(a)

(b)

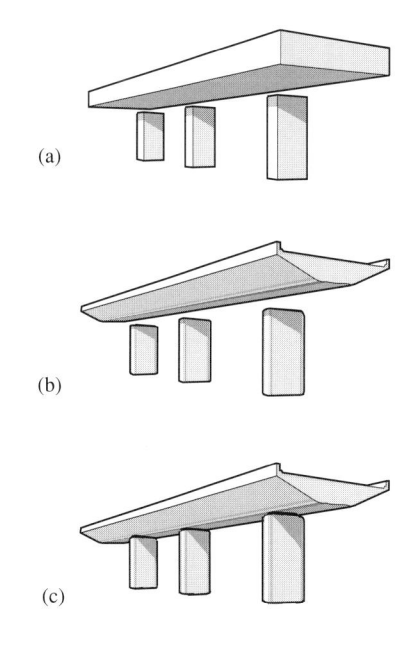

(c)

図2-21　写真2-6の橋の形の成り立ち

を図2-21(b)のように，桁部には下面にテーパーを付け，橋脚部の端部は半円に加工して両者を合体させた（図2-21(c)）と解釈することができる。このように，橋全体の形の成り立ちを加算法によって構成する場合には，桁の形状と橋脚の形状を全く別の考え方で形作り，それを組み合わせても決しておかしくなく，明快な橋の形を創ることができる。別な表現をすれば，肝心なのは橋全体の形の成り立ちを明確にすることであり，各部材の形の成り立ちは減算法であっても加算法であっても差し支えないということである。

写真2-7[8)]の橋脚は角を面取りし，脚中央部には

(a)

(b)

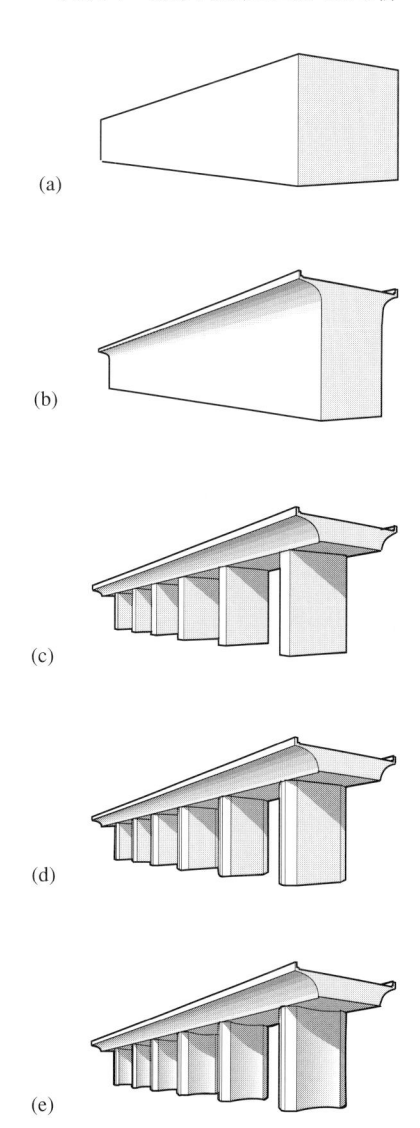

(c)

(d)

(e)

図2-22　写真2-7の橋の形の成り立ち

写真2-8　加算法によって作られた橋

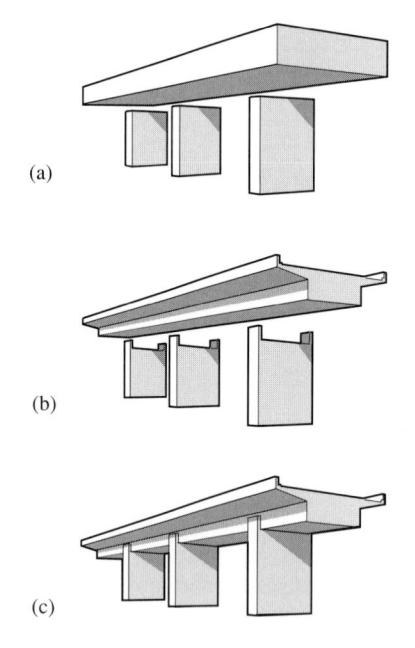

図2-23　写真2-8の形の成立ち

釈できるが，橋全体のなかで橋脚がどのように生成されたかという形の成り立ちは写真2-2と同様の問題を抱えている。ここから橋脚形状にはさらに加工が加えられ，角の面取り（図2-22(d)），脚中央部には凹曲面が付けられている（図2-22(e)）。橋脚に対するこうした造形的工夫を活かすには，例えば桁下端部に大きなアールを設け，桁から橋脚へ流れる線を意識させず，桁だけで閉じた形になるようにしてはどうであろうか。

写真2-8[8]では，橋脚に桁がはめ込まれた形になっている。すなわち，図2-23(a)のように桁と橋脚を形成する塊から，張り出し部や壁高欄を切り出し，橋脚には切れ込みを作って（図2-23(b)），その切れ込みに桁を嵌合させたもの（図2-23(c)）と解釈できる。おそらく桁と橋脚を同じ幅で設計することもできたであろうが，橋脚幅が広い方が剛結部の施工作業の自由度が増すことも勘案して，橋脚幅が広いままで設計したものと思われる。しかしこの部分の形状を可動部の橋脚では沓隠として用いた（写真2-8の手前の橋脚）ことが橋全体の形の成り立ちを極めてわかりやすいものとし，簡潔な外観を生む原因となっている。この例のように，構造あるいは施工上の要請と橋全体の形の成り立ちを上手に調和させることが肝要である。

以上のように，橋全体についても形の成り立ちに留意し，橋全体を減算法で構成しようとするのか，加算法で構成しようとするのか，構造あるいは施工上の要請とはどちらが調和するのかを考慮し，橋全体の形の成り立ちが明確になるよう工夫し，表現することが重要である。ここに示した例はすべて何らかの工夫がなされている橋である。それでも橋の形の成り立ちという観点からはもっとこうした方がより明快になるだろうという視点で述べている。実際には，さして長くない橋にもかかわらず，1つの橋で橋脚形状が3種類も4種類もでてくるような，橋の形の成り立ちに全く配慮していない橋も多い。橋全体の形の成り立ちを明確にすることを常に心がけたい。

凹曲面を付けている。それぞれの陰影の効果により橋脚を細く見せようとする工夫はそれなりに成功していると言えよう。しかし，それが橋全体の形の成り立ちと調和しているかどうかは疑問である。橋脚を上下線別に単柱形式としたため，橋脚に対する造形的工夫がかえって煩雑さを増しているという面もあるが，上下線単独の形（図2-22）で見ても形の成り立ちは複雑になっている。張り出し部から橋脚へは滑らかな曲線を介してつながり，橋全体は図2-22(a)の直方体の塊から図2-22(b)を切り出し，図2-22(c)のように橋脚を切り出したと解

2-5 アールがけ[9]

2-5-1 「アールがけ」とは

「アールがけ」とは，隣り合う2つの面の稜線に対して，その両方の面に接続する断面がアールの面を張ることによって稜線を消すことであり，張られた面を**アールがけ面**，アールがけ面の境界線を**アール始まり線**と呼ぶ。アールは同じ大きさの場合もあれば，徐々に拡大・縮小することもある（図2-24）。「アールがけ」は，隣り合う2つの面の稜線に同じ大きさのアールをかける場合は，後述する錯視への対応さえ行っていれば何ら難しいことはない。しかし，T字橋脚の横梁下端部にアールをかける場合のように，3つの面が交差する頂点でのアールがけや，橋台部で見かける斜面を含んだ4つの面が交差する箇所でのアールがけはそう簡単ではない。もちろん，3つの稜線あるいは4つの稜線に同じ大きさのアールをかけ，頂点をボールコーナーとして処理すれば比較的簡単である。しかし，それが本当に意図した形であるか否かは疑問である。アールの大きさを変えてアールがけした方が良い場合も多い。そこで本項では，減算法あるいは加算法によって創成された形にアールがけを行う際の法則について考察する。

2-5-2 錯視への対応

製図で，直線とアールをつなぐ場合，直線とアールを正確に合わせたつもりなのに，つなぎ目が何となく合っていないように感じたことはないだろうか。これは図2-25(a)を見てもわかるように，直線とアールを直接つないだ場合に生ずる錯視によって，アールの部分が盛り上がって見える（紙面を70～80cm離して図2-25(a)を見ると錯視の感じがわかる）ために，つなぎ目が合ってないように感じるのである。この錯視現象は図2-24のような立体の場合も同様で，アールがけを行った箇所では必ずアールの部分が盛り上がって見える。錯視を避けるためには，図2-25(b)のように，アールの中心を少し内側に入れ，直線とアールとの間を緩和曲線を用いて接続せねばならない。アールと

直線との隙間はラン・イン(run-in)と呼ばれており，その大きさは経験的にR/60～R/30が適当とされている[10]。直線が角度を持って交わる場合も同様の現象が起きる。曲線とアールをつなぐ場合も同様である。いずれも緩和曲線を介在させて直線あるいは曲線とアールを接続させねばならない（図2-25(c)）。ただ，コンクリートの型枠をベニヤ板などで造る場合には，わざわざラン・イン寸法を採って錯視に対応しなくても，ベニヤ板のたわみが自

図 2-24 アールがけ

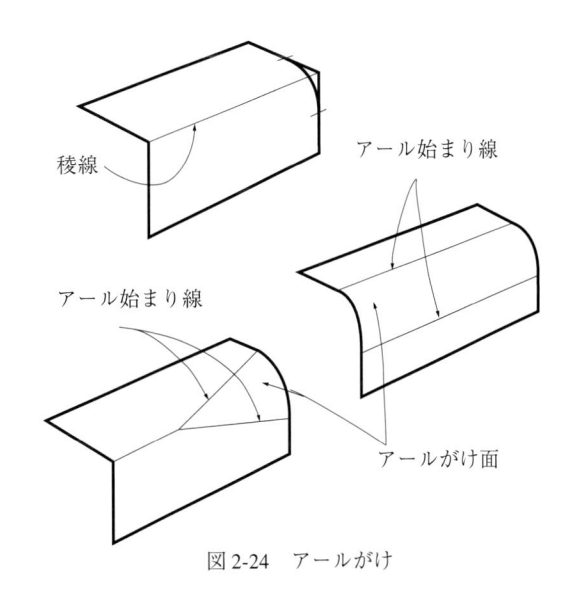

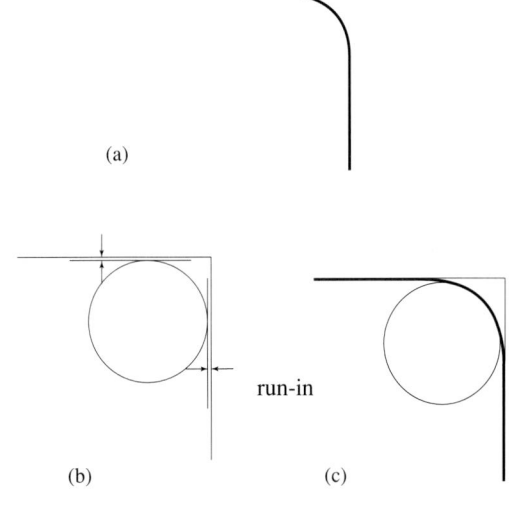

図 2-25 アールがけによる錯視と錯視への対応

ずと緩和曲線を含んだものになっていることもある。写真2-9は錯視への対応を図ったか，あるいはベニヤ板の弾性を利用したかは不明だが，直線と半円をつないでいながら，錯視の現象は起きていない。しかし，鋼板を正確に切断したり，NCで正確に型製作を行った場合には，逆に確実に錯視が起きるので注意せねばならない。一方，型製作者がこの錯視のことを熟知していて，型製作の段階で自動的に緩和曲線を用いたアールがけの形にするため，図面では直線とアールを直接つないでおいて良い場合もある。どのような方法で錯視に対応するにせよ，確信を持って錯視現象が起きないように留意せねばならない。

本項で示すアールがけはすべて，この錯視への対応がなされているものとして，ラン・インは省略して表示するものとする。

写真2-9 直線とアールをつないでも錯視の現象が起きていない橋

2-5-3 アールがけの種類

稜線の消し方には，図2-26のように(a)等幅型，(b)絞り型，(c)収束型の3種類がある。(a)の等幅型は，稜線に対してアール始まり線が等間隔に位置するもので，図2-26(a)①，③のように隣り合う2つの面の角度が同じであれば，アールの大きさは同じになり，円筒状あるいはドーナツ状の面が張られることになる。図2-26(a)②は隣り合う面が捻れている場合を示しているが，その場合，等幅にするにはアールは拡大もしくは縮小する。(b)絞り型は，稜線の両端でのアールの大きさが異なり，アール始まり線が稜線に対して角度を持つ場合である（図2-26(b)）。アール始まり線自体は直線でも曲線でもよい。(c)収束型は，アール始まり線が稜線に収束する場合で，絞り型同様，アール始まり線自体は直線でも曲線でもよい（図2-26(c)）。アールがけ面の性質は絞り型と同様であり，絞り型の特殊形とも考えられるが，頂点のアールがけの形態的処理において両者は大きな違いをみせるため，分けて考えることにする。

2-5-4 アールがけの手順

まず図2-27(a)に示すようなアールの大きさで3

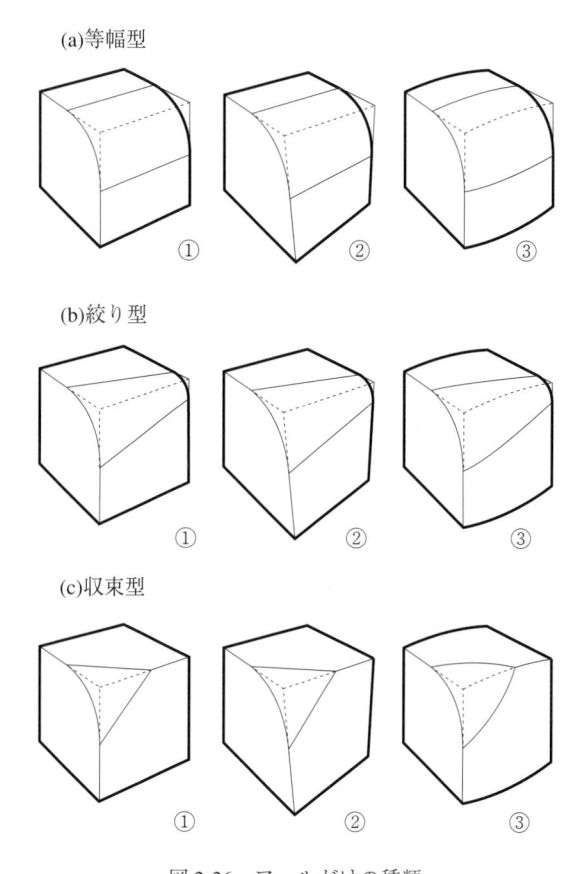

(a)等幅型

① ② ③

(b)絞り型

① ② ③

(c)収束型

① ② ③

図2-26 アールがけの種類

つの稜線にアールがけをしてみよう。このとき，図2-27(b)のように3つの稜線に一度にアールをかけ，それぞれが交差する「頂点はどのような形になるか」というように考えると形が把握し難くなる。すべての稜線に一度にアールをかけるのではなく，手順を追ってアールをかけてゆくとわかりやすい。

すなわち，図2-27(c)に示すように，lの稜線にアールをかけ①を得る。mの稜線にアールをかけ②を得る。nの稜線は，①，②のアールがけにより，先端が湾曲しているが，その湾曲した稜線に最後のアールをかけ③を得る。

さて，図2-27(c)③は，下から立ち上がってきたアール始まり線は湾曲した稜線の端点に収束している。したがって，前述したアールがけの種類で言えば収束型のアールがけをしたものである。この部分に対するアールがけの種類としては前述したとおり，他に等幅型と絞り型がある。図2-28に，それぞれの種類を断面図も含めて示した。等幅型は，nにかけるアールのアール始まり線を湾曲した稜線に対して等間隔に位置してアールをかけるもので，断面図で言えば，nのアールがそのまま上面に平行移動した形となる（図2-28(a)）。絞り型は，立体上面でのl，mのアール始まり線に接するように任意のアールを設定し（図2-28(b)ではnのアールよりも大きいアールを設定している），それぞれの接点とnのアール始まり線を結んで途中のアールの大きさを求めればよい。

以上のように，稜線1つずつ順番にアールをかけてゆくと，アールがけによってどのような形が生まれるのか把握しやすい。言い換えれば，図2-27(c)③で示したように，必ず稜線に対してアールがけを行うようにするのがアールがけのコツであり，3つのアールが交差する部分のアールがけも自在に制御することができる。

2-5-5　アールの大きさとアールがけの手順

アールがけの手順は，稜線にかけるアール相互の大きさの関係あるいは比によって異なる。ここではまず2つの稜線のアールが同じ大きさの場合（Rl=Rm）から説明する。

(1) Rl = Rm ＞ Rn の場合

図2-29は，l，mにかけるアールは同じ大きさで，nにかけるアールよりも大きい例である。アールがけの手順は，大きいアールのl，mから行っている。では，小さいnからアールをかけてみよう。n

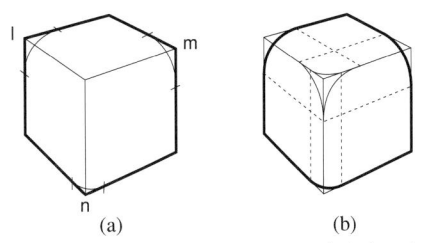

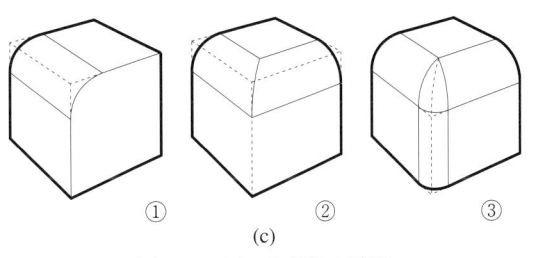

図2-27　アールがけの手順

3つの稜線に一度にアールをかけようとすると形の把握が難しくなる

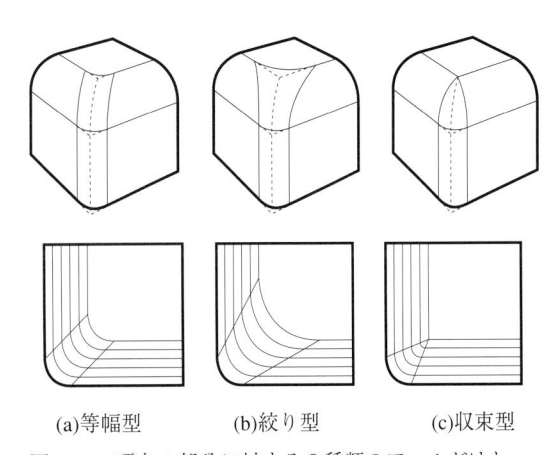

図2-28　頂点の部分に対する3種類のアールがけとその断面図

(a)等幅型　(b)絞り型　(c)収束型

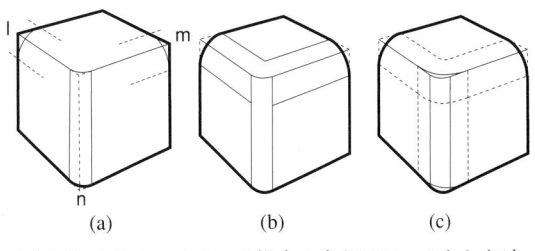

図2-29　Rl = Rm ＞ Rn の場合：小さいアールからかけ始めると大きいアールがかからない

にアールをかけて図2-29(b)を得る。この稜線に沿って大きいアールをかけようとすると，小さいアールの中心がアール始まり線の交点より外側に

あるため，稜線に沿っては大きいアールをかけることができない。交点を中心として大きいアールを回転させても，その軌跡は図2-29(c)の内側の線になるだけで，大きいアールを小さいアールに沿ってかけることはできないのである。つまり，2つの稜線のアールが同じで，その大きさが他の1つより大きい場合は，必ず大きいアールからアールがけしなければならない。

(2) Rl = Rm ＜ Rn の場合

では，l，mにかけるアールが同じで，nよりも小さい場合はどうであろうか。この場合，アールがけの手順は，アールの大きさを定性的に大・中・小の3種類に分け，l，mとnのアールの大きさがどれに相当するかによって変わる。l，mとnの関係が中－大あるいは小－中といった多少の差であればどちらからでもアールをかけることができる。図2-30では小さいアールのl，mからアールをかけ，大きいnのアールを後からかけた例を示す（頂点は収束型と絞り型でアールがけしている）。

しかし，l，mとnのアールの大きさが小－大のように大きな差がある場合は，小さい方からアールをかけ，後で大きいアールをかけようとすると，図2-31のように，上面のアール始まり線の交点がnにかけるアールの外側に位置することになる。したがって，収束型のアールがけは不能となるが，図2-32(a)に示すように①等幅型，②絞り型はアールがけは可能である。ただし，形から受ける印象は小さいアールが大きいアールに沿ってかかっているように見えるため，図2-32(b)のように，①nにかける大きいアールを先にかけ，その稜線に沿って等幅型でl，mの小さいアールをかけるとすっきりとまとまる（②，③）。結果的に見れば，nのアールと中心を同じにして，l，mの小さいアールを上面に用いて絞り型のアールがけをすれば同じアールがけ面ができるわけであるが，図2-32(b)のような解釈と手順の方がわかりやすい。等幅型も同様に，l，mのアールが小さいため，形から受ける印象は図2-32(b)のようになる。したがって，手順と

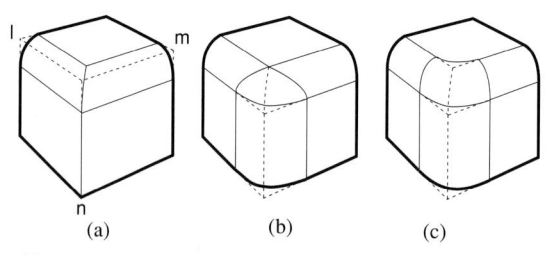

図2-30　Rl = Rm ＜ Rn の場合で，アールに大きな差がない場合，小さい方からもアールがけできる

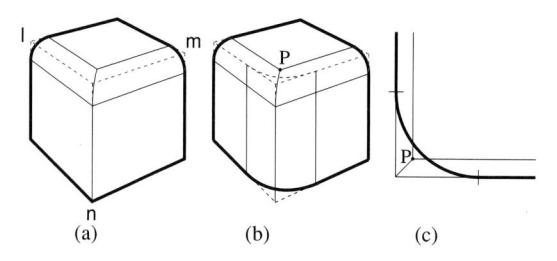

図2-31　Rl = Rm ＜ Rn の場合で，Rl，RmがRnより十分小さい場合は大きい方のアールから

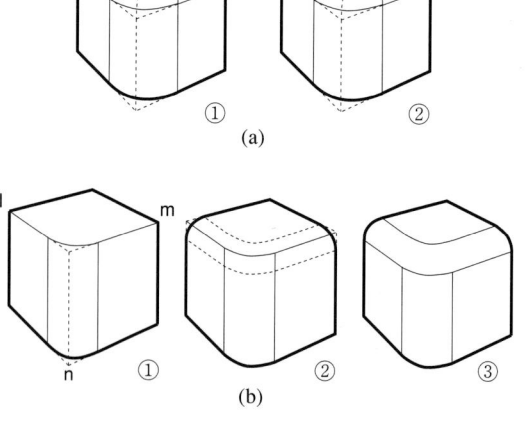

図2-32　2つのアールが同じで，他の1つより小さい場合のアールがけ

しても図2-32(b)でアールがけした方が整理されたアールがけとなる。以上のように，アールの大きさに明確な差がある場合は，大きなアールからかけるようにするとよい。

(3) 3つのアールの大きさがすべて異なる場合

l，m，nにかけるアールの大きさがすべて異なる場合はどうであろうか。この場合も一番大きいアールからかけ始めねばならない。今，l，m，nの

アールの大きさをそれぞれ小-中-大とすると，まず大きいアールのnからアールをかけ，図2-33(a)を得る。次に大きいアールの区間まで，等幅型でl, mにアールをかけ，大きいアールの区間内を絞り型でアールをかけ図2-33(b)を得る。図2-33(c)のように，l, mのどちらかのアールを大きいアールの区間内まで延ばし，他方の稜線に絞り型のアールをかけることもできるが，絞り型のアールがけは大きいアールの区間内の方がすっきりして見える。

3つのアールの大きさがすべて異なる場合のアールがけはこの1通りしかない。図2-33(d)のように，小さいアールをかけ，次に中のアールをかけようとしても（その逆でも同じ），アール始まり線は一致しない。したがって，稜線は捻れてしまい，それに沿って大きいアールをかけることができない。

2-5-6 アールがけ前の面の種類とアールがけ方法
(1) すべての稜線にアールをかける場合

アールがけを行う上で，事前に検討しておいた方がよいと思われる主要なアールがけ前の面の種類を6種類取り上げ，それぞれのアールがけの方法を図2-34に示した。なお，図に示したアールがけの方法は基本となるものだけを示しており，例えばすべてのアールが異なる場合などのバリエーションは省いてある。

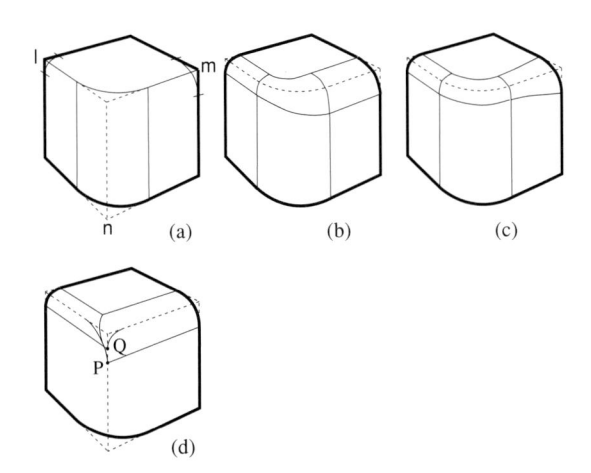

図2-33　3つのアールがすべて異なる場合のアールがけ

凸型のアールがけの方法についてはこれまで述べてきた通りであるが，これらすべての方法は凹型のアールがけに適用できる。そこで図2-34には，凹型の場合を示した。①は図2-32(b)の手順，②は図2-27の手順である。

凹凸型のアールがけには2通りある。n（図中の稜線記号参照）のアールがl, mのアールより大きい場合(①)と小さい場合(②)で，前者ではl, m, nとも等幅型のアールがけとなり，後者ではnの部分は収束型となる。

T型のアールがけは1通りのみである。等幅型もしくは絞り型でlのアールがけを行い，後にnのアールがけを行う。nのアールがけを先に行うと，lのアールがけが不能となる。これまで大部分のアールがけでは大きいアールからアールがけしていれば問題はなかったが，この場合は例外となる。

F型にはn_1, n_2のアールがl, mのアールより大きい場合(①)と小さい場合(②)の2通りがある。いずれも大きいアールからアールがけし，それによってできた稜線に沿ってアールがけすればよい。

X型のアールがけも，n_1, n_2のアールがl, mのアールより大きい場合(①)と小さい場合(②)の2通りである。この場合も大きいアールからアールがけし，それに沿って小さいアールをかければよい。

K型のアールがけは1通りのみである。等幅型もしくは絞り型でnのアールがけを行い，後にl, mのアールがけを収束型で行えばよい。なお，等幅型の場合，斜面に接するアールと水平面に接するアールの大きさは異なっていることを承知しておかねばならない。

(2) 一部の稜線にのみアールをかける場合
i. アールがけしない箇所を残す場合

前項まではすべての稜線にアールをかける場合で説明してきたが，もちろんすべての稜線にアールをかける必要はない。アールがけは，角が欠け落ちたり，凹みやすいのを防ぐ等の機能的側面もあるが，心地よい印象の形成を目指してアールがけすることも多い[7]。したがって，実際の形造りに

52　第2章　形の考え方

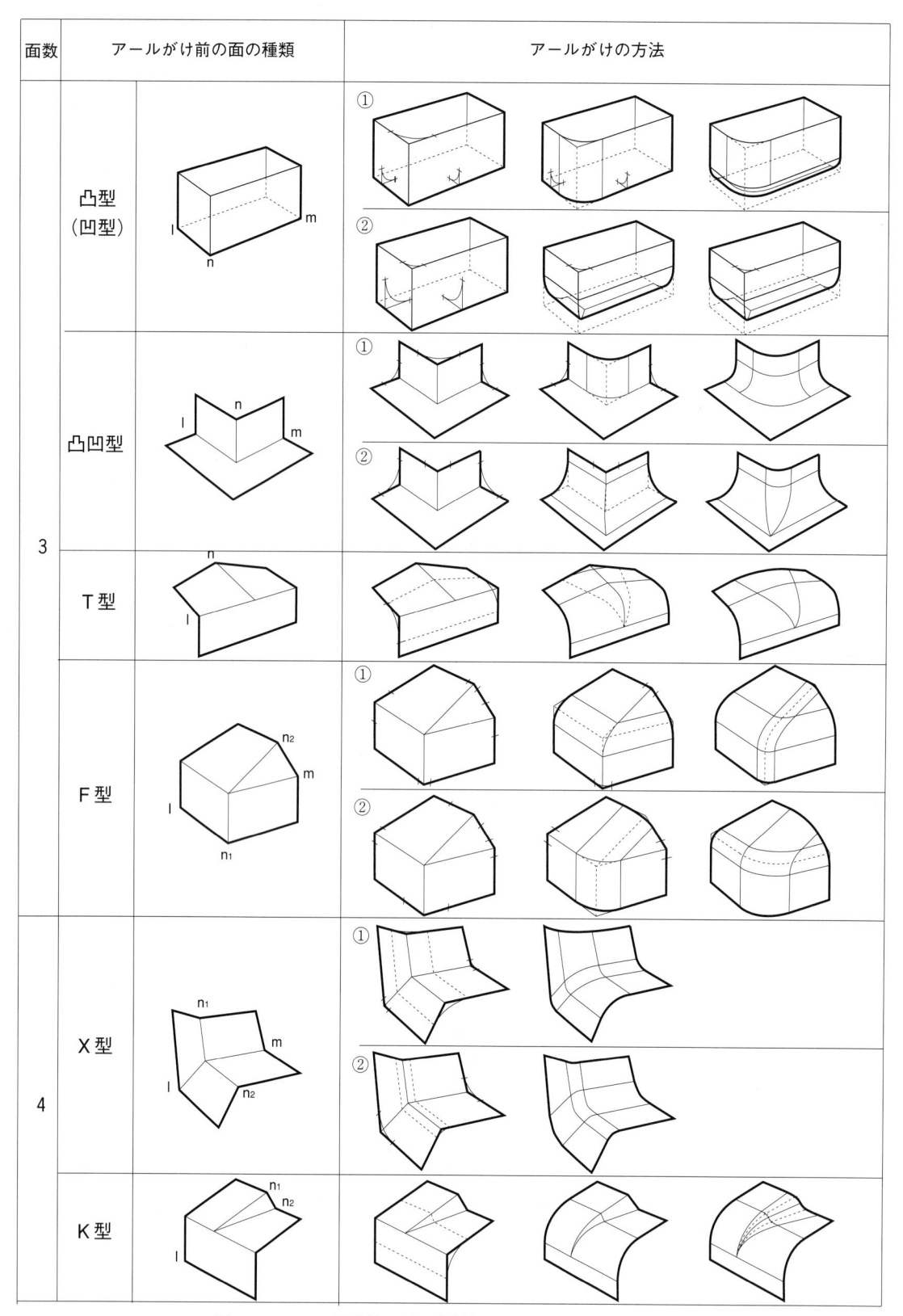

面数	アールがけ前の面の種類		アールがけの方法
3	凸型（凹型）		① ②
	凸凹型		① ②
	T型		
	F型		① ②
4	X型		① ②
	K型		

図2-34　アールがけ前の面の種類とアールがけの方法

おいては，すべての稜線にアールをかけるよりもアールがけしない稜線を残して柔らかみとシャープな印象を合わせ持たせた方が良い場合も多い。また，形そのものもユニークなものとなる場合がある。そこで先に取り上げた6種類の面種について，アールがけしない稜線を残した例を図2-35に示す。

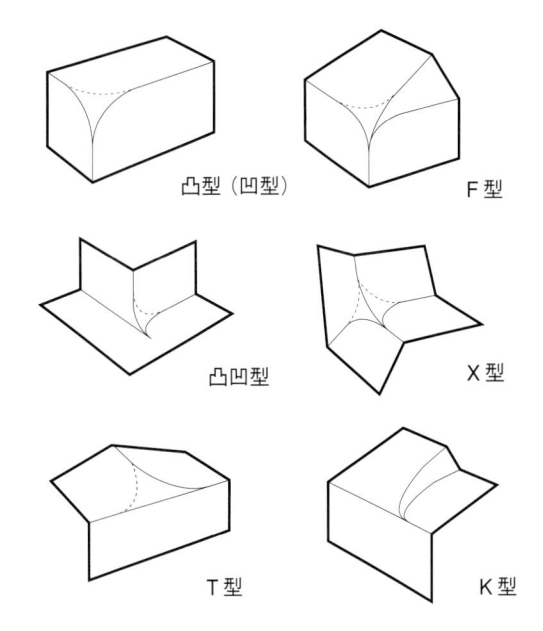

ii. 噴水型のアールがけ

噴水型のアールがけとは，稜線の交点にのみアールをかけ，すべての稜線が1つの稜線の一点に収束するようなアールがけの方法である。前項と同様に，6種類の面種について噴水型のアールがけの例を図2-36に示す。なお，図中の破線はアール始まり線を表す。

さて，噴水型にアールがけした後に，さらにその稜線にアールをかける場合は，図2-37(a), (b)のように，収束型のアールがけは可能だが，図2-37(c)のように等幅型あるいは絞り型のアールがけは不能なので留意せねばならない。

2-5-7 アールがけの法則

以上，重要な点をアールがけの法則としてまとめると以下のようになる。

① アールがけには等幅型，絞り型，収束型の3種類がある。
② 稜線1つずつ順番にアールをかけてゆく
③ 必ず稜線に対してアールがけを行う
④ 2つの稜線のアールが同じで，その大きさが他の1つより大きい場合は，必ず大きいアールからアールがけしなければならない
⑤ 2つの稜線のアールが同じで，その大きさが他の1つよりやや小さい場合は，どちらからでもアールがけできる
⑥ 2つの稜線のアールが同じで，その大きさが他の1つより明らかに小さい場合は，大きなアールからかける
⑦ 3つのアールの大きさがすべて異なる場合は，大きなアールからかける

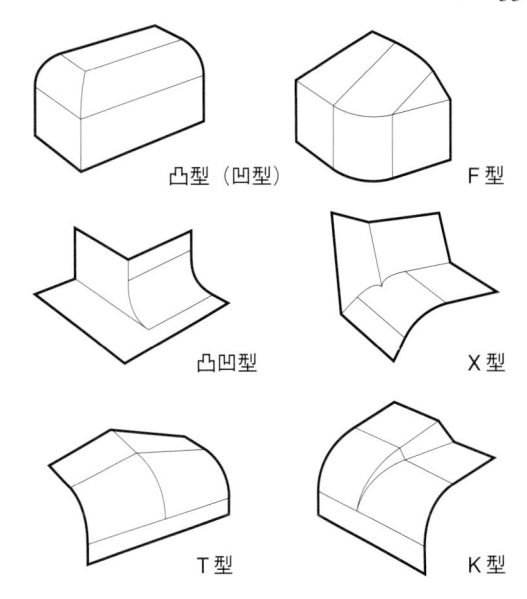

図2-35 アールがけしない箇所を残した例

図2-36 噴水型のアールがけの例

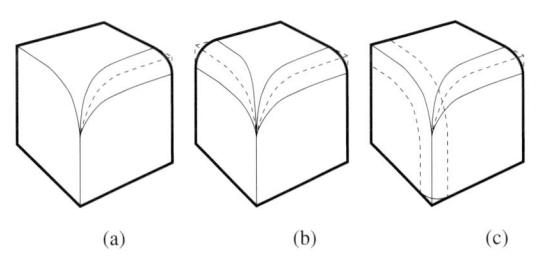

図2-37 噴水型のアールがけにさらにアールがけする場合

2-6　部材間隔の徐変方法

　3径間あるいは5径間連続桁橋などでは，橋脚間隔は中央径間から側径間に向けて徐々に小さくなってゆく。ここでは，ある状態が徐々に変化するような漸次的移行を「徐変」と呼ぶことにし（英語で言えば gradation である），本節では，橋脚間隔をはじめとする橋の部材間隔の徐変の方法について議論する。

2-6-1　間隔の徐変方法として用いられる級数

　部材間隔を徐変させる方法としては級数が用いられるが，よく知られている級数としては，基本的な等差級数，等比級数ならびに，ゴールドセクション（黄金比）を含むフィボナッチ級数，ダイナミック・シンメトリーの4種類であろう。なお，級数とはある数列の各項の和をさすが，徐変方法として級数が用いられるという意味は，もちろん，その和そのものではなく，数列の各項を部材間隔に当てはめて用いるという意味である。したがって，ここでも〜級数という場合は，その級数の数列をさしている。それぞれを簡単に説明すると以下のようになる（表 2-1）。

　等差級数とは隣り合う2数の差が常に一定の場合の級数で，その差は公差と呼ばれる。したがって，第n項 a_n の等差級数は公差をdとすると，

$$a_n = a_{n-1} + d$$ 　　と表せる。

　等比級数は隣り合う2数の比が一定の場合で，その比（公比）をrとすると，第n項 a_n は，

$$a_n = a_{n-1} r$$ 　　と表せる。

　フィボナッチ級数は，隣り合う2数の和が次の項になるもので，第n項 a_n は，

$$a_n = a_{n-1} + a_{n-2}$$ 　　となる。

　ダイナミック・シンメトリーとは，整数の平方根からなる級数で，第n項 a_n は，

$$a_n = \sqrt{a_{n-1} + d}$$ 　　である。

2-6-2　級数の見え方

　級数を用いた徐変は本当に徐々に間隔が広がっている（小さくなっている）ように見えるのだろうか。図 2-38 は橋脚間隔の徐変を，各級数の第1

表 2-1　代表的な級数

> 等差級数：$a_n = a_{n-1} + d$
> 　　　　　a, (a+d), (a+2d), (a+3d), ⋯
> 等比級数：$a_n = a_{n-1} r$
> 　　　　　a, ar, ar^2, ar^3, ar^4, ⋯
> フィボナッチ級数：$a_n = a_{n-1} + a_{n-2}$
> 　　　　　1, 2, 3, 5, 8, ⋯
> ダイナミック・シンメトリー：$a_n = \sqrt{a_{n-1}+d}$
> 　　　　　1, $\sqrt{2}$, $\sqrt{3}$, $\sqrt{4}$, $\sqrt{5}$, ⋯

項を同じ長さに設定して表したものである。

　これを見ると，各級数は，変化の激しいものは激しいなりに，穏やかなものは穏やかなりに滑らかに変化しているように見える。ことに間隔が広ければ広がるほど，変化の滑らかさの判断は鈍くなるように思われる。

　そこで図 2-39 に示すように各橋脚間隔を縦軸にとり，変化の様子を棒グラフで表してみた（①等差級数，④等比級数の図は省略）。棒グラフの頂点を結ぶ線（以下，徐変線）を描いてみると，等差級数は直線を描き，等比級数は凹形，フィボナッチ級数は急激な凹形，ダイナミック・シンメトリーは凸形の曲線を描いている。それぞれ滑らかに変化しているように見えるところをみると，徐変線が滑らかにつながっていれば変化は滑らかであると考えられる。ただ，フィボナッチ級数では，第3項までは直線，3項以降は曲線になっており，滑らかさの性質が異なっている。図を見るとさほど違和感はないが，フィボナッチ級数は最初の2項を自由に設定できるので，隣り合う2数の和が次の項になるという性質が明確に現れる第3項以降を用いる方が良いように思われる。一方，②の等差級数の徐変線は直線で，変化は滑らかであるが，図をみると，第1項と第2項との変化は急すぎる。これは第1項の間隔が1，級数の公差は2であるため，公差よりも小さい間隔になったため急激に間隔が小さくなったように感じられたのである。したがって，等差級数の場合には，公差よりも小

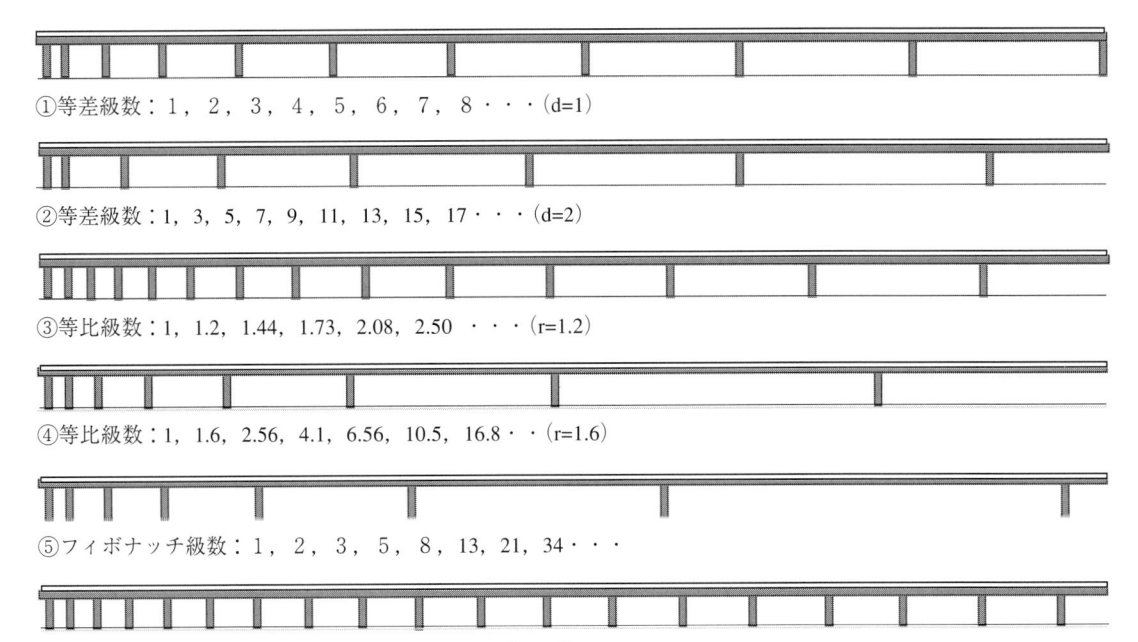

①等差級数：1，2，3，4，5，6，7，8・・・(d=1)

②等差級数：1，3，5，7，9，11，13，15，17・・・(d=2)

③等比級数：1，1.2，1.44，1.73，2.08，2.50・・・(r=1.2)

④等比級数：1，1.6，2.56，4.1，6.56，10.5，16.8・・(r=1.6)

⑤フィボナッチ級数：1，2，3，5，8，13，21，34・・・

⑥ダイナミック・シンメトリー：1，$\sqrt{2}$，$\sqrt{3}$，$\sqrt{4}$，$\sqrt{5}$，・・・

図 2-38　様々な級数による間隔の徐変

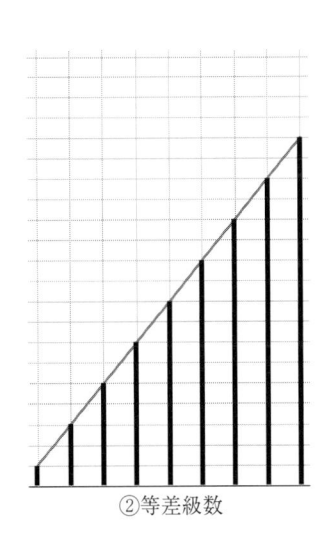

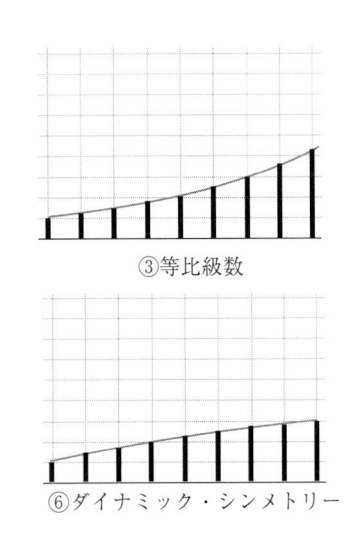

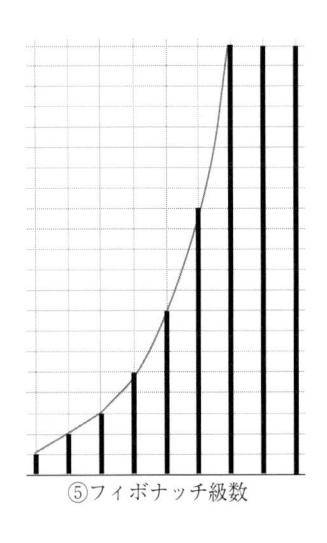

②等差級数　　③等比級数　　⑥ダイナミック・シンメトリー　　⑤フィボナッチ級数

図 2-39　各級数の変化の滑らかさ

さい間隔は用いない方がよいことがわかる。

　変化の緩急は，フィボナッチ級数のみは，最初の2項をどのように設定しても変化は直ちに急になるが，等差級数，等比級数では公差，公比を小さく設定すれば変化は緩やかに，大きくすれば急激になる。

　以上のように，各級数は部分的に適用できない箇所があるものの，他は滑らかに変化しており，級数間に滑らかさの優劣はないと言えよう。状況に応じて，適合しやすく扱いやすい級数を選択すれば良いと言える。

2-6-3　新たな級数の作成

　図2-39に示した徐変線を用いれば既存の級数に頼らずとも，滑らかに変化する新たな級数を作ることができる。図2-40(a)は，図2-40(b)のように始めにグラフ上に徐変線を描き，その曲線に沿って

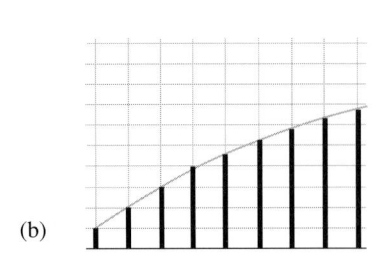

図2-40 グラフの曲線に沿って間隔を徐変させた例

間隔を徐変させたものである。図2-40(a)を見ても変化は滑らかである。級数によらず他の条件から間隔を求めた場合なども，一度この徐変線を描き，変化の滑らかさをチェックして，修正する方法としても利用できる。

もう一つの，既存の級数に頼らず滑らかな新たな級数を創る方法は，「美しい橋のデザインマニュアル―第2集」[8)]で紹介されている作図法がある。これは図2-41(a)に示すように，線分a-eとそれと傾きを持ったもう一つの線分a'-e'を引き，それに交差する方向に主径間長に相当する間隔の平行線a-a', b-b'を引く。a'を通り，b-b'の中点pを通る直線が線分a-eと交わる点をcとすれば，ab：bcはa'e'の傾きに応じた比例関係になっていることを利用するもので，b'を通り，c-c'の中点qを通る直線がa-e'と交わる点をdとしてc, dの位置に橋脚を配置すれば主径間長は漸次短い間隔に移行する。

これは2点透視図の作図で，立方体を増殖させる場合の方法と全く同じである。正方形の頂点と，その反対側の辺の中点を通る線分は1：2の直方体の対角線であるという性質を利用したもので，図2-41(a)（比例図と呼んでいる）は等間隔のグリッドの透視図だと理解すればわかりやすい。

ところで，単に新たな級数を求めるだけならば図2-39に示した方法の方が簡単かもしれない。しかし，例えば橋の全長が決まっているような場合には，図2-39の方法は適用しにくく，この作図法

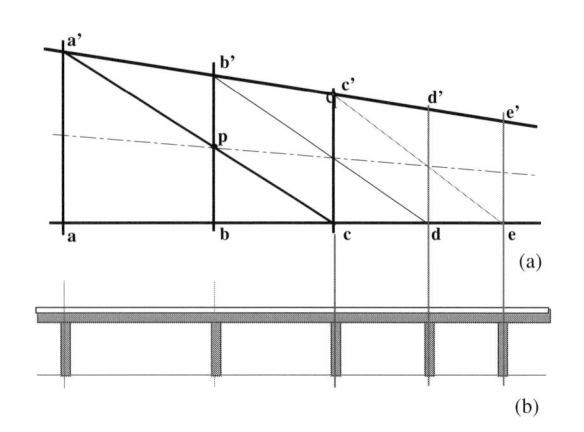

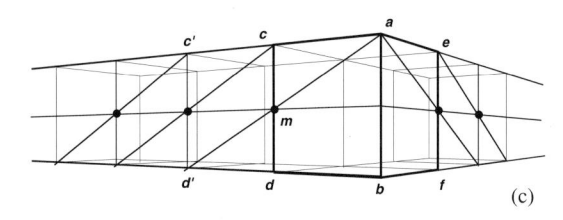

図2-41 作図法による部材間隔の徐変

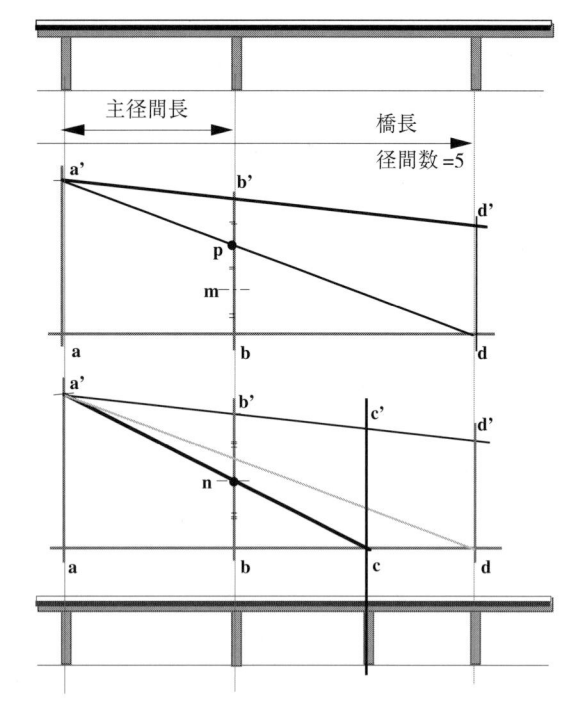

図2-42 橋長，主径間長，径間数が固定の場合の間隔の徐変方法

が有効となる。また，この作図法を利用すれば，橋長だけでなく，主径間長，径間数が定まっていても主径間長に比例的な徐変間隔を求めることができる。図2-42はその方法を示したもので，主径間長，橋長，径間数＝5が定まっているものとし，主径間を含む右半分を描いている。

まず，主径間の左側の位置に任意の長さのa-a'を引く。a'と右端橋脚位置のdを結び，主径間の右側橋脚の位置bに立てた垂線との交点をpとする。p-bの1/2をpの外側にとり，b'とする。a'とb-b'の中点nを通る直線がa-dと交わる点cは求める橋脚の位置である。

bd間にもう1基橋脚が必要ならば，p-bの1/3を追加してb'を求め，a'-dがb-b'の1/4（主径間を含めた右半分の径間数は4なので）の処を通るように比例図を作ればよい。

このように徐変線や比例図を用いた方法は，視覚的に確認しながら間隔の徐変を行えるのが強みであり，既存の級数よりも自由度が高いので，大いに活用したい。

2-6-4　実橋にみる間隔の徐変

では，実際の橋ではどのような級数が用いられているのであろうか。代表的な橋にみる間隔の徐変の状態を見てみることにする。図2-43は，上から浜名大橋，浦戸大橋，岩大橋，岡谷高架橋[11]である。各橋の径間長を縦軸にとったグラフをそれぞれの右に示す。これをみると，浜名大橋，浦戸大橋はほぼ同じようなスパン割りである。徐変線はほぼ直線になっており，等差級数に近い数列が用いられている。したがって，間隔は滑らかに変

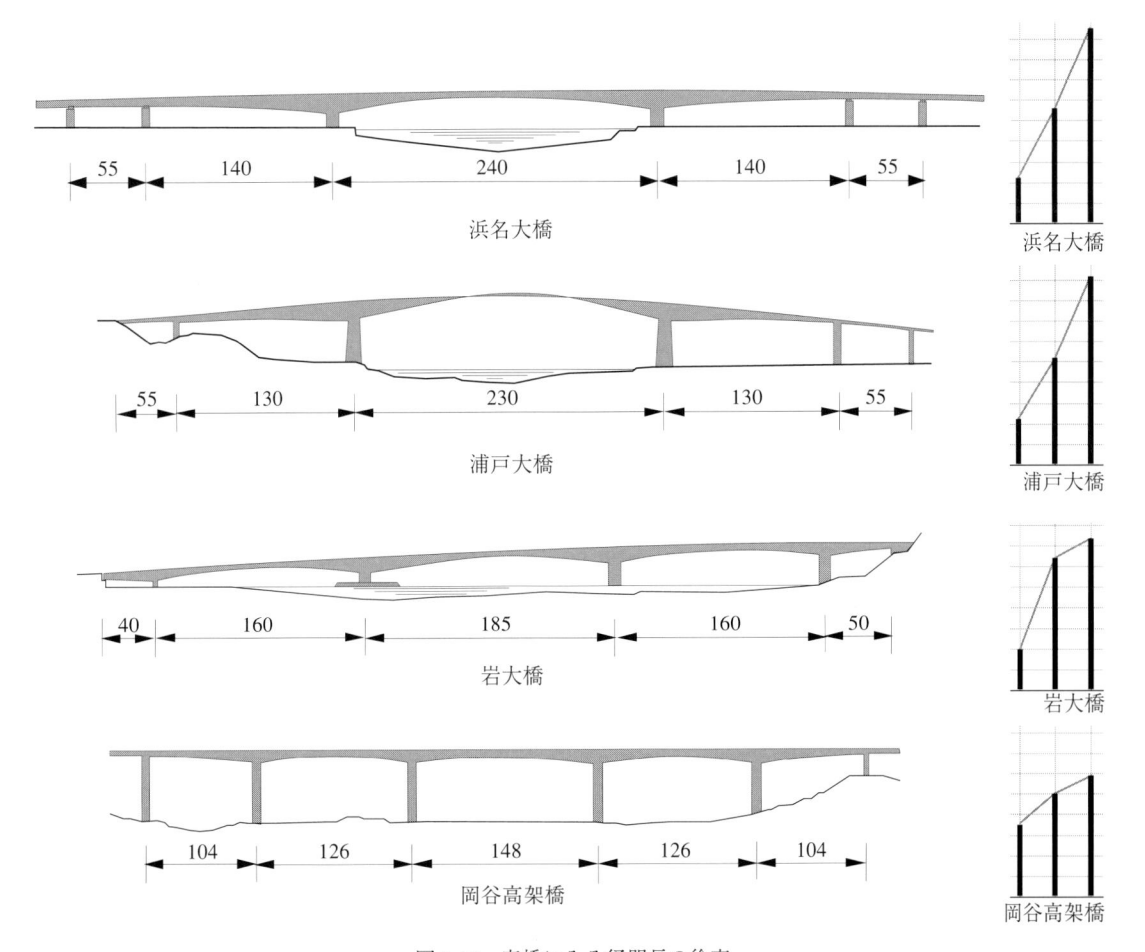

図2-43　実橋にみる径間長の徐変

化しているはずだが，グラフを見ると徐変線の第1項（グラフ上で一番左の間隔：以下同様）と第2項の差は激しすぎる。これは前述したように，第1項の間隔に等差級数の公差よりも小さい値が用いられているためである。第1項の間隔をもう少し広げるとともに第2項を狭め，徐変線が等比級数的な凹形の曲線を描くようにした方が変化は滑らかとなり，取付橋との接続も円滑になるように思われる。

岩大橋，岡谷高架橋の徐変線は同じ凸形であるが，岩大橋の第1項と第2項の差は激しすぎる。路面が傾斜しているので，もし可能ならば，左右対称（両端の間隔は少し異なるが）のスパン割りにせず，左から徐々に間隔を広げてゆくようなスパン割りも考えられよう。岡谷高架橋の徐変線はダイナミック・シンメトリーの徐変線に似ており，間隔の変化は滑らかである。

図2-44は，東京湾横断道沖合部の原案と改良案（決定案[12]）である。原案は，徐変線が示す通り変化は乱れている。改良案は文字通りこれを改良したもので，2種類の等差級数を用いて変化を滑らかにしている。改良案でも十分滑らかに見えるが，後述するように，徐変線が一点で折れるのではなく，第4項の間隔を少し広げるか，あるいは第1

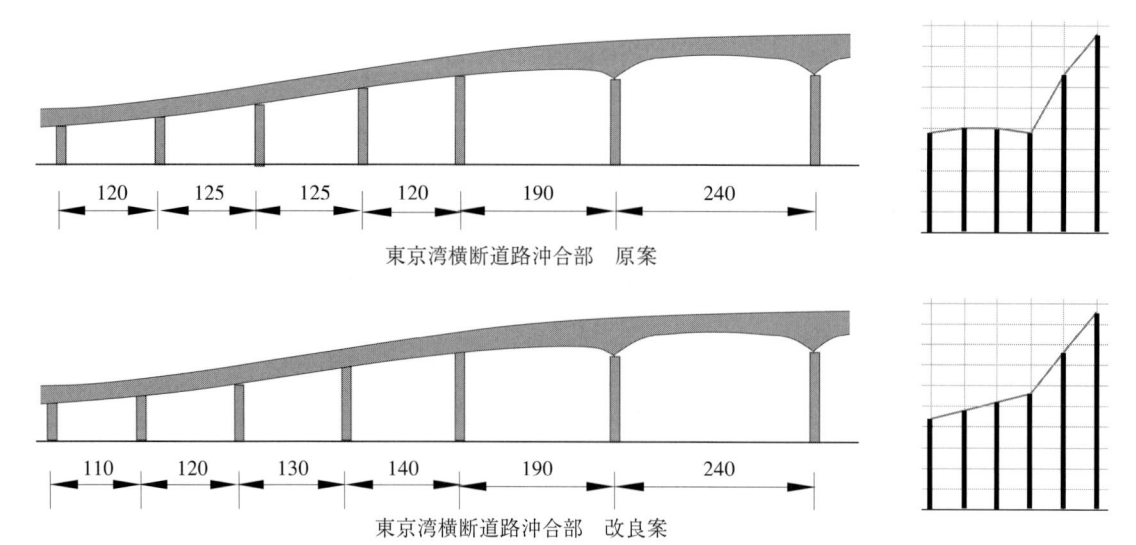

図2-44 東京湾横断道沖合部の原案と改良案

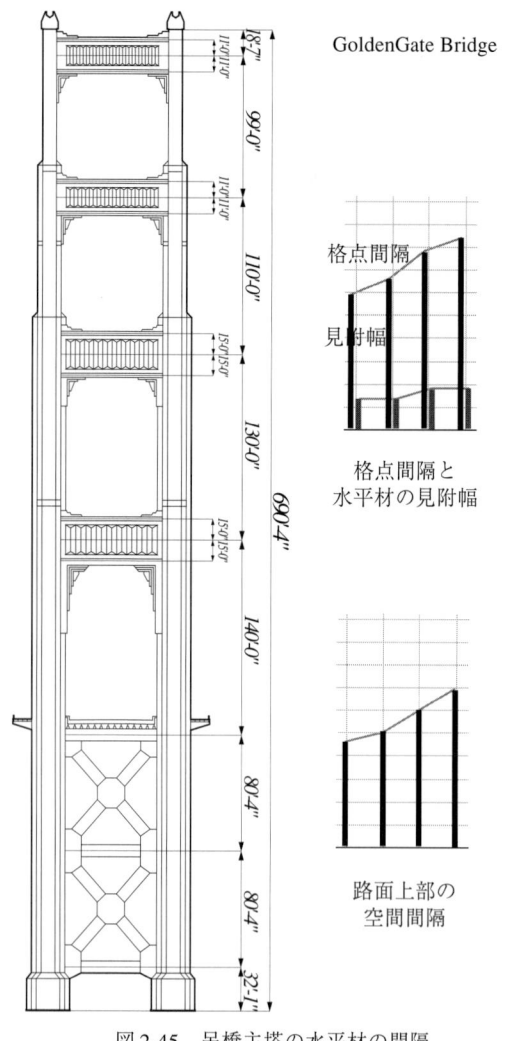

図2-45 吊橋主塔の水平材の間隔

項から第3項までの間隔を一律に少し狭めるかして，2種類の等差級数を柔らかく接続することも考えられたであろう。

図2-45はGolden Gate橋の主塔である。水平材は主塔の高さを強調するかのように，上に向かって徐々に間隔を狭めて配置されている。このような場合にも，これまで述べてきた徐変の方法は適用できる。まず，格点間隔の徐変線をみると，変化はあまり滑らかとは言えない。しかし，水平材の見附幅も，上2つ，下2つはそれぞれ同じ寸法であるが，上の方が細くなっており，そのため路面上部の空間間隔は，その徐変線が示す通り，滑らかに変化し上に向かって小さくなっている。別の見方をすると，空間間隔の徐変が滑らかであるため，水平材の見附幅は上下2つずつ同じであるにもかかわらず，上に行くにしたがって小さくなっているように見てしまう。よく考えられたデザインだと言えよう。

2-6-5　徐変区間と等間隔区間の徐変線

主径間から徐々に間隔を狭めてゆき，そこから等間隔に橋脚が並ぶ場合には，徐変区間と等間隔区間との接続に十分注意せねばならない。図2-46

(a)等差級数

(a)-1

(a)-2

(a)-3

  (a)-1   (a)-2   (a)-3

(b)等比級数

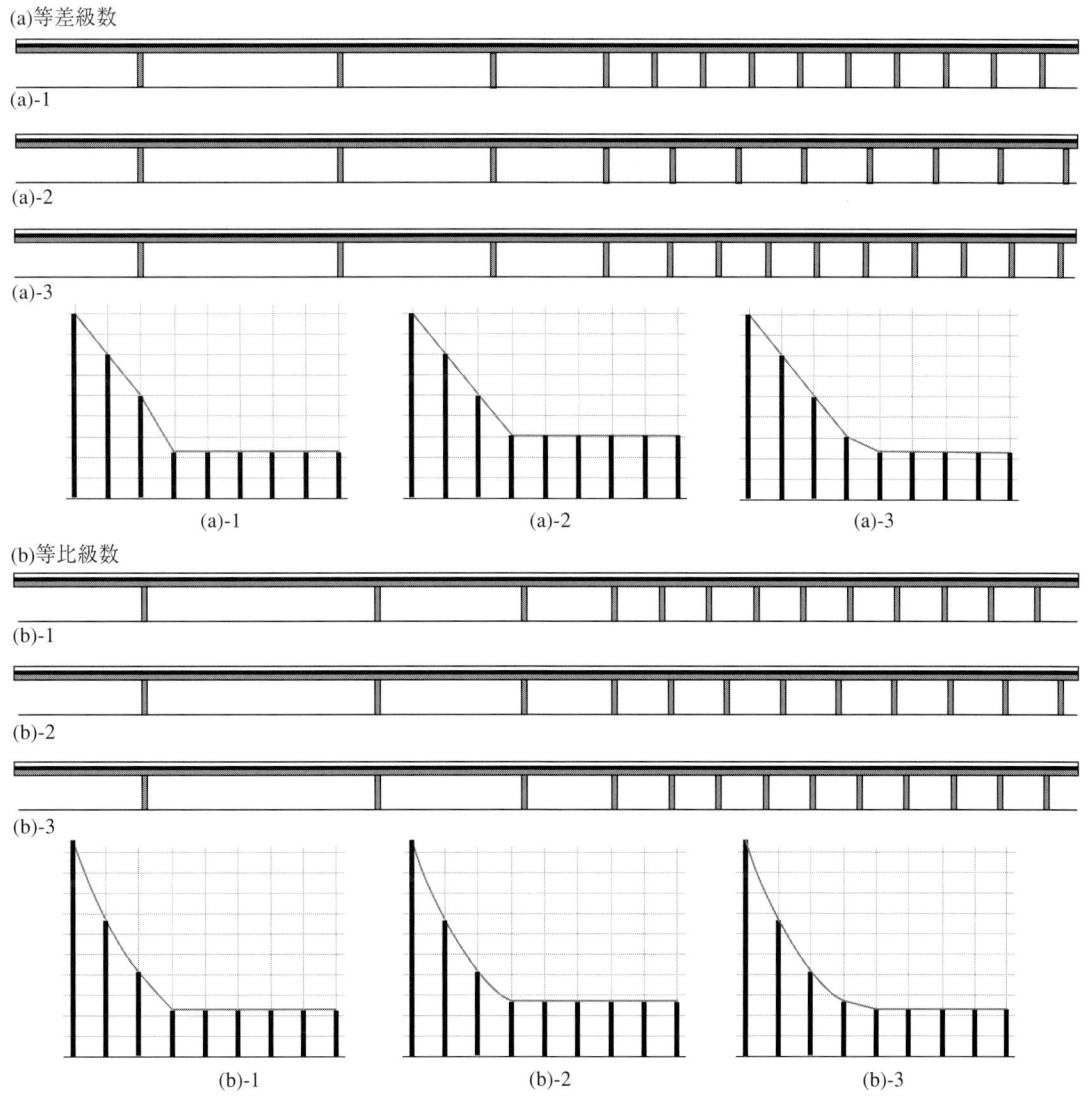

(b)-1

(b)-2

(b)-3

  (b)-1   (b)-2   (b)-3

図2-46　等差級数(a)と等比級数(b)で作った徐変区間に，等間隔区間を接続させた例

図2-47　図2-46(a)-2を滑らかにした例

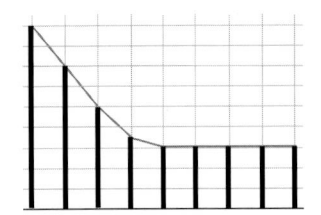

は，(a)等差級数と(b)等比級数で作った徐変区間に，等間隔区間を接続させたものである。(a)-1, (b)-1は左から4番目の橋脚までが徐変区間で，等間隔区間の間隔は，それぞれの級数上で，4番から5番目の橋脚間隔であるべき間隔よりも小さな値を用いたものである。(a)-2, (b)-2は，そのあるべき間隔を等間隔区間の間隔として用いたものである。(a)-3, (b)-3は，そのあるべき間隔の次から，それより少し小さい間隔を等間隔区間に用いたものである。したがって，5本目までが徐変区間である。これを見ると，(a)-1は明らかにつながりが悪い。公差を越えて間隔を小さくすると，不連続に見え，そのような間隔を直接隣り合わせることはできないことがわかる。(a)-2はそれに比べれば，つながりはずっと良くなっている。(b)-1の場合は，徐変線を見てもわかるように，等間隔区間の間隔は徐変区間の一部として見えるため，(b)-2と同様の，それなりのつながりとして見ることができる。

しかし最も滑らかにつながっているのは，(a)-3, (b)-3である。両者の徐変線はともに一点で折れ曲がるのではなく，2本の直線あるいは曲線の交点にアールを付けたように，急激な変化を和らげるようにつながっている。すなわち，2種類の異なる系列の間隔をつなぐ場合には，それぞれの徐変線がアールでつながったような形にすれば良いことがわかる。

したがって，(a)-2も図2-47に示すように，4番目の間隔を広げて変化を緩和させるとつながりはより滑らかとなる。

2-6-6　錯視への対応

さて，2種類の異なる系列の間隔をつなぐ場合には，それぞれの徐変線がアールでつながった形にすればよいことがわかったが，(a)-3, (b)-3もよく見ると等間隔区間の最初の間隔は他よりも狭く見えている。ことに中央径間側から目を移していくとその傾向が強く表れる。(a)-1から(b)-2までのつながりでも同様である。これはゲシタルト要因のうち，最初あるまとまりで知覚したものは他の系列の中でもまとまりやすいという「客観的構えの要因」によって錯視が生じ，狭く見えるものと思われる。すなわち，間隔が徐々に小さくなっているという知覚を等間隔の中にも持ち込む傾向があるためであろう。したがって，徐変区間と等間隔区間を滑らかにつなぐには，上記に加え等間隔区間の最初の間隔を若干広げてこの錯視に対応せねばならない。

間隔の広げ方にも各級数を適用することができる。すなわち，徐変区間の最後の径間長，広げようとする径間長，ならびに等間隔区間の径間長の3間隔に対して級数を適用することが考えられる。ただ，徐変区間に直線や凹形の級数が用いられている場合はもちろん，凸型のダイナミック・シンメトリーが用いられている場合でも，等間隔区間につなげるには，この部分の級数は直線か凹型でなければならない。そこで，ここでは等差級数と等比級数あるいは徐変線によって作る級数について検討する。

図2-48(a)は等差級数によって間隔を広げた例で

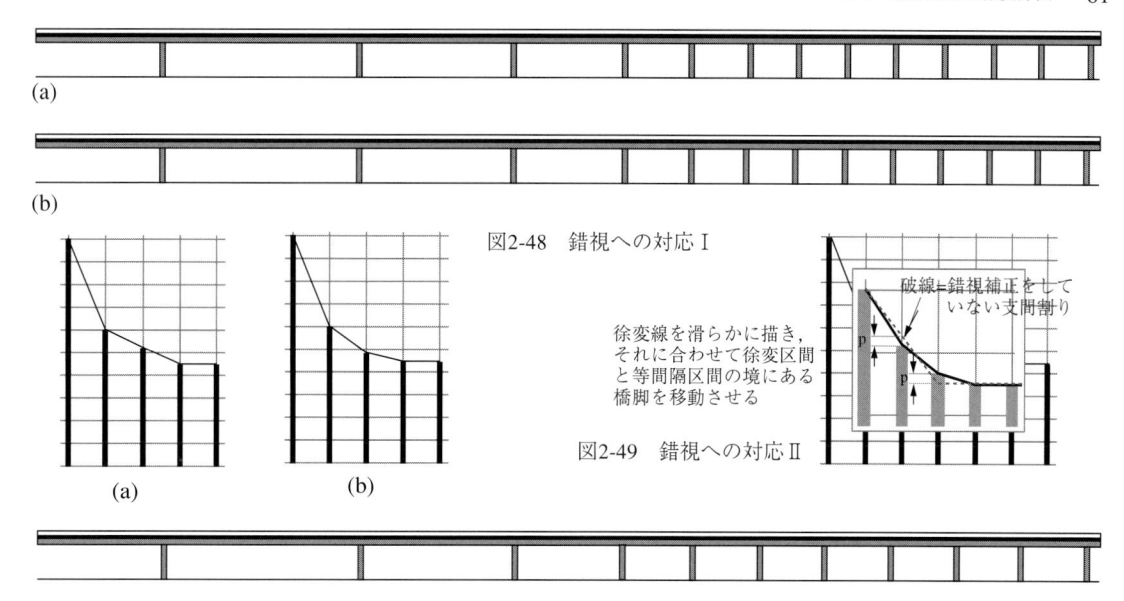

図2-48 錯視への対応Ⅰ

徐変線を滑らかに描き、それに合わせて徐変区間と等間隔区間の境にある橋脚を移動させる

図2-49 錯視への対応Ⅱ

ある。広げる間隔 d_s は、徐変区間の最後の径間長を m、等間隔区間の径間長を n とすると、

$$d_s = (m-n)/2$$

である。一方、等比級数によって広げる場合には、広げる間隔を d_h とすると、

$$d_n = n(\sqrt{m/n} - 1)$$

で求めることができる。いま、m を 60m、n を 45m とすると、d_s は 7.5m、d_h は 6.96m で両者にはあまり差がない。そこで図2-48(b)では、級数を用いず、徐変区間の最後の径間長と等間隔区間がアールでつながったような徐変線を描き、そこから広げるべき間隔、4m を求めている。これを見ると、両者とも錯視は解消されている。両者を比較すると、微妙ではあるが、図2-48(b)の、徐変線がカーブを描くような広げ方の方が滑らかに見える。

ところで、図2-48は等間隔区間の最初の間隔を広げることによって、他の等間隔区間の橋脚の位置は移動する場合であった。これを等間隔区間と徐変区間の境にある橋脚の位置を移動するだけで、他の橋脚の位置は移動させずに錯視に対応する場合も、基本的には徐変線がカーブを描くように間隔を求めればよい。図2-49にその例を示す。

2-6-7　実橋にみる徐変区間と等間隔区間の接続

では実橋ではどのように接続しているのであろうか。図2-50は広島太田川橋のスパン割り[11]である。徐変線は中央径間から右側のみを示している。間隔を徐々に狭めて傾斜する地形に調和させている点は参考となる。しかし、錯視への対応はなされていない。65mと45mの径間の間にある橋脚を左に寄せた方がより滑らかに接続できたものと思われる。

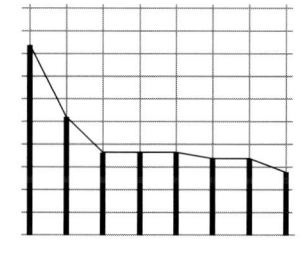

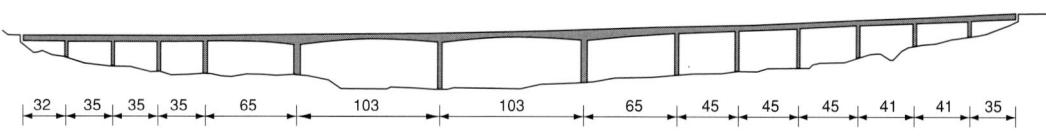

図2-50 広島太田川橋のスパン割り

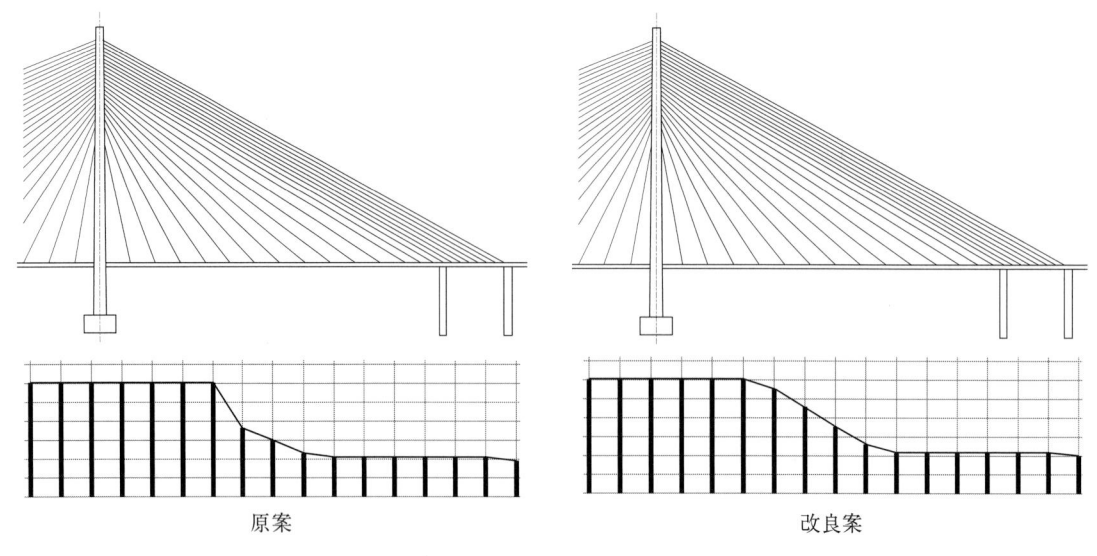

図2-51　多々羅大橋大三島側のケーブル配置

図2-51は，多々羅大橋大三島側のケーブル配置の原案とその改良案である[13]。ケーブルの外側と内側にそれぞれ間隔の異なる等間隔区間がある。原案は，外側の密な間隔が徐々に間隔を広げて内側の粗な等間隔区間につながるように計画されている。等間隔区間から徐変区間につなぐ場合はこれでよかったはずだが，中央径間に相当する間隔が再び等間隔に並ぶ場合は，図にみるように，滑らかにはつながっていない。粗な等間隔区間の右隣の間隔が小さすぎるため，そこで段差が生じ，密な間隔区間が帯状に見えている。それを改良案では，両等間隔区間をつなぐ徐変線がS字を描くように間隔配置することによって，両者を滑らかにつなぎ，帯状に見えることを避けている。異なる間隔の等間隔区間をつなぐ場合の手法として参考となろう。

あとがき

　美しい形，まとまりのある形は，まず，その形の成り立ちを明快にすることが前提である。これまで，形を印象や属性でしか語ってこなかったとすれば，これからは形の成り立ちをみるようにすべきである。形にかかわる設計を印象や属性のみでドライブしようとすると，周囲の声の大きい意見に右往左往せざるを得ず，設計者も自信を持って，ここはこの形でなければならないと主張できない。しかし形の成り立ちを検討，吟味する場合は，設計者も自信を持って形作りすることができるし，周囲の声も生産的なものとなる。

　ところで，橋の製作のしやすさ，あるいは施工のしやすさとこの形の成り立ちとが調和しないことがある。製作・施工しやすい形が形の成り立ちの明快さを有しているとは限らない。したがって形作りにおいては，それらと調和しつつ明快な形の成り立ちを考案することが重要であるが，一方，製作・施工しやすいという理由で，形の成り立ちを不鮮明にするような加工も避けねばならない。形の成り立ちはほんのわずかな凹凸や線の混入によって崩れてしまう。現在の橋の形には形の成り立ちが不鮮明なものが多いように思われる。構造あるいは施工上の要請と形の成り立ちを上手に調和させた形作りを目指したい。

　アールがけについては，アールがけだけで，これほど考察することがあるとは想像していなかっ

た方も多いと思われる。しかし、アールがけを工夫することにより形そのものも、また形から受ける印象も大きく変わることが理解できよう。同じアールを等幅型でアールがけするだけがアールがけではない。良い形の成り立ちを得るのと同様に、アールにも強弱をつけて、メリハリの効いた形作りを心がけたい。

部材間隔の徐変のさせ方は、本章で示したように、徐変線を描くことによって簡単に滑らかに連なっているか否かをチェックすることができる。径間長を徐変させたり、等間隔区間とつなぐ場合には、徐変のさせ方、つなぎ方に十分留意したい。なお、3径間連続橋の間隔の徐変については、美的形式原理と魅力づくりの章（第6章）で議論しているので参照されたい。

演習課題

① 図2-7とは逆に、上面が円、下面が正方形の場合に、両面を単調な関係でつなぐ立体を、比例法、スイープ法、減算法、加算法の4種類で考案する。

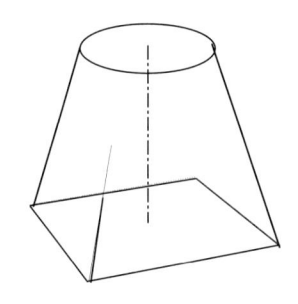

② 十字断面の形の成り立ちを5案以上、本文に示した以外に考案する。

③ T字橋脚の形の成り立ちを10案以上、本文に示した以外に考案する。

④ 門型ラーメン橋脚の形の成り立ちを10案以上考案する。

⑤ 身近にある橋を1つ選び、形の成り立ちを解釈してみる。成り立ちの不鮮明なところがあれば、それをどのように修正すればよいか代案をスケッチしてみる。

⑥ バスケットハンドルタイプの下路アーチ橋は、通常加算法によって形作られることが多いが、減算法での形作りを考えてみる。

⑦ 指定したアールの大きさで、右上図に示す立体のアールがけを行う。

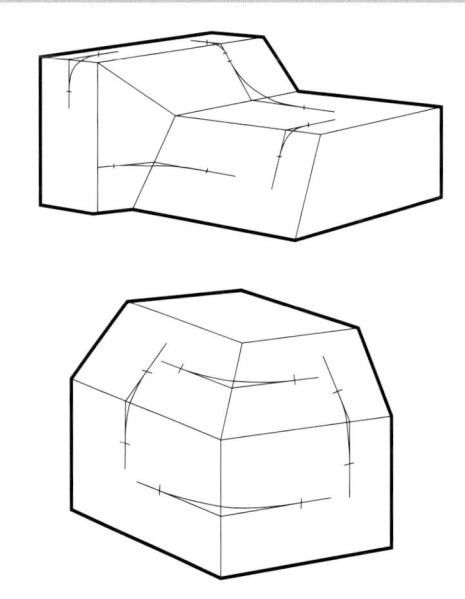

⑧ 右図の立体のアールの大きさはそれぞれ異なっている。頂点の収束型の形は本文で示すアールがけ面ではない（断面はアールではない）。その理由を考察する。

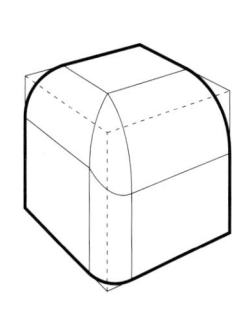

⑨ 5径間連続桁のスパン割りを検討してみよう。

⑩ 7径間連続桁の中央径間長が200m、等間隔の取付け橋の径間長が45mの場合のスパン割りを検討してみよう。

[参考文献]

1) Kurt Rowland：Looking and Seeing 2 "The Development of Shape" Ginn and Company Ltd., London (1964)
2) 杉山：橋の構造と美（上，下），橋梁と基礎，1982-11, 12
3) 松田：視知覚，培風館 (1995)
4) 柿崎：心理学的知覚論序説，培風館 (1993)
5) 杉山：図学および工業製図演習・表示論および演習，千葉大学工学部工業意匠学科テキスト (1976)
6) 原田：自動車デザインにおける視覚言語と統語法システムの開発研究，千葉大学大学院自然科学研究科博士論文 (1996)
7) 首都高速道路公団神奈川建設局：MEX-WAY 横浜2 橋物語−21世紀へ架ける橋− パンフレット
8) 土木学会出版委員会，美しい橋のデザインマニュアル編集小委員会編：美しい橋のデザインマニュアル第2集，土木学会 (1993)
9) 伊藤：アールがけの方法，千葉大学工学部工業意匠学科 立体デザイン演習テキスト (1994)
10) 福井：デザイン小辞典，ダヴィッド社 (1978)
11) 日本道路公団監修：高速道路の橋,(財)高速道路調査会 (1986)
12) 東京湾横断道路株式会社：東京湾横断道路景観検討委員会橋梁専門部会報告書 (1990)
13) 本州四国連絡橋公団：多々羅大橋の景観設計 (1996)

第3章

色彩の考え方
Color Planning

まえがき

　橋の材料としては主に，鋼とコンクリートが用いられるが，色彩は鋼橋に特有の属性である。橋の色は，視覚的印象を大きく左右するため，十分な検討が必要な造形の課題である。

　色彩については成書も多く，改めて議論することもないように思われるが，橋の色彩計画としてなお整理する必要は残されているように思われる。現状では，本格的な色彩計画を行おうとすると，費用もそれなりに必要である。反面，橋の形そのものは壊れるまで永久に変わらないが，色彩はほぼ10年毎に再塗装せねばならないので，多少問題があっても，再塗装の際に修正すればよいという気安さもあって（実際はそう簡単でもないようであるが），計画が安易に流れたり，等閑になることもある。また，色の選定は，構造の選定ほどの決め手がないためか，色の好みが前面に出てきて，色彩の選定が組織の長の意向に左右される場合もある。しかし，色は構造形の印象に多大の影響を与えるため，これらに注意深く対処しつつ，適切な色彩計画を行わねばならない。本書では特に色彩の3つの属性のうち，優先すべき属性に焦点を当てて，色彩計画のあり方を整理する。

3-1　色彩の表示法

3-1-1　マンセル表色系：
　　3属性による色の表示

　周知のように，私たちが物体の表面の色（surface color）を知覚する際の要素は，色相，明度，彩度の3つの属性で表すことができる。

　　色相：赤み，黄みなどの色どりを特性づける属性

　　明度：色の明るさ，暗さを表す属性

　　彩度：色の鮮やかさの度合いを表す属性

　表色系とは，色彩を表示する体系のことで，一種の地図上に，個々の色の位置，番地を与えることを目的としたものである。マンセル表色系はその代表的なものの1つで，種々の改良，修正が加えられた修正マンセル表色系（以下断りがなければマンセル表色系は修正マンセル表色系を表す）は，日本工業規格（JIS Z 8721）に取り入れられている。橋の色彩計画においても，マンセル表色系による表示が一般的である。塗装用にはその目的に適した表色系が用いられているが，色彩に対する共通の理解のためか，マンセル表色系による表示も併記されていることが多い。

　マンセル表色系は，縦軸に明度（value）をとり，これと直交する平面では，円周上に色相（hue），中心からの距離を彩度（chroma）とする空間を構成し，それぞれを視覚的に等間隔な，10進法に基づく分割を行い，個々の色彩を表示するものである。図3-1はこれを立体に表現したもので，マンセルの色立体と呼ばれる。

　色相：最初に赤(R:Red)，黄(Y:Yellow)，緑(G:Green)，青(B:Blue)，紫(P:Purple)の5色が等間隔に

配列され，それぞれの中間に橙(YR)，黄緑(GY)，青緑(BG)，青紫(PB)，赤紫(RP)の5色を置く10色相を基本色相としている。基本色相をさらに10分割し，各色相の中心を5として1〜10の番号を付けて表記している（図3-2）。したがって，色相は合計100に細分化されているが，さらに細分化したい場合には，それぞれを再度10分割し，小数点を用いて表示することになっている。

明度：明度も完全な白から完全な黒までを10分割し，完全な白（光を100％反射）を10，完全な黒（光を100％吸収）を0として表示する。ただし，完全な白と黒は現実には得ることができないので，実際には，9ないし9.5を白とし，黒を1としている。9.5の表示に見られるように，それぞれをさらに10分割し，小数点を用いて表示することもできる。この明度の軸は色相を持たない無彩色の軸でもあるので，NeutralのNを数字の前に付けてN9.5などと表示する。

彩度：無彩色を0とし，鮮やかさが増すに従い高い数字が付けられている。図3-1に見るように，色相によって，それぞれの最も彩度の高い値は異なり，その明度の位置も異なっている。5Y, 5Rは彩度14まであるが，5G, 5Bでは彩度8〜10までしかない。また，その際の明度は8〜3と大きく異なっている。したがって，マンセルの色立体はおおむね算盤玉の形をしているが，多少いびつで凸凹のある形となっている。

表記法：色彩の表記は，色相，明度，彩度の順に記し，明度と彩度の間に／を入れて以下のように表記する。

　　　5 R 4／14

　　　（色相＝5R，明度＝4，彩度＝14）

ちなみに上記の色は，赤の最も彩度の高い色である。

3-1-2　P.C.C.S. 表色系：
　　　色相とトーンによる色の表示[4]

マンセル表色系とならんで日本で多く用いられているのがP.C.C.S.表色系である。これは，Practical

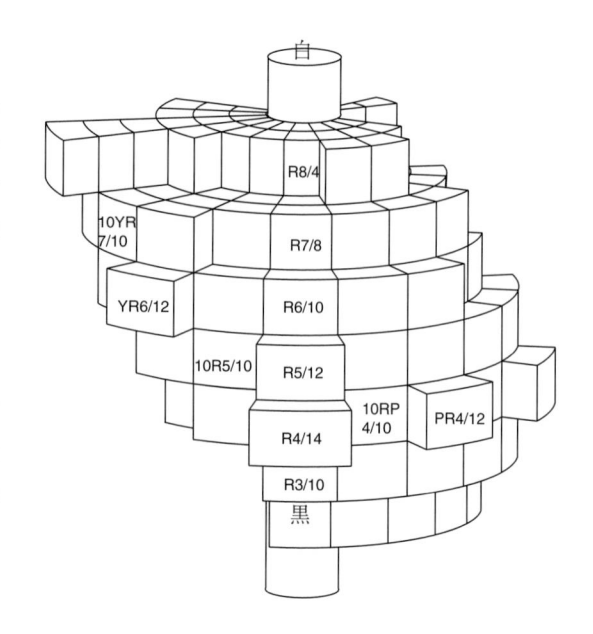

図3-1　マンセルの色立体

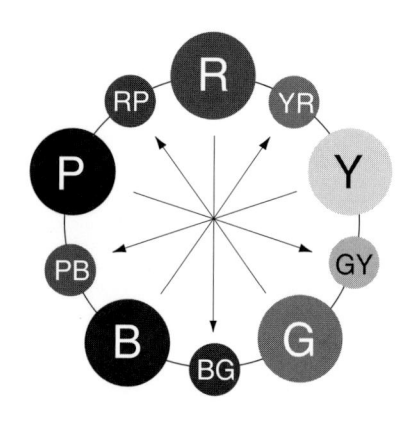

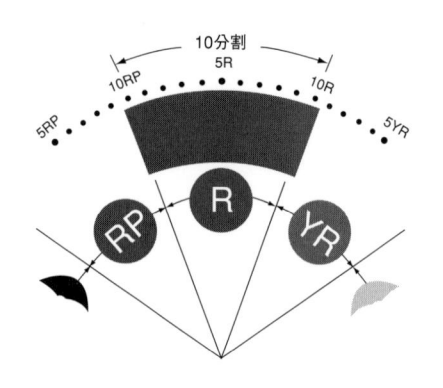

図3-2　マンセルの色相環

Color Coodinate System の略語で，1964 年に日本色彩研究所が開発したものである。

色相：マンセル表色系では 10 色相であったが，P.C.C.S. では色相を 12 分割し，それをさらに細分化して 24 色相としている。この色環上では，人の色知覚が黄，緑，青，赤の心理 4 原色をもとにしていることを反映して，それらが等間隔になるように配置されているとともに，色光の 3 原色である赤，緑，青（R，G，B），色材の 3 原色であるシアン，マゼンタ，黄（C，M，Y）が整然と均等に配置されるようになっている。さらにある色の補色ははばその対向に位置するようになっている。

色相の表記には，色相名，色相記号（アルファベットの頭文字とその組み合わせ）の他に，「むらさきみのあか =pR」を 1 とし，色相環を時計回りに 24 番まで付けられた色相番号も用いられる。

明度：マンセル表色系と全く同じ尺度が用いられている。

彩度：各色相の理想上の純色と無彩色までの距離を等しく設定し，その距離を視覚的に等間隔になるように 10 分割している。ただし，現実的にみた最も高い彩度は 9 としている。なお，マンセル表色系の彩度（chroma）と区別するために，S（saturation）を付けて表す。

表記法：色彩の表記は，マンセル表色系同様，色相，明度，彩度の順に記し，下記のようにそれぞれを－でつなぐ。

17・B － 4.0 － 9S

（色相環上 17 番目にある B，明度 =4，彩度 =9）

トーン：この表色系の大きな特徴は，縦軸を明度，横軸を彩度とする平面（P.C.C.S. の色立体における等色相の断面）を，図 3-3 のように有彩色部を 12 の区画に，無彩色部を 5 つの区画に分け，それらをトーンと呼んで色を分類していることである。すなわち，色の濃淡，明暗，強弱など色の調子（トーン）がほぼ同じ範囲のものを区画として整理するとともに，各区画には vivid（ビビッド－さえた，鮮やかな）とか bright（ブライト－明るい）といった

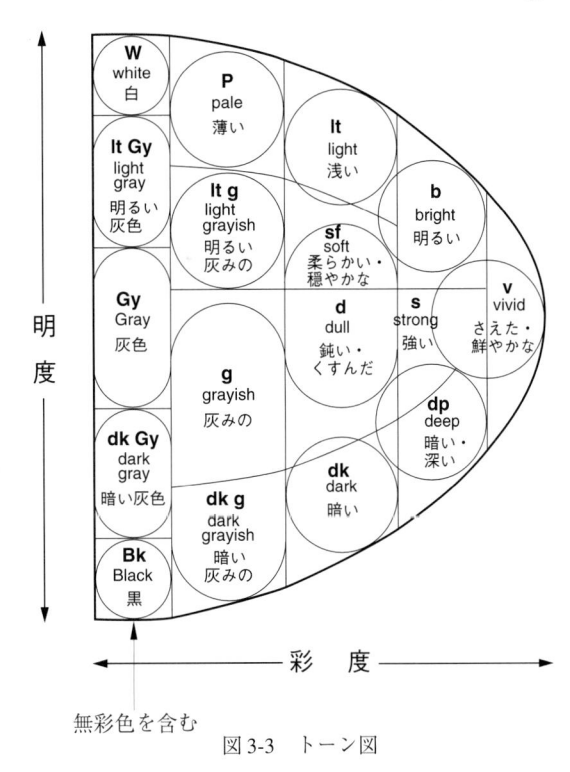

図 3-3　トーン図

形容詞によるトーン名を付け，その頭文字による略語（v，b，dp など）と色相番号を組み合わせたトーン記号（v1，b2，dp3 など）によっても色が表示できるようにしている。これは，色の調子を表す言葉は色相が違っても同じであるという一般の人に対する調査結果に基づいて体系化されたものである。

以上のように，P.C.C.S. 表色系ではマンセル表色系同様，色相，明度，彩度による色の表示に加えて，明度と彩度の複合概念であるトーンと色相によって色を表示することができる。しかし，P.C.C.S. 表色系は色彩を表示するために用いられるよりも，色彩計画に多く活用されている。それは，色相が異なっても色に対する情感が共通しているトーンの体系が，デザインの発想や配色の展開，流行色の把握などに有効だからである。橋梁デザインにおいてもトーン体系の中で色彩計画を立て，適切な色彩の選定を行うのに活用されている。そして，その色彩の表示自体は，マンセル表色系によって行うことが多いようである。

3-2 候補色の選定に際して考慮すべきこととその留意点

3-2-1 橋梁の色彩計画の流れ

(1) 広い範囲の色から徐々に絞り込んでゆく

様々な橋にみられる色彩計画の流れを，色彩の絞り込み方に着目して整理してみると概ね図3-4のようになる。他のデザインの場合と同様，広い範囲から徐々に絞り込むというプロセスを採っている。

すなわち，まず候補となるべき色をできるだけ広い観点から抽出し，互いに似ている色の整理などを行って20～30色を第1次候補色として選定する。そこから，より多くの観点に適合する色の選択，あるいはユーザーに対するアンケート調査などによって絞り込みを行い5～6色を第2次候補色として選定する。この中には第1次候補色になかった色が追加される場合や，中心となる色は2～3色でその明度を違えたバリエーションが含まれることも多い。この5～6色の中から最終の色を選定するというプロセスになっている。もちろん，橋によって，第1次候補色，第2次候補色の色数には差があるとともに，2段階ではなく，3段階の絞り込みを経て最終の色が決定されることもある。いずれにせよ，広い範囲の候補色から徐々に絞り込むというプロセスを経て最終の色が決定されている。

(2) 色彩計画の範囲と対象は広いほどよい

図3-4に示すように，色彩計画の最初のステップは色彩計画を行う範囲と対象を明確にすることである。景観設計においては設計対象は広ければ広いほど良い結果を生みやすいので，色彩計画においても範囲，対象はできるだけ広い方が望ましい。本書は橋のみの色彩計画を議論するが，実際の計画では橋だけでなく，関連諸施設すべてを対象とするようにしたい。本章では，橋本体の色，歩道の舗装や高欄，ガードレール，照明柱といった付属施設の色を取り上げる。

(3) 橋本体の色を決めてから付属施設の色を決める

さて，色彩計画が橋のみの場合でも，橋本体と付属施設の色彩を並列に，同時に計画することは困難である。そこで，計画の流れの上からは，橋を大きく橋本体と付属施設に分け，まず橋本体の色彩選定を行ってから，付属施設の色をそれに合わせる形で選定している。

これを色の主役，脇役という観点でみると，設計対象全体の色の印象を支配するような主役とし

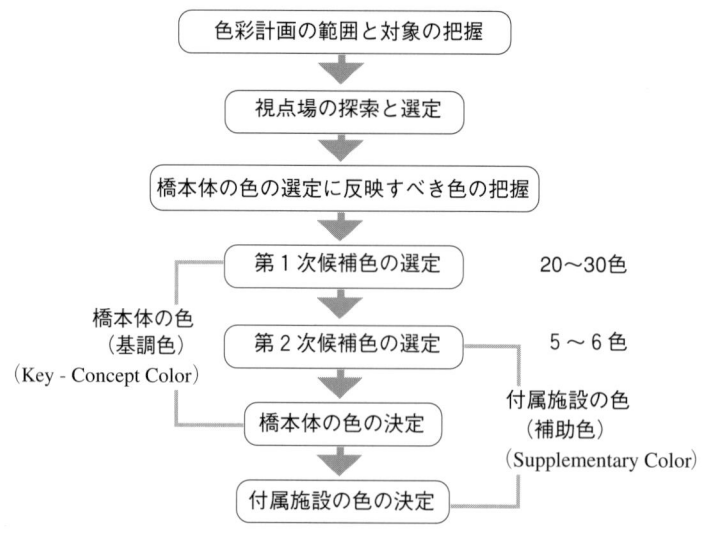

図3-4 色彩計画の流れ

ての色は基調色（Key-Concept Color），基調色に組み合わせて用いられる色は補助色（Supplementary Color）と呼ばれている。橋本体の色は，最も塗装面積が大きく，視野に占める割合も大きいので，多くの場合，基調色とは橋本体の色を指し，補助色は付属施設の色を指す。しかし，視点場の関係で，橋体の色よりも付属施設の色の方が重視される場合は，付属施設の色を基調色とし，基調色に合わせて補助色すなわち橋本体の色を選定することもある。

以下，橋梁の候補色を選定するにあたり，考慮すべき視点とその留意点について考察する。

3-2-2 視点場と候補色

(1) 橋が美しく見える視点場と頻度

橋が美しく見える場所と橋を眺める頻度の高い場所が一致しているとは限らない。橋が美しく見える場所は，場合によれば草をかき分け，道なき道を歩かねばたどり着かない所にあることもある。特別に船を仕立てて初めて見えるというアングルもある。このような注視頻度の少ない場所も，橋が美しく見える場所は視点場として，頻度の高い視点場と同じように重要であり，そこからの色の見え方について十分検討せねばならない。それは，人々の記憶にある橋の姿は，例えそれが一度しか行ったことのない場所からの眺めであっても，まとまりの良い，橋が美しく見える構図であることが多いためである。また，ある橋を実際に見た人も，実際にはまだ見ていない人も，美しく撮影された橋の写真をまるで自己のイメージとして保持する場合があるように，人々は複製された視覚資料によっても橋のイメージを記憶に焼き付けることがある。したがって，コンピュータグラフィックス等による完成予想図を描いて検討資料とする場合には，注視頻度の高い視点場からの図に加えて，橋が美しく見える角度からの図も描くべきである。

(2) 遠距離からの色の見え

極めて小さい面積の色は，黄色や黄緑は白または灰色に見え，青や青緑は緑に，橙色や紫はピンクと間違えてしまう。この現象は小面積第3色覚異常[1),5)]と呼ばれているが，健眼者も小さな色を見るときは，第3色覚異常的色知覚の混乱を示すのである。したがって，遠距離からの色の見えはかなり異なったものになることを自覚して色彩計画をせねばならない。ことに，トラス橋のように部材が細い場合は注意せねばならない。この現象は視角10分以下で現れるとされているので，5cm角の色を10m離れて見ればどのように見えるかを確認できる。

3-2-3 背景色

背景色とは，橋の前景を含む周辺の背景の色のことで，**環境色**とも呼ばれる。背景色の中に橋の色が置かれるわけであるから，候補色の選定にあたってはまず背景色を考慮に入れねばならない。架橋地点が都市部の場合には，季節による色の変化はあまりないかもしれないが，自然の多い場所では四季折々の色を採取する必要がある。

背景色を色彩計画の俎上に載せるには，背景色をわかりやすい形に整理しその特性を把握せねばならない。その方法は幾つかあるが，背景色の特性をある程度量的に把握するという傾向は共通している。そのなかで，景観カラーメッシュ法[6)]は最も丁寧に手順を追ったものと言えよう。これは，視点からの視野を10×10程度のメッシュに切り，各メッシュで最も大きな面積を占める対象の色を集計して，その視野にどのような色がどのような割合を占めているかを把握するものである（図3-5）。重要と思われる視点場での景観カラーメッシュによる集計を重ね合わせれば，背景色を構成している主要な，あるいは代表的な色がどのようなものであるかを把握することができる。

視野を細かくメッシュに切らなくても，背景を支配している色の抽出が容易な場合には，写真の横にその色の色見本を添付して把握することもよく行われている。また，調査者の感性に依存するところもあるが，景観カラーメッシュ法では埋没

しがちな，面積的には支配的でなくとも印象の上ではかなりの比重を占める色にも着目して，併せて添付することも行われている。

(2)地域の色・人々の色に対する嗜好

橋はその地域の文化を表象する性格とパワーを持っている。したがって，古い町並みに見られる色づかい，伝統的な行事や産物に用いられている色など，架橋地点を含む地域に特有の色，あるいは色づかいがあれば，それを候補色に反映させた方がよい。その色は即座に〜地方だとわかるものではないかもしれない。しかし，その地域に違和感なくとけ込んでいることが重要である。背景色とは調和しているが，その地域には馴染まない色というのも存在するのである。

一方，Oscar Fabar[7]が言うように，橋は「その地域の人格を反映する」とすれば，その地域に住んでいる人々の色に対する嗜好も候補色に反映させねばならない。もともと，そうした色に対する態度が地域に特有の色，あるいは色づかいを生んだとも考えられる。

3-2-4　ルートとしての色，上位計画からの色

橋は道路の一部として建設されるのであるから，道路全体に色彩計画や景観設計のねらいがあれば，それと橋の色との関係を明確にせねばならない。次々に変化する道路景観の心的積み重ねと言うべきシークエンシャルな景観の一体性と，橋梁部での調子の変化，あるいは風景としての見切りなどをよく計算して橋梁の色彩計画を行う必要がある。

また，その道路（場合によっては橋自体）は都市計画やまちの総合計画の中に位置づけられているのが常であろうから，そうした上位計画と整合性を持って色彩計画を立てねばならない。

3-2-5　景観設計のねらいと色

(1)景観設計のねらいとの整合性

橋の景観設計ではよくコンセプトが立案される（9章：デザインコンセプト参照）。コンセプトという言葉はいろいろ混同して使われているので，ここでは「ねらい」としておくが，橋の色はこの

図3-5　景観カラーメッシュ

景観設計のねらいと整合していなければならない。落ちついた雰囲気の橋をねらいとしているのならば，色がそれを阻害するようであってはならない。

(2)ねらいの分担

景観設計のねらいが幾つかある場合，一般的にはそれぞれのねらいを満足させるような色を選択するが，分担型の色の選択もよく行われる。すなわち，(イ)のねらいは橋体で，(ロ)のねらいは歩道の舗装色で実現するというように，橋の各部にねらいを分担させて表現することもできる。また，ねらいを形と色で分担することもある。橋に街のシンボルとしての役割は期待したいが，落ちついた雰囲気の橋であっても欲しいといった，一見相いれないような要請は，それを構造形のみで具現化することが難しい場合がある。そのような場合，例えば街のシンボルとしての役割は構造形で，落ちついた雰囲気は色でというように（その逆でもよいが），形と色で分担することも考えられる。橋の形自体は，架橋地点の様々な特性を活かすことに主眼を置いて設計し，色によってルートや上位計画との整合性が図られる場合も，一種の分担型の色彩計画であろう。

景観設計のねらいと色：景観設計のねらいには，ルートとしての性格や上位計画を踏まえた，それらとの関係の中で立案されるねらいもあるが，例えば，「人に優しい橋」とか，「ふれあいのある橋」といった，橋と人，使い勝手，生活との関係を，より直接的に言及する内容も多い。これらは，そのすべてが色に置き換わるわけではないが，よく咀嚼して色に反映できるものは反映してゆかねばならない。

(3) ことばと色

景観設計のねらいはことばで記述されている。このことばと色を結びつける方法として，事前に調査されたことばと色の結びつきを示すチャートを参照し，そこにあることばから色を選定することがよく行われている。ここで注意せねばならないことは，事前の調査で得たことばと色の対応関係は，色を見せてその印象（ことば）を尋ねたのか，あるいはことばから触発される色を尋ねたのか，あるいはその両者から求めたのかということである。例えば，直線的な形を見て，都会的な印象を得たとしても，「都会的」を表現するのは，直線的な形だけではないのと同様に，新緑や新芽の色に華やかさを感じたとしても，華やかさを演出する色は新芽の色だけではないからである。一般に，ことばから触発される色は，色を見て受ける印象よりももっと幅が広いのが常である。したがって，ことばと色の結びつきを示すチャートが，色を見せてその印象を尋ねた結果からまとめられたものであれば，それを参照する程度に止めておいた方がよい。景観設計のねらいが華やかさで，チャートでは華やかさは新芽の色と対応付けられているので，新芽の色を用いればよいというのは，短絡にすぎる。新芽の色は華やかさの一つの色にすぎないことを理解しておく必要がある。

3-2-6 橋の構造形と色

世の中には赤く塗られたアーチ橋もあれば，青く塗られたアーチ橋もある。白色の斜張橋もあれば青色の斜張橋もある。したがって，アーチ橋には赤色が似合う，吊橋には白色が似合うといった構造形と色との直接的な関係はないと考えて良い。構造形と色との関係は，両者を結びつけるような対応的関係にあるのではなく，構造形の特性をより活かしたい場合や，構造形が視覚適合性をやや欠く場合に，色彩の効果によってそれを助長したり，補ったり，構造の理解をわかりやすくしたりすることにある。例えば，開放的な架橋地点において，径間数の多いリズミカルな構成の橋では，高明度域の色を用いると軽快な印象は助長される。あるいは，桁高が薄いので，引き締まった重厚な感じにしたいという場合には，低明度域の色を用いるとその感じが出やすい。また，図3-6のトラス橋の場合，すべてを同じ色にするのではなく，弦

すべてを同じ色にした場合：トラスの形が高欄などの色に紛れてしまう

付属施設の色を暗くした場合：トラスの形がはっきりみえる

図3-6　色による構造形の鮮明化

材と床板や高欄の明度の差を明確にして、トラスの形態特性を鮮明にした方が視覚的にもすっきりし、構造の理解にとっても有効であろう[8]。このように、構造形をより良く見せるために、色彩を有効に活用することができる。

3-2-7 橋の機能からみた色

橋の機能面からみた色の検討も候補色の選定に反映させねばならない。橋の機能面としては交通の安全性と、維持補修に対する配慮が挙げられる。まず、交通の安全性についてであるが、橋の色が運転者にとってあまりに刺激的であったり、眩しすぎたり、圧迫感を与えるものであってはならないことは論を待たない。したがって、広い面積に彩度の高い色を用いて不適切に刺激を与えることや、反射光が直接目に入る位置に高明度域の色を用いること、路面上部の構造形に低明度域の色を用いて圧迫感を助長するようなことなどは避けた方がよい。一方、以前は照明ポールや高欄その他の付属施設ははっきり見せて、安全な通行が保障されるように色彩調節することが望ましいとされていた。しかし近年は、道路自体が照明ポール等を目立たせなくても、安全で円滑な交通が行えるよう設計されているためか、首都高速道路公団でも、「照明ポール、灯具は、空の色に溶け込ませるか、ダークな色として目立たせないなどして桁、橋脚との調和を図る」としている[9]。このように考え方が変わってきている部分もある。近年は背景色との調和等で選定される色彩に交通の安全を阻害するような色彩が含まれていないためか、あまり議論されてないようだが、交通の安全と色との関係を再度確認することも大切であろう。

維持補修に関しては、塗装の塗り替え間隔とも関連するため、変色（色相、彩度、明度のどれか1つまたは2つ以上が変化すること）、退色（彩度が小さくなり、明度が場合によって上がること）しにくい色を選定する必要がある。一般には、淡色（明度が高く彩度の低い色）は濃色に比べて変退色しやすい傾向にあり、色相の面からは、暖色（赤、橙、黄）は寒色、中間色、無彩色に比べ変退色しやすいとされている。しかし、塗膜の主な構成要素は、着色顔料とビヒクル（樹脂など）であり、変退色の程度は、この顔料とビヒクルの種類によっても異なってくる。図3-7はビヒクルの種類による耐候性暴露試験における光沢保持率を示したもので、フッ素樹脂塗料が良い成績を残している[10]。このように塗料によっても変退色はかなり避けられるようになっているが、万全というわけではない。やはり変退色しにくい色を選定するよう留意せねばならない。

3-2-8 橋に望まれているものと色、橋梁色の動向

長大橋梁はその大きさゆえ、多くの表象機能を発揮する力を有している。そこで、そうした橋にはランドマークとしての機能やゲートとしての機能を期待したり、地域の活力や活気を表象することが求められたりすることが多い。ことに、その地域がまさに発展しようとしている場合には、橋の色においても、その地域のエネルギーを象徴的に表し、先導役を果たすことが求められる。

若戸大橋（写真3-1）[11]は1962年、北九州重工業地帯の中に洞海湾を跨いで架橋されている。この橋の「赤」について山本[12]は、彼自身も「活気に満ちた重工業地帯に架ける橋として、活気、男性的、エネルギーを象徴し、景観の中心となる色は何か」を考えると、「〈赤〉と言う色が浮かんでくるのである」と述べ、色彩決定に携わった審美委員会の

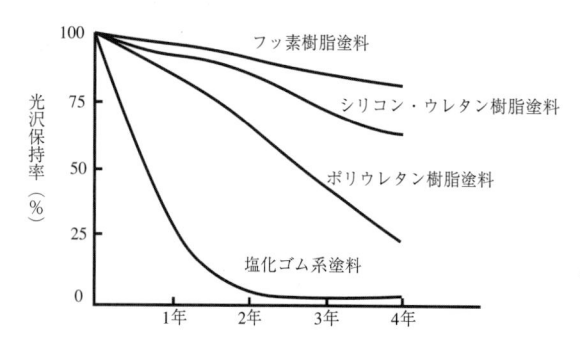

図3-7 ビヒクルの種類による耐候性暴露試験における光沢保持率

写真3-1 若戸大橋

考えも，「雄大で力強い色，洞海湾をブチ抜くエネルギーにみちた色」ということで決定されたという経緯を紹介している。まさに，若戸大橋の色では，地域のエネルギーを象徴的に表すことが求められていたのである。

ゴールデンゲート橋の赤は，管理事務所では「インターナショナルオレンジ」と呼んでいた。このような造語の色名には，建設当時の，この橋は「世界に通ずる橋」だという意気込みが込められているようである。

経済が安定成長に向かい，社会資本も不十分とはいえ，それなりに充実してくると，橋に活力の象徴を見ることよりも，インフラストラクチャーとして，我々の生活をしっかり支えてくれる存在としての橋を求める傾向が強くなったように思われる。言わば「図」としての橋から「地」としての橋が求められるようになった。それに伴い，橋の色も活力等の象徴的意味を背負った色の選定から，周辺環境にいかに馴染ませるかを課題とした色の選定がより重視されるようになってきた。首都高速道路の橋も，以前はコーラルレッドの色が多用され，都市の動脈としての象徴的機能を担っていたが，現在では首都高速道路としての統一感を保ちつつ，「周囲の景観に調和した色彩を選定する[9]」ように変化してきている。

このように，橋に望まれているものが変化することによって，候補色の選定も大きく変化する。現在，若戸大橋やゴールデンゲート橋の色彩計画を行うとしたら，必ずしも「赤」になるとは限らない。したがって，当該橋梁に求められているものが何かをしっかり把握して色彩計画せねばならない。

ところで，紫色の橋は九州で見かけたことがあるが，あまり橋には用いられない。首都高速道路公団の色彩設計マニュアルでは，景観をタイプ別に分類し，それぞれで色彩の出現傾向を調べ，どのタイプでも，鮮やかなバイオレット，パープル，レッドパープルの出現傾向は極めて低かったという調査結果に基づき，「自然界にあまり存在しないこれらの色は橋梁，建築物などの構造物の色とし

て不適当と考え，対象外とした[9]」としている。紫色は日本人の嫌悪色の第1位でもあり，多くの人の目に触れる橋にわざわざ人が不快に感じる色を選定することはないとすれば，公共建造物には不向きな色があるということも理解しておく必要がある。

以上のように，基調色の選定には様々な視点からの考察を加えてそれを反映させねばならない。

3-3　候補色の絞り込みと補助色の選定

3-3-1　橋に求められる役割の違いと絞り込み

(1) 橋に表象的役割を求める場合

前述の「活気，男性的，エネルギーを象徴し，景観の中心となる色は何か」を考えると，「〈赤〉と言う色が浮かんでくるのである」という山本の言葉が示しているように，橋に活気などの表象的役割を求める場合の色の絞り込みは，色相，明度，彩度の3属性で言えば色相が中心となる。事実，これまでの色彩計画では，橋に表象的役割を持たせた場合が多かったことと，橋梁技術者にとっても色彩と言えば赤，黄，緑といった色相がすぐ思い浮かぶということもあって，色相を中心に色の絞り込みが行われてきた。したがって，一般市民に好ましい橋の色のアンケート調査を行う場合も，様々な色相の橋の絵を見せて，好ましい色相を抽出することが多かった。

このようにして絞り込まれた1，2の色相を候補として残し，次の段階ではそれをベースに，彩度と明度によるバリエーションを作成して第2次候補色とし，その中から最終の色を選択するという方法が採られる。

(2)「地」としての橋が求められる場合

「地」としての橋が求められる場合の色の絞り込みは，3属性で言えば明度が中心となる。

視野内に2つの領域があって，それらの明るさが同じか，あるいは近似しているような場合には，たとえそれらの色相が異なっていても，図と地の分化が生じにくく，輪郭は不鮮明となって時には消失する。この現象はリープマン（Liebmann）効果[1]として知られているが，橋を背景に溶け込ませるには，背景との明度差をゼロにすればよいわけである。もちろん実際の場面では，背景にも橋も凹凸による明度差があるため，背景と橋との明度差を完全になくしてしまうことはできないが，十分に近ければ橋の姿は認知されにくいということである。したがって，逆に橋を十分に目立たせたい場合には，背景との明度差を十分につければよいということである。明度差がありすぎるのも橋が浮き上がったようで好ましくないが，溶け込んでしまうのもどうかと思われる場合には，若干の明度差をつければよい。このように，背景との明度差をコントロールすることで，橋の姿は図にもなり，地にもなる。だとすれば，橋に表象的役割を求める場合を含めて，色の絞り込みは明度によって行った方がわかりやすいと言えよう。言ってみれば，モノクロの写真を想定し，写真の上で橋の姿をどの程度くっきり見せたいか，あるいは見せるべきかを検討し，明度を決定した上で，彩度，色相の絞り込みを行うのである。

群馬県の橋梁色彩計画マニュアル［案］[8]では，明度に彩度を組み合わせたトーン（3-1-2項参照）の差に着目している。すなわち，背景と橋とにトーン差がなければ橋は背景に馴染み，トーン差があれば橋は強調されるつまり，目立つということをベースに候補色の絞り込みを行っている。確かに，リープマン効果は彩度が低いとき，よりその効果が大きくなるとされており，彩度が高い領域では，明度が同じでも図と地の分化はみられるので，トーン差で考えるのはより厳密であると言えよう。つまり，同じ明度でも彩度に差があれば，橋の目立つ領域があるという点が，明度だけに着目する場合との違いである。

このように，橋の象徴的役割よりも，周囲の景観との調和がより重視される場合には，明度差あ

るいはトーン差によって色の絞り込みをした方がよい。したがって，背景色の調査でも，明度，彩度をしっかり調査しておく必要がある。周囲の景観との調和と言えば，すぐムーン・スペンサー（Moon and Spencer）やオストワルト（Ostwald）の色彩調和理論を思い浮かべ，それらによる色の絞り込みを考えがちである。しかし，そもそもジャッド（Judd）によれば，色彩調和理論はいろいろ合わせると200近くあるという。言い換えれば，「調和」そのものには様々な考えがあり，まだまだ安定した理論にはなっていないということである。したがって，色彩調和理論に頼るよりは，明度差あるいはトーン差に着目し，調和を云々すると言うよりも，橋を目立たせるのか目立たせないのか，強調するのか馴染ませるのかという，より操作しやすい言葉のレベルで色の絞り込みをした方がよいということである。

3-3-2 現地での評価実験による基調色の決定

候補色の絞り込みが行われ，それに2，3のバリエーションを加えた第2次候補色が選定されると，その中から最終の色を決定する作業が始まる。明石海峡大橋，東京湾横断道路，白鳥大橋などでは，この作業を現地での評価実験によって行っている（図3-9）。すなわち，ベニヤ板1枚あるいは2枚の大きさに，実橋と同じ光沢を持つ第2次候補色を塗装し，現地で実際に海や山，空を背景にそれらを並べて評価し決定している。筆者もそれらに参加させて貰ったが，近くで眺めたり，遠方から見たり，光が当たった場合，陰になった場合と様々な角度から色の評価を行うことができた。候補色がトラス桁の斜材に塗られた場合，どのような見えになるかといった小面積第3色覚異常のチェックも知らず知らずのうちに行っていることに気付く。ことに，これらの橋では，調和という観点で背景色との明度差がありすぎはしないか，周辺環境をリードする橋として溶け込みすぎてはいないかなど，明度差に着目して評価していたように思える。

このように，最終の色を決定するには，大きな塗装板による現地での評価が最も望ましいことは誰にでも理解できる。しかし，予算の関係でここまでの評価実験は難しいというのであれば，現地にある工事事務所の壁面に候補色を塗装して評価するのも一案であろう。いずれにしても，小さな色見本だけで評価することはできない。大きな面積となった色は小さな色見本で見るよりも，派手で，迫力が加わった印象を与えるが，それを承知していても，色見本からそれを予測して評価することは困難である。ましてそれを蛍光灯の下で評価するようなことは避けねばならない。せめて，

写真3-2　明石海峡大橋での基調色候補の現地評価

図中:

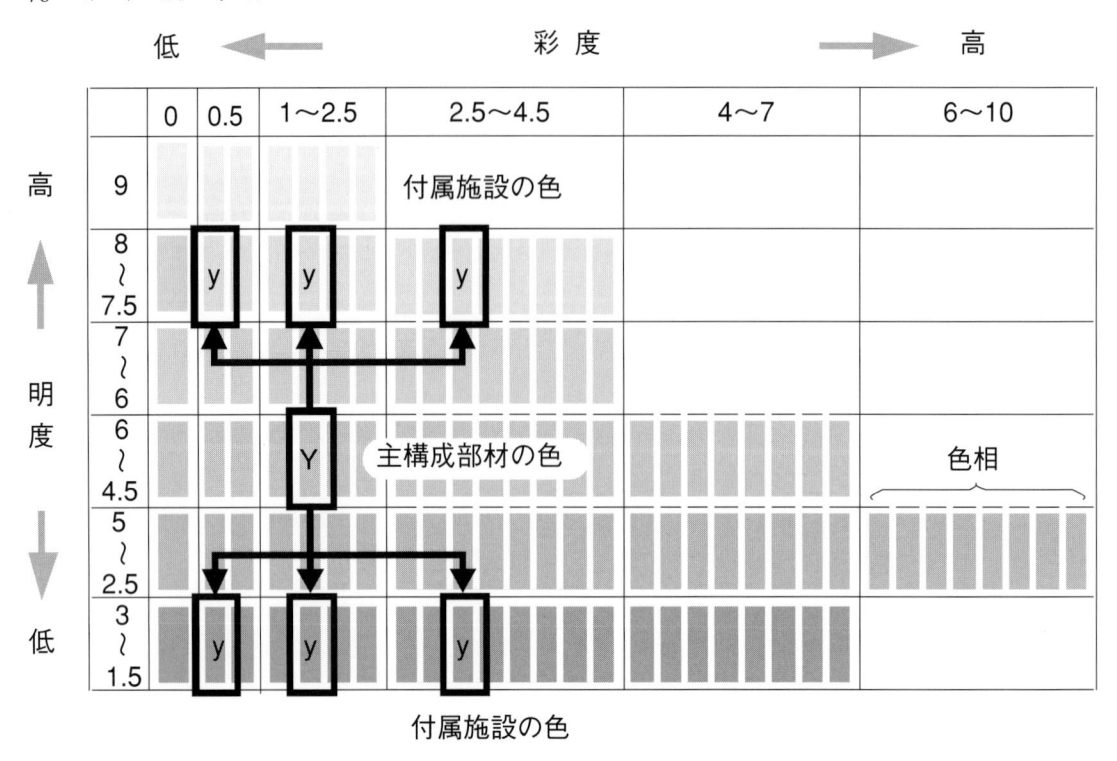

低 ← 彩度 → 高

| | 0 | 0.5 | 1〜2.5 | 2.5〜4.5 | 4〜7 | 6〜10 |

明度 高↑↓低

9
8〜7.5　y　y　y
7〜6
6〜4.5　Y　主構成部材の色　　　色相
5〜2.5
3〜1.5　y　y　y

付属施設の色（上部）
付属施設の色（下部）

群馬県橋梁色彩計画マニュアル［案］では，背景色，地域の色等様々な観点から検討し，橋に用いる色として，114色を選定している。これらを左図のように21のトーンに分類し，各トーン毎に色相を整理した色彩チャートを作成している。付属施設の色もこのチャートから選定される。主構成部材の色としてYが選定されると，付属施設の色は上下に段階離れ，両サイドを含むトーンの中から同系列の色相yを選ぶようにしている。

図3-8　色彩チャートによる付属施設の色の選定

A4かB4サイズの色見本を太陽の下で評価するようにしたい。

3-3-3　付属施設の色（補助色）の選定

付属施設の色の選定においても，明度差，トーン差を中心に考えた方がよい。橋本体の色が青なので，それに調和するのは何色か？緑か青緑か？と色相を中心に考えると，自信を持って選定することが難しくなる。

さて，付属施設の色は，橋本体の色とは明度差，トーン差を付けた方がよいものと，付けない方がよいものがある。図3-6は明度差を付けた方がよい場合である。もし高欄や床板端部に明度差がなければ，リープマン効果でトラスの輪郭線はあいまいになり，明快な構造形の把握は阻害されてしまう。一方，外付けの配水管は，それを積極的に見せる造形を行っている場合は別だが，そうでない場合は明度差をなくし，橋本体に紛れ込ませて目立せないようにした方がよい例である。このように付属施設の色も橋本体の色とは明度差，トーン差があった方がよいのか，ない方がよいのかを判断することによってかなり絞り込むことができる。

では，差を付ける場合どの程度の差を付ければよいのであろうか。前述の群馬県橋梁色彩計画マニュアル［案］では，彩度は同じでもよいが（違えても彩度2以内の差），明度は，2ないし3（3-1-2項参照）離すように設定している（図3-8）。すなわち橋本体の色が明度5であれば，付属施設の色には，明度7〜8あるいは，明度2〜3の色を

選定するようにしている。これは明度差が1程度では不十分だが，3以上離れると，コントラストが強くなりすぎるとの判断によるものである。ただ，橋本体の色が低明度の場合は，付属施設の色をさらに2，3段階低い明度の色を選ぶと真っ黒になってしまう。その場合には，2，3段階明るい明度の方を選ぶことになる。色相についても，周辺環境に馴染ませる橋では，同系の色相を用いて橋梁全体としてのまとまりを持たせるとしている。このように明度差，彩度差を決めておくと，基調色が決まれば補助色はほぼ自動的に選定することができる。

あとがき

前述のように，色立体は算盤玉のような形をしている。つまり，色彩計画とは，この算盤玉から様々な観点に照らして適切な位置を2，3，見つける行為であると言える。これまではまず，円周上の位置を探って同色相平面を抽出し，そこから適切な位置を求めていた（図3-9(a)）。しかし，最初に明度で輪切りし，中心からの距離（彩度）を求めてリング状に色を絞ってから，適切な位置（色相）を探した方がより簡便であり，今日的な橋の役割とも調和する（図3-9(b)）。

色は自信がない，色のセンスがないからとあきらめる必要はない。目立たせるのか，馴染ませるのかの判断さえすれば，明度を基準にして，十分に色は絞り込むことができる。自信を持って色彩計画を行って欲しい。

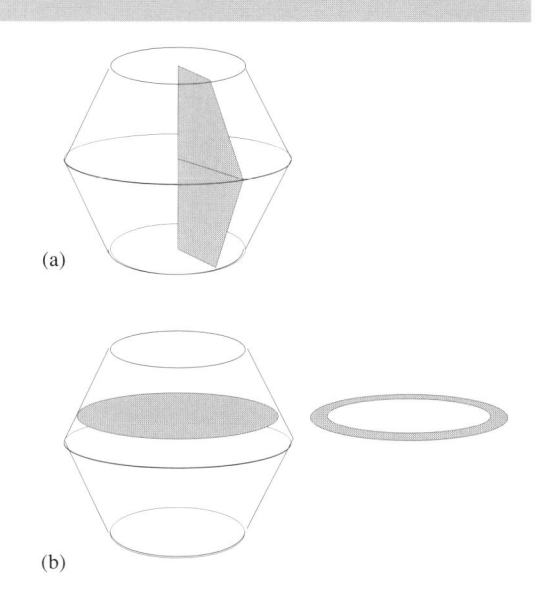

図3-9　明度，彩度を決めてから色相を決める

演習課題

①マンセル記号に対応する色名を線で結んでみよう。

5GY 3.5/4.5	チョコレート色
N9.5	黒
8YR 2/1.5	鶯色
10YR 8/2	白
N1	ベージュ

②リープマン効果を試してみる。色見本の中から明度が同じで，色相の異なる2色を選び，隙間無く並べて明るい部屋，少し暗い部屋で眺めてみよう。暗い部屋ではリープマン効果はより大きくなることがわかる。

[参 考 文 献]

1) 日本色彩学会：色彩科学ハンドブック，東京大学出版会（1980）
2) 日本工業規格：(2)色に関する用語 Z8105（1982）
3) 北畠編：色彩演出事典，Sekisui Interriior（1990）
4) （財）日本色彩研究所：新基本色票シリーズ（1987）
5) 川添，千々岩編著：色彩計画ハンドブック，視覚デザイン研究所（1980）
6) （財）高速道路調査会：鋼橋の色彩計画（1979）
7) O. Fabar：The Aesthetic Aspect of Civil Engineering Design, The Institution of Civil Engineers, London(1945)
8) 群馬県土木部：群馬県橋梁色彩計画マニュアル［案］（1995）
9) 首都高速道路公団：色彩設計マニュアル（1993）
10) 日本鋼橋塗装専門会：鋼橋塗装（1987）
11) （財）日本橋梁建設協会編：日本の橋, 朝倉書店(1984)
12) 山本：橋梁の色彩，土木学会誌（1978）

第4章

テクスチャーの考え方
Texture

まえがき

　テクスチャーとは物体の表面のきめ,肌合い,質感のことである。鉄,樹木,皮革,織物にはそれぞれ素材特有のテクスチャーがある。コンクリートにも素材特有のテクスチャーがあるが,素材を型に流し込んで成形するコンクリートや樹脂の場合には,型の表面の凹凸がそのまま成形後の形に現れるため,型の表面に様々な凹凸をつけることによって様々なテクスチャーを得ることができる。色彩が鋼橋に特有の属性であるとすると,コンクリート橋に特有の属性はこのテクスチャーである。テクスチャーを有効に用いることにより,橋の魅力づくりに貢献することができる。本章ではこのテクスチャーについて考察する。なお,物体の光沢（艶）も本書ではテクスチャーとして取り扱い,本章で考察することにする。

写真4-1　ヤンベルムプラッツ橋のコンクリート表面

写真 4-2
サン・クルー橋の縦溝の
ある橋脚

写真 4-3
サン・クルー橋の縦溝を
消した橋脚

4-1 テクスチャーの構成

4-1-1 デザイン素材としてのテクスチャー

　波形の桁下断面形状をしたドイツのヤンベルムプラッツ橋（写真4-1）では、型枠に使った細い木の跡がコンクリートの表面に現れ、そのテクスチャーが波形の断面形状と湾曲した道路線形によく調和して、この橋を美しい構造物とするのに寄与している。もしこの型枠にある面積を持った金属やベニヤ板を用いたならば、おそらくその継ぎ目はパッチワークのように曲面を刻み、波形の曲面の持つ魅力は一気に半減してしまうであろう。本橋は、テクスチャーが形作りにとって軽視できないデザイン素材であることを端的に示している。

　サン・クルー橋（写真4-2）[1]では橋脚に細い縦溝のテクスチャーが施されている。CGでこのテクスチャーを消してみると（写真4-3）、橋からは優雅

さや柔らかさが消え，一気に味気ないものになってしまうことがわかる。写真4-4[1]も同様に，橋脚中央のV字部分のテクスチャーがアクセントとなり形を引き締めている。

このように，テクスチャーはコンクリート橋におけるデザイン素材として，橋の魅力づくりに大いに貢献することができる。しかしこのことは逆に，不適切なテクスチャーの使用は，橋の魅力を半減させたり，ときには不快なものにさえしてしまうことがあるということである。

写真4-5は化粧型枠を用いて桁，橋脚すべてに石張り模様を施した例である。もしこのような石張りあるいは石積みが現実にあったとすれば，石はすぐ落ちてしまうに違いない。テクスチャーの誤った用い方であるだけでなく，テクスチャーとしてあまり心地よいとは言えない。テクスチャーをデザイン素材として十分認識することが重要である。

4-1-2 テクスチャーに関する言葉の貧弱さ

テクスチャーは橋の魅力づくりに大いに貢献することができるが，残念ながら，テクスチャーには色彩の表色系のような，一種の地図上に個々のテクスチャーの位置，番地を与えるような体系はない。私たちのテクスチャーに関する言葉も，縦溝，レンガ積み模様，石割り肌などと言った言葉しか持たない。あるいは○○の地肌をもっと荒くしたテクスチャーというように，既存のテクスチャーをベースにした伝達しかできない。このことは，橋の造形においてテクスチャーは，その範囲でしか考えられていないことを意味する。私たちの知覚の大部分は言葉あるいは概念よって支配されており，ある対象に対する言葉や概念があればそれを知覚することができるし，なければその対象を知覚することも難しい[2]とすれば，テクスチャーに対する言葉の貧弱さは，知覚の貧弱さを意味し，テクスチャーをデザイン素材として十分に活用するには至っていないことを意味する。本文においても，色彩の表色系に匹敵するような体

写真4-4 有明高架橋橋脚のテクスチャー

写真4-5 桁，橋脚に石張り模様を施した例

系を示すことはできない。しかし，その構想の一端を示すことにより，テクスチャーに関する研究が進み，テクスチャーをデザイン素材として活用することができるようになればと願っている。

4-1-3 テクスチャーの構成

テクスチャーとは物体の表面のきめ，肌合い，質感のことであると述べたが，細かく見ると，テクスチャーは物理的な表面性状を指す場合と，その表面性状を見たり，触ったりした場合の知覚を指す場合の2つに分けられる。つまり，「ゴツゴツした」というテクスチャーを表す言葉は，表面性状自体を指す場合と，それを見た印象を指す場合の2通りあるということである。表面性状はさらに，起伏の性状と起伏に付けられた光沢（艶）に分けることができる。ここではテクスチャーを図4-1の

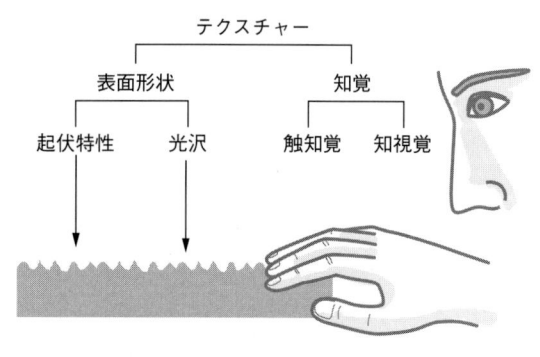

figure 4-1 テクスチャーの構成

ように分けて考察する。ただ，土木構造物では，触知覚がデザインの大きな課題となる場合は少ないと考え，触知覚については成書[3]に譲ることとし，ここでは取り上げないことにする。

4-2 光沢（艶）

4-2-1 光沢の指標

日本工業規格(JIS)では光沢を，屈折率1.5のガラスに，ある光量の光を60°の角度から照射し，反射してきた光量を100として基準化し，それに対する割合で表示している（図4-2）。したがって，アルミ板の光沢などは100を越える値をとる。自動車のボディーでは，光が一度屈折してから跳ね返ってくるような「深みのある光沢」を目指す場合があるが，このような場合には，もっと複雑な計測をしているが，一般的に光沢を議論する場合はこの指標で十分であろう。ただ，この指標は平板な面の光沢を測る場合には問題ないが，多少凹凸のある面の光沢を測るには，凹凸面が入射光に対して60°の角度ではないため，様々な方向から計測し，その平均を求めねばならない。また，表面の起伏差が大きい場合には，現状の計測器では計測できない。

4-2-2 様々な物体の光沢

以上を踏まえた上で，身の回りにある様々な物体の光沢を計測してみたものが図4-3である。洗車してあるピカピカの車のボディーが84.5であるのに対し，鋼橋は，供用前が21.7，7～8年経った鋼橋では光沢は6.3まで落ちていた。コンクリート橋は，鋼製型枠による非常につややかな面で4程度，雨ざらしで少しザラザラしてきた面は1以下であった。筆者の研究室の家具やパソコンの光沢を測ってみた。旧いタイプのグレーのスチール書

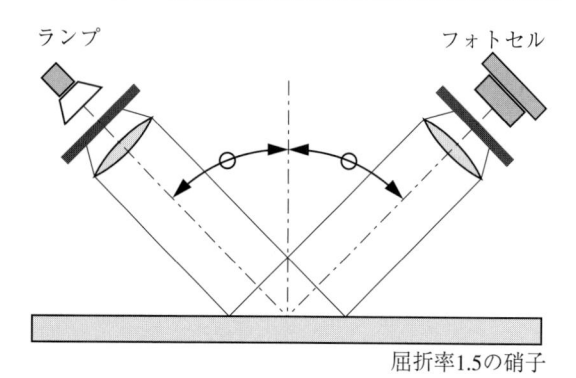

図4-2 光沢計

図4-3 様々な物体の光沢値

写真4-6　ハンプトンコート橋とその周辺の建物

棚が34と光沢があるが，最近購入したスチール書棚は8，パソコンやコピー機は5，布張りの椅子やパーティションは4.5以下と，以前よりも全般的に低い光沢の製品が増え，研究室全体が8以下の光沢で揃っており，落ちついた雰囲気になっていることに気付く。そうした中にあってグレーのスチール書棚は，形が旧いこともあって，研究室では浮いた存在になっている。したがって，ある空間が，ある光沢で揃っているならば，1つだけ光沢の異なるものがあると，それは非常に目立つということである。テームズ川の上流にあるハンプトンコート橋（写真4-6）は，コンクリートアーチの表面にレンガを貼った橋である。そのレンガは周辺の建物に使われているものと全く同じものであるため，橋のある空間全体がしっとりと落ちついた雰囲気を醸し出していた。

4-2-3　光沢計画

これらを敷衍すると，橋の「光沢計画」を考えることができる。すなわち，ちょうど色彩計画において背景色を調査し，橋を背景色に馴染ませる場合には，明度差あるいはトーン差をなくし，目立たせたい場合は，差をつけるように，架橋地点周辺の光沢の分布を調べ，橋の光沢を調整するのである。橋を周辺環境に馴染ませたいのであれば，橋の光沢を周辺環境の光沢域内に収め，目立たせたいのであれば，その光沢域を外せばよい。

白鳥大橋（鋼吊橋）（写真4-7）では架橋地点周辺の光沢を調べ（図4-4），橋の光沢が周辺環境のそれとどのような関係にあるかを確認している[4]。架橋地点は，ちょうどスタジアムのような地形で，橋の架かるフィールドに近い部分には，オフィスビルや人家，石油備蓄タンクなど光沢値の高い人工物が取り囲んでおり，スタジアムの上段にあたる丘陵地には自然が色濃く残っている。周辺景観をリードしてゆく役目を負うことになる長大橋として，周辺の人工物に紛れ込まない光沢値を採るとすれば，30近い光沢を必要とすることがわかる。

一般的に言えば，自然の光沢は水面を除いて0に近いと考えてよい。つややかな木の葉も，互いに重なり合って反射を遮っている。もしコンクリート橋が自然の濃いところでよく調和するとすれば，それは互いの光沢が近いからだと考えてい

写真4-7 白鳥大橋

る。したがって，施工の良さを誇るようにコンクリートの表面をツルツルに仕上げるのは，せっかく自然と近い光沢の素材を使いながら，自然からは離れる方向であることを認識せねばならない。むしろ，もっとザラザラした表面になるよう工夫すべきところなのである。

一方，都市部ではビルの外壁，ガラス面など光沢値の高いものが多い。もちろん低い光沢値の建物もあり，平均すると，現在の鋼橋の有している光沢（20前後）は周辺環境に馴染んでいると言えよう。しかし，場所によっては建築の外壁，ガラス面に負けない光沢が欲しい場所もある。橋体の塗装は，自動車のボディーのように焼き付け塗装が困難なため，今以上の光沢は期待できないとすれば，高欄や照明柱など付属物に高い光沢の素材，塗装面を用いることも考えられる。臨海副都心の国際展示場付近の歩道橋にはステンレスの高欄が多用されているが（写真4-8），周辺の光沢とはよく調和している。

光沢計画という耳慣れない言葉を使ってはいるが，こうした計画は，無意識のうちには行っていると言えよう。それを意識の前面に押し出して光沢を調整することを心がけたい。

	項目	光沢値
祝津側沿岸	コンクリート部	0.7
	鉄	51.5
	錆鉄	0.5
	トタン屋根	13.6
	木造部	3.3
	モルタル部	17.3
陣屋側沿岸	石油タンク	17.4
	工場壁面	9.5
	エントツ	1.5
	タンク	2.6
	アルミタンク	21.3
	塗装タンク	6.7
コンクリート橋桁		2.4
トラス		25.0

図4-4 白鳥大橋周辺の光沢

写真4-8 光沢のある高欄

4-3 起伏の形

4-3-1 テクスチャー立体

　マンセルの色立体のような，テクスチャーを対象とした**テクスチャー立体**というものは構築できないであろうか。しかも色立体と同じように，3次元で表現できればわかりやすい。もし構築できるならば，テクスチャーは確実にデザインの思考の一角を占めることができるし，新たなテクスチャーを次々に生み出すこともできる。

　コンピュータグラフィックスのソフトには，様々なテクスチャーを創り出せるものが幾つかある。これらは法線ベクトルを制御することにより，色と陰影によってテクスチャーを画面上に表現するものである。しかし，起伏の数値データを抱えているわけではないので，画面上に表現されたとしてもそれを数値データなどの，実際の凹凸を必要とする型に移すことはできない。また，テクスチャー全般を創り出せるように体系付けられているわけでもない。したがって，テクスチャーに対する考え方は参考になっても，テクスチャー創成ソフトのパラメーターを3次元に圧縮すればテクスチャー立体の方向がみえるというものでもない。

　そこで高梨ら[5),6)]は，様々な起伏特性を検討して，図4-5に示す3つの属性による起伏特性の表現を提案している。すなわち，まず，ある平面をメッシュに分割し，テクスチャーの起伏はメッシュの交点上に表現するものとする。ある方向の断面が図4-5(a)のように得られたとすると，メッシュ上の各点どうしがどのような関係にあるかは1つの属性を形成すると考え，第1の属性を「起伏特徴」としている。起伏特徴を関数で表現したものは，起伏特徴関数と呼ぶ。次に，同じ起伏特徴は，土木レベルの大きなサイズから，工業製品の表面テクスチャーのような小さなサイズにまで表現することができるので，第2の属性を，テクスチャーの大きさ，起伏の深さを表す「振幅」としている（図4-5(b)）。振幅が0であれば平らな平面である。第3の属性は，1つの起伏特徴で構成されたテクス

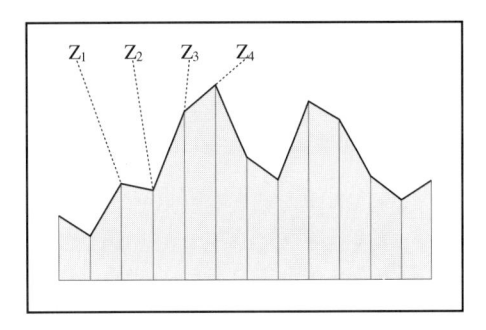

(a)　各点どうしの関係

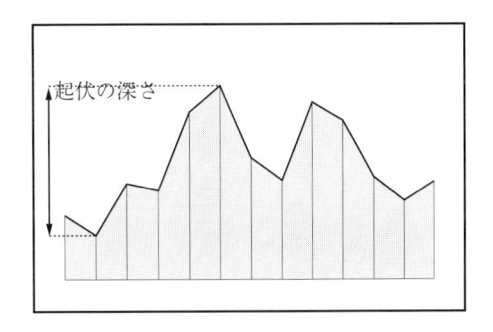

(b)　起伏の深さ（振幅）

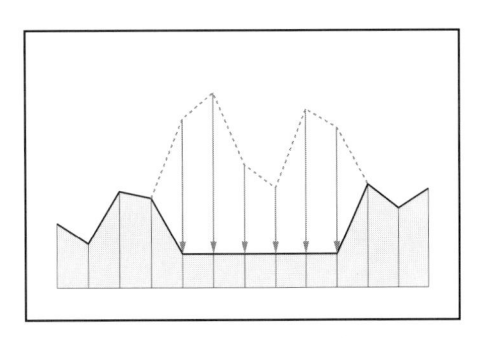

(c)　別の起伏特徴による加工

図4-5　3つの属性による起伏特性の表現

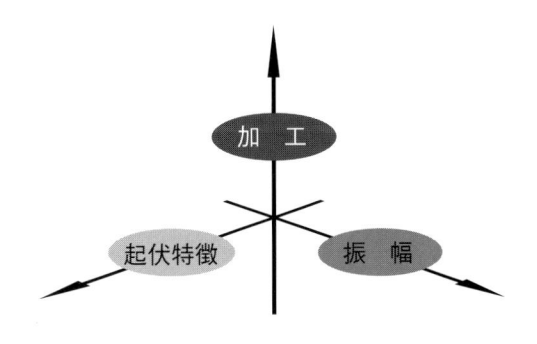

図4-6　3属性を軸とするテクスチャー立体

チャーに別の起伏特徴による加工を施し新たなテクスチャーを創成する「加工」であるとしている（図4-5(c)）。以上の3属性を軸（図4-6）とする立体によって起伏特性の表現を試みたものである。

4-3-2　起伏特徴

起伏特徴は，単純な正弦波で構成される規則的な断面を時計の12時の位置に，全く規則性のないランダムな断面形状を6時の位置に置き，起伏特徴の両極を構成している。単純な正弦波に周期の異なる正弦波が合成されると，断面は徐々に複雑になってゆく。幾つもの周期の異なる正弦波が合成された形は，周期性はあるものの，複雑な断面構成となる。これを9時の位置に置く。この形から徐々に周期性が消えると，最終的にはランダムな形となる。具体的には，長周期の成分が徐々に消え，短周期の，それぞれ周期の異なる正弦波の合成が多くなるとともに，各正弦波の位相が少しずつずれてゆく形となる。

一方，正弦波の山と谷の高さを不規則にすれば，滑らかではあるが，周期性のない形が得られる。異なる周期の正弦波に同じような操作を加えそれらを合成すれば，滑らかではあるが，周期性の全くない形が得られる。これを3時の位置に置く。この形から徐々に長周期に相当する単位長さの成分が消え，短周期に相当する長さの成分の合成が多くなってゆくと，最終的にはランダムな形となる。以上を図4-7に示す。色環と同じように，起伏特徴を環状に表している。

4-3-3　振幅

前述のように，振幅は起伏の深さを表す。した

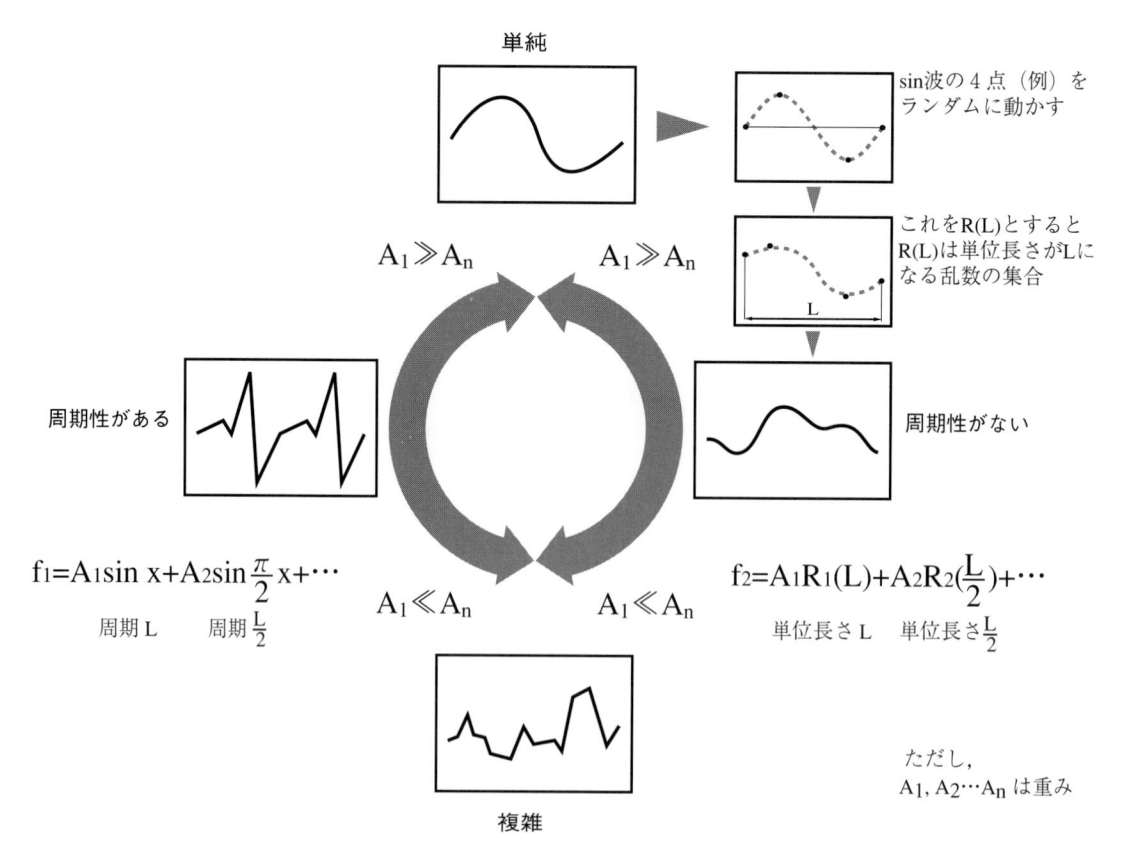

図4-7　テクスチャー環の概念

がって，起伏の最大値と最小の差で振幅を定義することができる。田村らの定義に倣えば，土木スケールの振幅が大きい場合のテクスチャーをマクロオーダーのテクスチャー，ごく近くで効果のある振幅が小さい場合のテクスチャーをミクロオーダーのテクスチャーと呼ぶことができる。

振幅は環状に配置された起伏特徴の中心からの距離で表す。中心を振幅0，すなわち，平らな平面とし，中心から離れれば離れるほど振幅が大きくなるとしている。

4-3-4 加工

加工は，1つの起伏特徴で構成されたテクスチャーに別の起伏特徴を合成し新たなテクスチャーを創成するものである。この加工が，異なる周期の正弦波の合成と異なる点は，合成が部分的であり，それぞれの起伏特徴をそのまま残しているという点にある。正弦波の合成の場合は，色で言えば，赤色と青色を混色して紫色を作るような場合であるが，ここでいう加工は，赤色の上に，混色させずに単に青色が塗られているような場合である。したがって，正弦波の合成は特定の領域に限られているわけではなく，面全体に及んでいるのに対し，加工は領域を限って別の起伏特性を合成する場合を指す。写真4-9のように，ランダムな起伏特徴を持つ面に目地（溝）を入れたテクスチャーは加工の典型的な例である。写真4-10の石割り肌も，言葉通り，ある起伏特徴を持つ石を割るという加工を施したものと捉えることができる。

加工の種類は様々な観点で分類することができると考えられるが，トポロジカル（位相幾何学的）

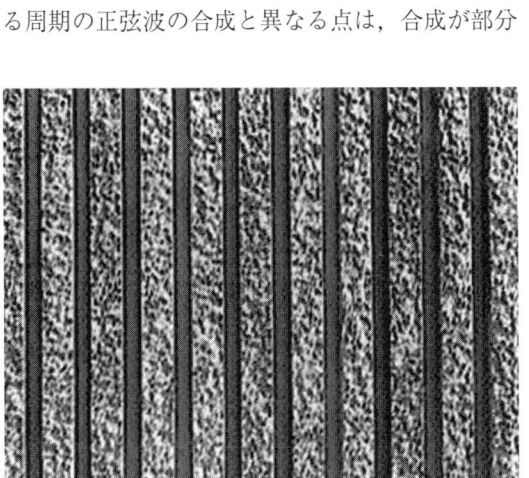

写真4-9 目地

写真4-10 石割り肌

写真4-11 石積み模様

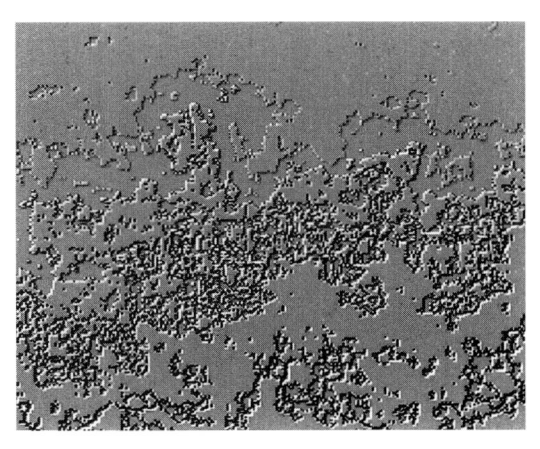

写真4-12 腐食面

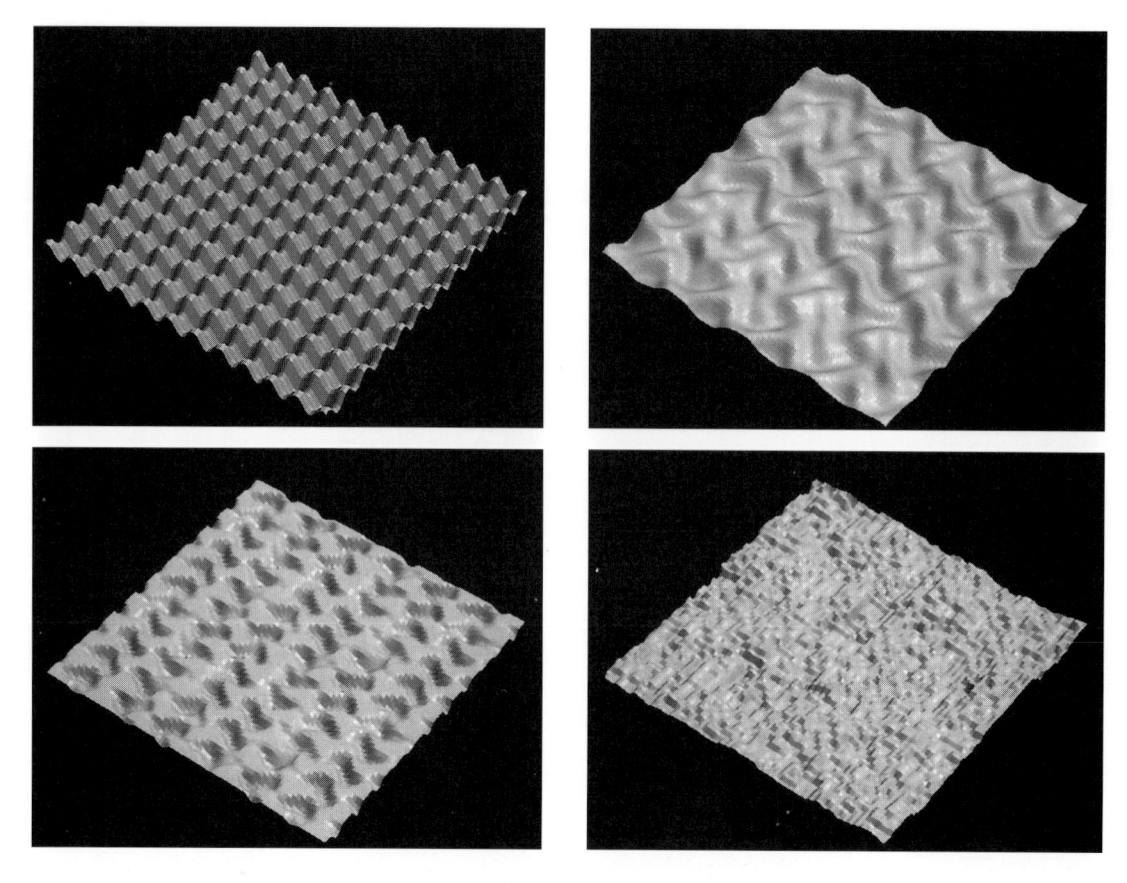

写真4-13 コンピュータ画面上に創成したテクスチャー

にみれば，対象となる平面に対し，加工部が閉じた境界を持つか否かに分けることができる．写真4-11の石積み模様は閉じた境界を持つ加工であり，写真4-12の腐蝕面（平らな面を腐蝕という加工を施した面，あるいはランダムな起伏特徴を持つ面をある高さで切り取ったと考えてもよい）は，部分的には閉じた境界を有しているが，全体としてみれば閉じた境界を持たない加工である．それぞ

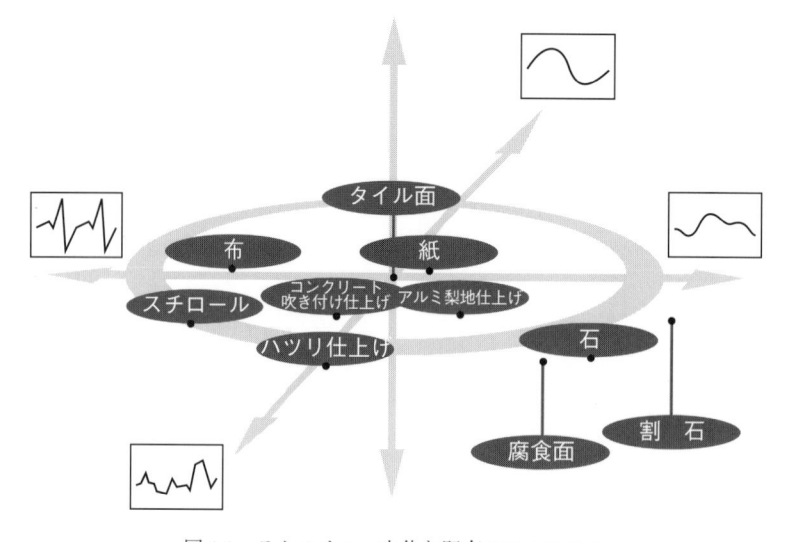

図4-8 テクスチャー立体と既存のテクスチャー

れ単純な形から複雑な形まで想定することができ，単純な形を原点とすると，それぞれを正負両極に分けて考えることができる。

以上の考えを基に，コンピュータ画面上にテクスチャーを表現させた（立体的数値データも併せて抱えている）ものが写真4-13である。

4-3-5 テクスチャー立体と既存のテクスチャーとの対応

まず，起伏特徴と振幅によって平面を構成し，これに直交する縦軸を加工とすると，色立体に相当するテクスチャー立体が構成される。色立体では，例えば明度であれば，白から黒までを視覚的に等歩度になるように10分割して，基準を定めているが，テクスチャー立体における基準化の研究はこれからである。したがって，既存のテクスチャーをこのテクスチャー立体に正確に対応させることはできないが，概念的には図4-8のようになると考えられる。

以上のテクスチャー立体の考え方は1つの提案であり，他の考え方もあるものと思われる。多くの研究を期待したい。

4-4 テクスチャーの視知覚

テクスチャーの視知覚特性のうち，デザインにとって重要なものは，起伏特性を識別できるか否かの識別距離と，起伏特性の違いによる印象の違いについてである。

4-4-1 ランダムな起伏特徴の識別距離

ある起伏特徴の振幅が非常に大きな場合でも，視距離が十分に遠ければ，その起伏特徴は識別されず，平面的な模様か，あるいは模様すらも識別されない平らな面にしか見えない。したがって，テクスチャーを効果的に活用するためには，起伏特性の識別距離を把握しておかねばならない。

そこで，ランダムな起伏特徴を持ち，振幅が2〜25mmまでの6種類のテクスチャーサンプル（白色に塗装）を作成し，晴天の屋外において30人の被験者（視力1.2）に見せ，それぞれの識別距離を測ってみた[7]。その結果，ランダムな起伏特徴の識別は，振幅と視距離の違いにより，次の3つの領域に分かれた。

第1領域：起伏特徴が識別できる領域
第2領域：起伏特徴が平面の模様に見える領域
第3領域：均一の色をした平面に見える領域

図4-9は横軸に振幅，縦軸にサンプルまでの距離をとり，それぞれの領域を区分する回帰曲線を求めたものである。振幅をx，サンプルまでの距離をyとすると，第1，第2の領域を分ける回帰式(1)と，第2，第3の領域を分ける回帰式(2)は，それぞれ以下のようになる。

$$y_{1\text{-}2} = 22x^{0.5} \quad \cdots\cdots(1)$$
$$y_{2\text{-}3} = 78x^{0.3} \quad \cdots\cdots(2)$$

これを見ると，振幅が大きくなるに伴い，遠くからでも識別できるようになるが，回帰式は緩やかな曲線を描くため，振幅を大きくしてもそれに比例して遠い距離から識別できるというわけではない。25mmの振幅でもその起伏特徴を識別できる距離は110m程度で，それを過ぎると平面模様に

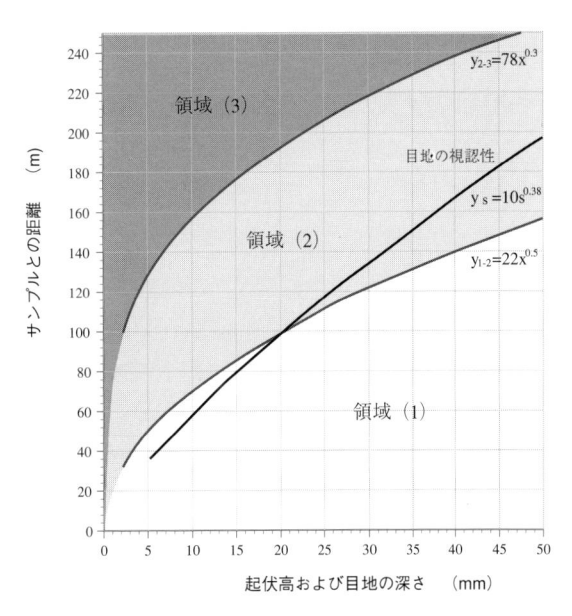

図4-9 起伏特徴の識別距離

写真 4-14　トンネル坑口のテクスチャー

写真 4-15　岩肌のテクスチャー

見えている。200mを越えると模様も消えて，平面に見えている。

4-4-2　目地加工した起伏特徴の識別距離

様々な起伏特徴のうち，視覚的に最も規則性を有すると感じられるものは，直線的な目地が明確に施されたものであろう。そこで前項で述べた実験と同様に，振幅0〜2.3mmのランダムな起伏特徴に，深さ10〜30mm，幅14〜50mmを組み合わせて目地を施した5種類のテクスチャーサンプル（白色に塗装）を作成し，晴天の屋外において30人の被験者（視力1.2）に見せ，それぞれの識別距離を測ってみた。その結果，目地の識別は目地を施す前の起伏特性にかかわらず，目地幅と目地深さの大きさ，すなわち，目地部分の断面積に依存して識別されていた。そこで横軸に断面積（目地幅×目地深さ），縦軸にサンプルまでの距離をとり，起伏特徴が識別でき，目地が若干でも立体的に見える場合の回帰曲線を求めると(3)式のようになる。

$$y_s = 10s^{0.38} \quad\quad\cdots\cdots(3)$$

（ただし，sは断面積，y_sはサンプルまでの距離）

図4-9では，目地の断面形状を正方形と仮定し，この回帰曲線を重ねている。これをみると，回帰曲線はほぼ(1)式の曲線に重なっているが，振幅が大きくなればなるほど目地の識別距離は長くなっている。やはり，直線的な目地はゲシタルトファクター（よい形の要因）に助けられるためか，ランダムな起伏特徴よりも識別距離が長くなっている。つまり，視認性は良くなっているという実験結果になっている。

4-4-3　識別距離からみた振幅の算出

主たる視点場が定まり，対象物との距離が明らかになると，回帰式(1),(2),(3)より起伏特徴の振幅を求めることができる。例えばトンネルの坑口にテクスチャーを施したいとする。写真4-14のように，車がトンネルに近づいている。設定速度が60km/hの道路では，ドライバーの有視距離は約200mとされているため，起伏特徴を識別させようとすると，式(1)より，振幅約80mmの起伏特徴が必要となる。模様として感じればよいという程度であれば，式(2)より23mm程度の振幅でよい。目地の場合は式(3)に当てはめると，断面積は2,653mm²必要である。正方形の断面ならば約50mm角の目地を設ければよいことがわかる。設定速度が80km/hの道路では，有視距離は約700mとなるため，起伏特徴を模様として感じればよいという程度でも振幅は1,500mmとなる。目地であれば，正方形断面換算で270mm角が必要となる。

写真4-15の坑口のテクスチャーは，背後に見える岩肌のテクスチャーに揃えようとしたものであろう。しかし，その意図は写真のような距離（約15m）にまで近づいて始めて理解できる。岩肌の模様として見えればよいという程度にしても，テクスチャーの振幅をもう少し大きくして，離れた距

写真4-16 レリーフを施したトンネル坑口

写真4-17 コンピュータ上でレリーフを消した坑口

離からでもその意図が読み取れるようにしたい。

ところで，トンネル坑口に写真4-16のように地域の特徴ある動植物や特産品，歴史的事柄や遺構等をレリーフにして掲げている例をよく見かける。しかし，トンネルの入り口は，明るいところから急に暗いところに入るため，運転者はただでさえ十分な注意を払わなければならない箇所である。そこにわざわざ注意を逸らすようなレリーフを，アイキャッチャー的に設けるのは決して好ましいことではないであろう。写真4-17のように，レリーフのない方がよほど走りやすいし，すっきりして上品な坑口となる。

吊橋のアンカレイジの壁面は，20〜30mの距離から眺められる場合もあるし，1km離れた場所から眺められることもある。20〜30mの距離に適合した振幅の起伏特徴を用いると，1km離れた場所

からは，壁面はのっぺりとした平面にしか見えない。反対に，1kmの距離に適合した振幅を用いると，20〜30mの距離では振幅が大きすぎる。このような場合，20〜30mの距離に適合した振幅2〜3mm以上の起伏特徴を用いて壁面を構成するとともに，1kmの距離に適合した正方形断面換算で400mm角程度の目地を併用して，遠，近双方の視点場に対応することが考えられる。図4-10は，大島大橋の目地形状である[8]。断面を正方形換算すると，約400mm角となっており，1km離れた所からも目地が識別できるようになっている。

芦原[9]は，識別距離との関係において，一次オーダーのテクスチャー，二次オーダーのテクスチャーという概念を用いているが，近距離では振幅2〜3mm以上の起伏特徴が意識され，遠距離では目地が見えるというテクスチャーは，まさに一

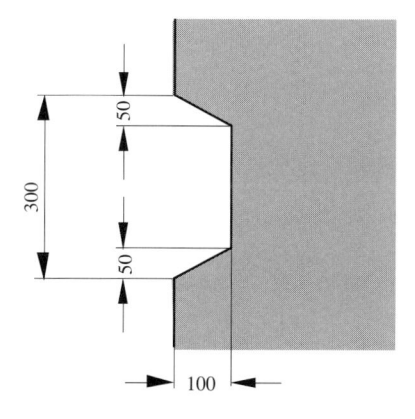

図4-10 大島大橋の目地

写真4-18 現地評価のために用意された明石海峡大橋アンカレイジのテクスチャー候補

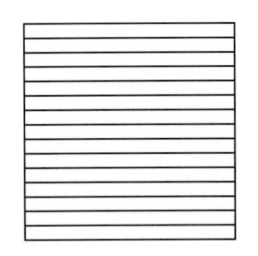

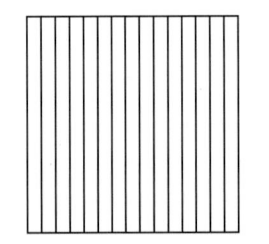

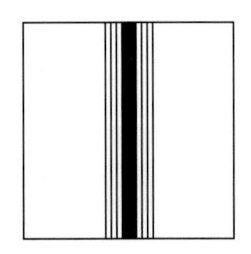

図 4-11　縞模様による正方形の印象の変化

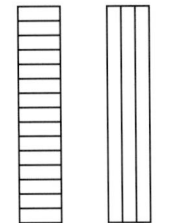

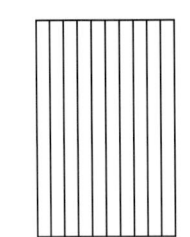

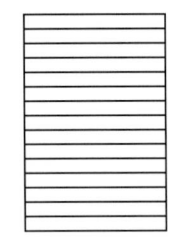

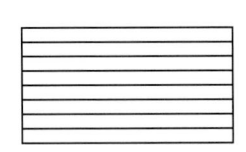

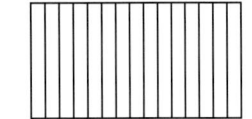

図 4-12　縞模様の効果

次オーダーと二次オーダーのテクスチャーを使い分けたものと言えよう。

なお，各回帰式は，テクスチャーサンプルを白色塗装したものの識別実験から求めているので，コンクリートの地肌そのままの場合では識別距離はもっと短くなる（視認性は悪くなる）ものと思われる。回帰式の適用にあたっては十分な注意が必要である。

4-4-4　テクスチャーから受ける印象

様々なテクスチャーを用意し，実物を見てその印象評価を行うことは様々な困難を伴う。明石海峡大橋では，アンカレイジのテクスチャー候補を8案，約1.5m角の大きさで作成し現地で評価している（写真4-18）が，このように候補案のテクスチャーを実際に作成すること自体も珍しいことであろう。そのため，テクスチャーと印象との対応付けに関する総合的研究は十分ではない。

前述した環状の起伏特徴の考えに基づき，コンピュータグラフィックスとして描いた様々な起伏特徴に対する印象評価では，以下の3因子が抽出されている。なお，評価実験に用いたサンプルは28種類，被験者数は60人，印象評価は，15種類の形容詞対に対する5段階評価を行い，その結果を因子分析により因子を抽出したものである。

第1因子：「滑らかさ」の因子

表面がスムースかラフかを判断している因子である。滑らかさは，言わば一目瞭然であるが，つるつるした面，あるいはざらざらした面というのは，人があるテクスチャーを見たときの，最も素直な反応であり，それが第1因子に表れているとみることができる。

第2因子：「自然らしさ」の因子

起伏特徴が人工的か自然らしさを感じるかを判断する因子である。単純な規則性が感じられるものは，正弦波を幾つ合成させても人工的に感じている。目地は人工的な起伏特徴の典型であると言ってよい。

第3因子：「おもしろさ」の因子

起伏特徴がおもしろさや，抑揚，張りといったものを有しているか，あるいは単調かを判断する因子である。多くの例で「加工」はおもしろさを向上させている。

この3つの因子による寄与率は90％近くになっている。つまり人々の起伏特徴に対する印象の

90%近くはこの3つの因子で説明できるということであるが，実物評価ではないこと，被験者数が少ないことなどを考えると，さらに多くの実験を重ねて信頼性を増す必要があろう。

一方，起伏特徴の違いが形の印象をどのように変化させるかも重要な研究課題である。田村ら[7]は，目地についてのみであるが，目地模様が全体の形に与える印象について調べている。図4-11のように，正方形に(a)横縞のストライプを入れたものと，(b)縦縞を入れたものでは，一般によく知られているように，横縞は幅が広く高さが低く見え，縦縞は幅が狭く高さが高く見えることを確認することができる。また，中央に太い線を入れることにより，正方形の面が左右に分割され，単一な面に比べて面の大きさを小さく感じさせることができる。図4-12は，種々の矩形に縞模様を入れ，その効果を見たもので，縦に長い形では縦縞の方が縦長の形状が強調され，横に長い形では横縞の方が横長の形状が強調されるとしている。

このような研究を様々な起伏特徴に拡張して行うことが望まれよう。

あとがき

前述のとおり，テクスチャーはデザイン素材として橋の魅力づくりに大いに貢献することができる。しかし，様々なテクスチャーを試作して体系化することは容易ではないため，テクスチャーに関する研究は手薄な面が多い。本文で述べたテクスチャー立体の構築，テクスチャーの識別距離，テクスチャーと印象との対応付け，いずれも十分な検討と実験を繰り返し，信頼性を高める必要がある。それまでは本書を参考としつつ，個々の設計において確認することが重要である。不十分な面が多いながらも，本書がテクスチャーに対する関心を高める一助となれば幸いである。

演習課題

①自分のオフィスの壁，天井，床，オフィス家具，パソコン等の備品類の光沢を7段階で評価し，分布図を描いてみよう。他の光沢とかけ離れたものがあれば，それが違和感を抱かせているか否か検討してみよう。同じような評価を会議室，応接室などでも行い，オフィスと比較してみるとおもしろい。

②橋台の壁面の威圧感を軽減するため，壁面にテクスチャーを施したい。どの程度の振幅のテクスチャーを用いればよいか？人は橋台の近くにも近寄れるが，200mより遠くから眺めることはあまりないとする。

③コンクリート桁橋の桁にテクスチャーを付けるとしたらどのようなテクスチャーがよいかを，架橋地点が都市部の場合と自然が色濃く残っている場所の2つの場合で考えてみる。

[参考文献]

1) 日本道路協会道路橋景観便覧分科会：橋の美III　橋梁デザインノート，(社)日本道路協会（1992）
2) Tahara, Nakamura：On the Manual for Aesthetic Design of Bridges, IABSE 11th Congress Final Report（1980）
3) 和田他：感覚・知覚ハンドブック，誠信書房（1969）
4) 北海道開発庁：白鳥大橋の景観設計（1995）
5) 高梨他：テクスチャー立体の構築の試み(1)－テクスチャーの言語表現に対するアプローチとしてのテクスチャー立体，日本デザイン学会誌第41回研究発表大会概要集（1994）
6) 高梨他：テクスチャー立体の構築の試み(2)－テクスチャーの言語表現に対するアプローチとしてのテクスチャー立体，日本デザイン学会誌第42回研究発表大会概要集（1995）

7) 土木工学体系編集委員会：土木工学体系13景観論，彰国社（1977）
8) 寺島他：建築スケールのテクスチャーの視覚的印象に関する研究，日本デザイン学会誌第42回研究発表大会概要集(1995)
9) 土木学会編：土木工学ハンドブック，技報堂出版（1989）
10) 本州四国連絡橋公団：大島大橋実施設計
11) 芦原：外部空間の設計，彰国社(1962)
12) 本州四国連絡橋公団：明石海峡大橋の景観設計(1995)

第5章

橋の注視個所と魅力づくり
How People Look At Bridges

まえがき

　形，色，テクスチャーという造形の素材について，これらをどのように捉えるとわかりやすく，デザイン対象として検討しやすくなるのか，あるいは幾つかの選択肢の中から最終案を決定しやすくなるのかについて考察してきた。それらを基礎としたうえで，橋の形をより魅力的なものとするためにはさらに幾つかの留意点がある。本書ではそれらのうち，特に「橋の注視個所」すなわち，「人々は橋のどこを見ているのか」，「美的形式原理」，「橋の材料」の3点と魅力づくりとの関係について考察する。

　橋の注視箇所については，人々に注視点の記録装置[1]（アイマークレコーダー）を装着してもらい，橋を観照する際，橋のどこを見ているかを記録した結果と，特定の橋を対象として，その橋をよく利用する人々がどのようにその橋を捉えているかの調査結果から，橋の造形において留意すべき点を抽出する。なお，観照とは美を直接的に認識すること，あるいは美意識の知的側面作用としての直感を指す。評価を目的として橋を眺める行為も観照である。

5-1　注視点について

5-1-1　眼球運動

　我々は写真5-1を見た瞬間，それが何であるかを認知することができる。橋梁技術者であれば，瞬時にゴールデンゲート橋だとわかるに違いない。しかし，写真の中の，ある対象を正確に見ようとすると，我々の目は眼球運動を伴って，見ようとするものに対して積極的に視線を合わせなければならない。これは中心窩と呼ばれる網膜の中で視軸に一致する部分のみが優れた視覚解像力を有し，中心窩の領域でなければ対象を正確に見ることができないためである[2]。したがって，観照者の中心窩の位置を知ることができれば，観照者が橋をどのように眺め，どこに関心を示したかがわかる。

5-1-2　Saccades Movementと注視点

　さて図5-1は，ある被験者がアイマークレコーダーを装着して写真5-1を見た際の目の動きを記録したもの（これを「注視軌跡」と呼ぶ）である。ただし，写真5-1はスライドプロジェクターにより，視角が左右28°，上下20°の大きさになるように投影して観照実験を行っている。

　被験者の視線はあちらへ飛びこちらへ飛びと，Saccades Movementと呼ばれるぎこちない動きをしている。注目すべき点は，被験者は決して画面全体を隈なく見ているわけではないということである。視線は図中の特徴ある箇所へと引きつけられており，視線には集中と分散がみられる。この視線の集中と分散から我々は観照者の関心がどこにあるか，あるいは対象の各部が持つ視線誘引力などを知ることができる。

　美術評論家のハーバート・リード[3]は，形が我々

写真 5-1
ゴールデンゲート橋

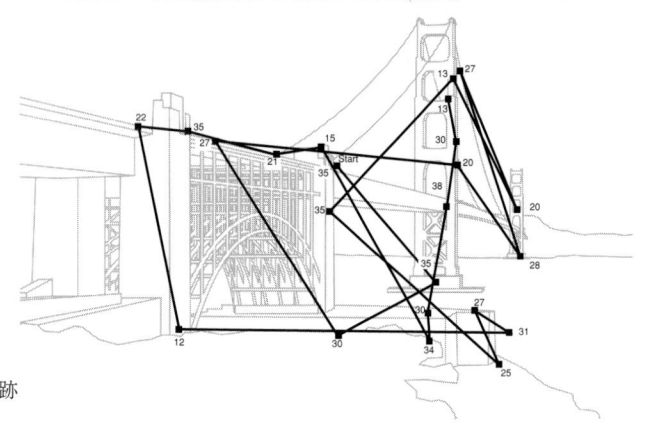

図 5-1
被験者の写真 5-1 に対する注視軌跡

の目をどのように捉えているかを次のように述べている。

『何も描かれていない壁か紙かを，我々が眺めていると仮定する。すると，必ず我々は，じきに自分がその壁または紙の上の斑点を直接見ていることに気づく。はじめその斑点を気にとめなかったのだが，そのうちそれが我々の目を捉えてしまっていたのである。‥‥ある壷を眺めるときには，目は無意識に釉薬上の，あるハイライトの地点，あるいは色の特に強い地点にじっと注がれるであろう。焦点を求める活動に目がもどかしさを覚えるようなことのない程度に，その一点が相当はっきりしていた方がおそらく目にとって'たのしい'ことであろう。けれどもその一点があまりに奇抜で目がこの一点と壷全体との両方を，同時に'受け付ける'ことが難しいような場合には，肉体的な緊張感が起きてきて，我々の美的快感を損なうことになるのは明白である。』

リードが言うような形態上の斑点（特徴）と我々の目の探索行動との関係，およびそれによる我々の美的受け止め方との関係を橋梁形状を対象に観察することは，橋の造形に携わる者にとっては極めて基本的な関心事であろう。

なお，図中の小数字は視線の停留時間を単位1/10秒で示したもので，ある一定時間以上（ここでは0.05秒以上）停留した点のことを注視点と呼んでいる。注視点から注視点への移動に要する時間は非常に早く，それをすべて足しても注視時間全体の10％にも満たない。人が情報を取り入れるのは注視点からで，跳躍している時はさして重要な情報摂取は行われていないと考えられている[4]。

5-2 人々は橋のどこを見るか

5-2-1 視距離の違いによる見方の違い

図5-2は、やはりある被験者が、視距離も撮影したアングルも異なる7枚のゴールデンゲート橋の写真をスライドで観照した際の注視軌跡を、注視点経路に着目して分類、集計したものである。

注視点経路とは、ある注視点から次の注視点に向かった経路のことで、経路を図5-3のように分類している。例えば図5-3の［③-1］は、桁にあった注視点が、次には向こう岸の山に移動した経路を指しており（反対に、向こう岸の山にあった注視点が桁に移動する場合も同じである）、［③-2］は向こう岸内の移動を指している。図5-2ではそれを更に3経路に集計し、百分率で示したものである。

写真5-2は、図5-2における視覚資料1である。付近の山頂から橋を写したもので、かなり遠景からの眺めでなる。資料番号が多くなるとともに橋に近づき、視覚資料4は写真5-1に示したものである。視覚資料7は、橋上から吊橋主塔を望んだ写

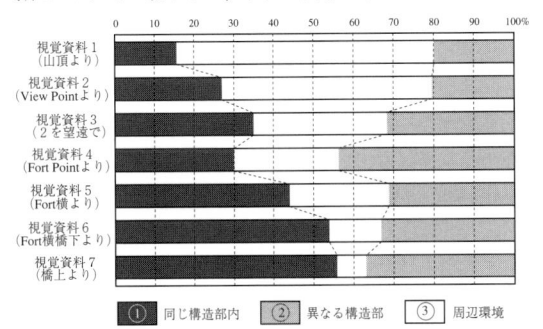

図5-2 7枚の写真（ゴールデンゲート橋）に対する注視点経路の割合

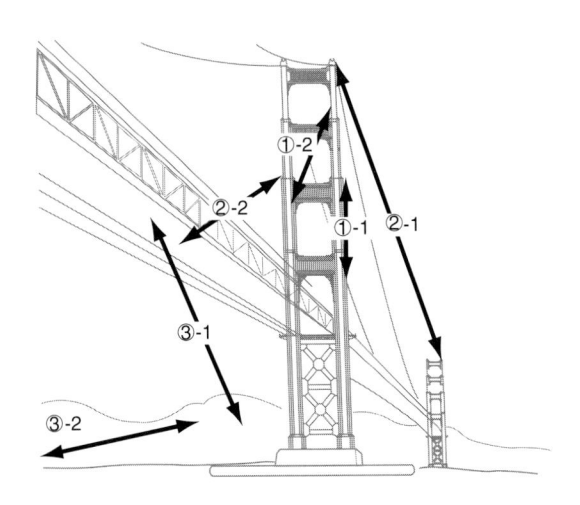

写真5-2 視覚資料1（山頂より）

図5-3 注視点経路の分類

写真5-3 視覚資料7（橋上より）

真5-3である。

まず、①の「同じ構造部内の目の動き」は、橋に近づけば近づくほど増大している。視覚資料7（写真5-3）のように、橋上から主塔を望むような場面では、主塔という1つの構造要素が大きな視覚形態を形成し視野を占有していること、それに伴い部分形状が観照できるほどによく見えていることを考えると自然な結果であると言えよう。

①と全く逆の関係にあるのが③の「周辺環境を含む目の動き」である。視点場が橋から離れれば離れるほど画面の中で周辺環境の占める割合は多くなり、橋⇔周辺環境、周辺環境⇔周辺環境といった目の動きが多くなっている。各構造要素は小さく、見ようとしても十分な観察はできないので、同じ構造部内での目の動きは当然ながら少ない。

②の「異なる構造部を見る目の動き」は、側塔や取付橋が見えている視覚資料4（写真5-1）が最も大きく、橋に近づいても、橋から離れても少なくなっている。それぞれ異なる構造要素が適当な大きさで、均等に視野に納まっている場合には、異なる構造部を見る目の動きが多くなると言えよう。

以上のように、視距離の違いによって注視点経路が結ぶ対象は異なっており、注意の対象が変化していることがわかる。その傾向は各被験者に共通しており、橋が周辺環境の中に位置づけられている遠景においては、注意は橋と周辺環境との関係に向けられ、橋に少し接近して、橋が中景として捉えられるときは、各構造要素間の関係に注意が払われている。さらに橋に近づいた近景としての橋では、注意は部分的な対象に向けられ、1つの構造要素内の内的関係に注がれていると言える。言い換えれば、視距離の違いにより、遠景では景観的構造把握が、中景では橋の全体的構造把握が、近景では部分的構造把握が観照の主題になっていると言える。図5-4は以上を概念図として表したものである。

5-2-2 中景における視線誘引箇所

図5-5は、ゴールデンゲート橋の観照実験と同じ方法で、3径間鋼箱桁橋を一般人30人が観照した際の注視軌跡から、観察されたすべての被験者の注視点の位置を視角1°のグリッド毎に集計したものである（総注視点個数=425個）。各グリッドの注視点の数を8段階に分け、数の多いグリッドは黒く、少ないグリッドは淡く表示している。

注視点は各橋脚の支承部の周りに集まっている。中央径間のハンチ中央部付近にも注視点の集中が見られる。しかし、橋脚下方にはあまり注視点は分布していない。ことに水際のフーチング部には注視点はほとんど見られない。また、手前の橋脚と後方の橋脚では、後方橋脚の支承部の方に注視点は集中している。べつに画面の左側の方が注視点を集めやすい傾向があるわけではなく、画面中央に近いからというわけでもない（前方橋脚の支承部の方が画面中央にはもっと近い）。これは同じような橋脚が並んでいるときは、手前の橋脚よりも2ないし3番目の橋脚の方が注視される傾向としてみた方がよいようである。

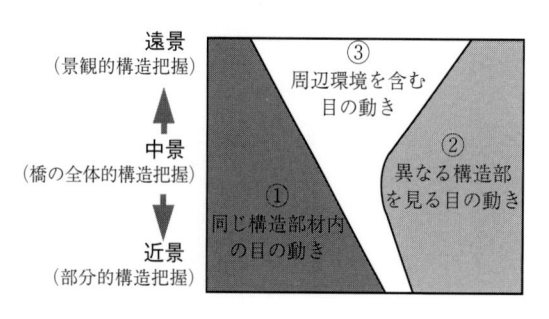

図5-4　視距離の違いによる注視点経路の違い

図5-5　3径間鋼箱桁橋に対する注視点の分布
（被験者30人）

5-2 人々は橋のどこを見るか

①鉛直要素

吊橋主塔

斜張橋主塔

②部材と部材の交点部

桁と橋脚

塔と桁

アーチリブと桁

トラスの格点

③部材端部（空との接点部）

塔頂

橋門構

④部材内変曲点

桁ハンチ中央

アーチ中央

ケーブル中央

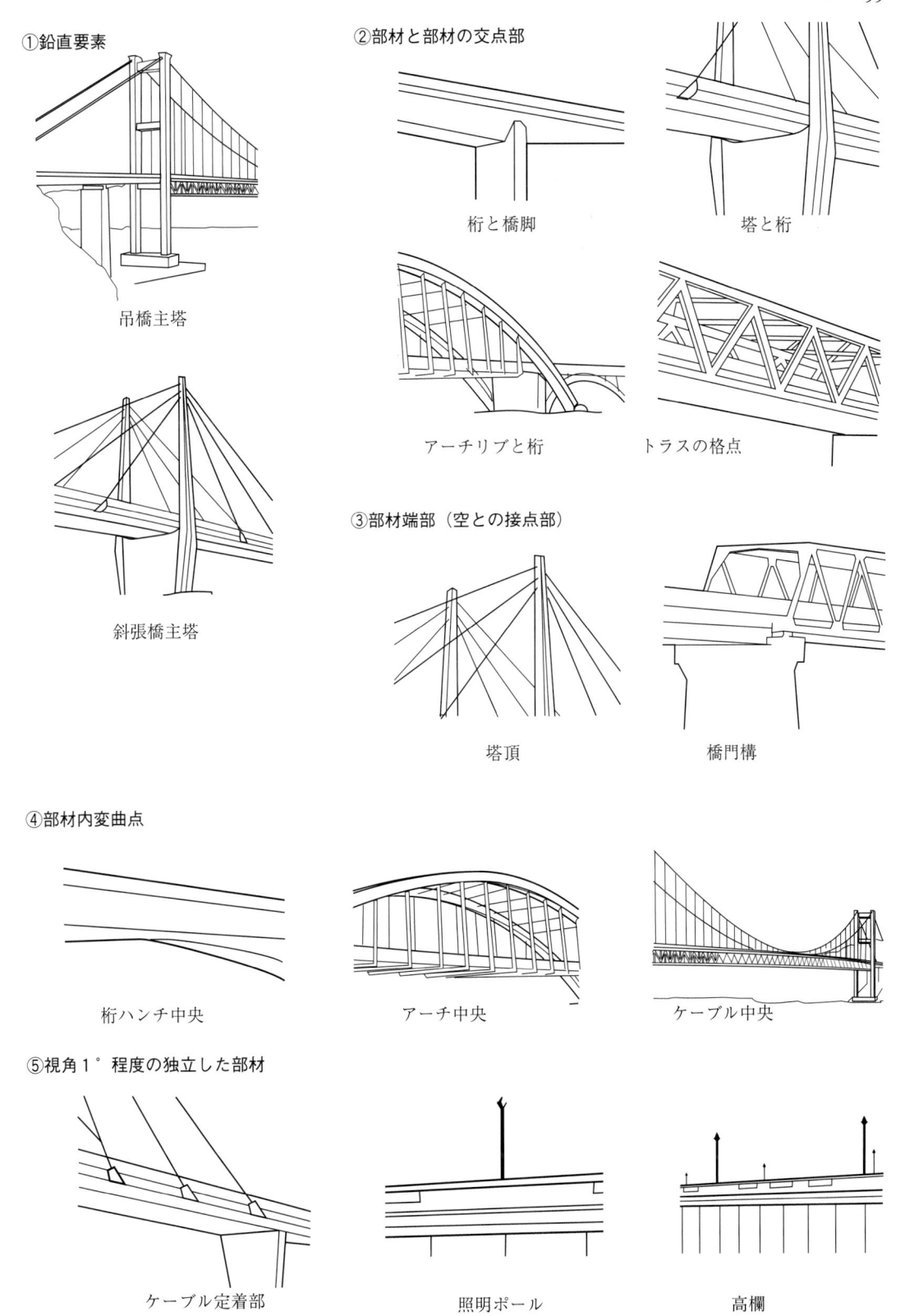

⑤視角1°程度の独立した部材

ケーブル定着部

照明ポール

高欄

図5-6　橋の視線誘引箇所

このような考察を様々な橋趣を含む計17の橋の観照実験に対して行い，注視点が集中している箇所を視線誘引箇所としてまとめると以下のようになる（図5-6）。なお，橋梁技術者に対しても同様の観照実験を行ったが，視線誘引箇所に一般人との顕著な差はみられなかった。

①鉛直要素：橋は横に長い構造物であり，横方向には比較的均質な情報が続いている。その中にあって主塔や橋脚などの鉛直要素は異質な情報を抱える箇所であり，際だって目立つ存在である。したがって，鉛直要素の画面内での大きさが大きければ大きいほどその鉛直要素に視線は集中する。

②部材と部材の交点部：桁橋における桁と橋脚との交点（支承部），吊橋や斜張橋の主塔と桁との交点，中路アーチ橋のアーチリブと桁との交点など大きな部材どうしの交点部は必ず視線を誘引している。視線が集中する鉛直要素も，支承部がその核となっている。

やや橋に近づいた場合には，トラスの格点のように，やや小さな部材どうしの交点も視線誘引箇所となっている。

また，道路を挟んで向こう側の交点部が見える場合は，その部分も視線を誘う場があるが，主として視線誘引箇所は手前側の交点部である。

③部材端部（空との接点部）：トラス橋の橋門構部など，部材の端部で空との接点部は視線を誘引する。ことに，吊橋や斜張橋の塔頂部のように，鉛直要素の端部が空と接する箇所は視線を集めやすい。一方，同じ部材端部でも陸や水との接点部は視線を誘引しない。

④部材内変曲点：桁橋のハンチ中央部，アーチ橋のアーチリブ中央部，吊橋のケーブル中央部など，部材内変曲点も視線誘引箇所である。ことにそれらを挟む鉛直要素の間隔が画面上で離れていればいるほど視線を誘引している。つまり，部材内変曲点は鉛直要素に向かう視線が途中で立ち寄るのにちょうど都合がよい箇所であるということであろう。

したがって，ハンチのない桁中央部は，何の変化もない直線的な部材の一般的な箇所が視線誘引力を持たないのと同様，視線を誘引しないが，両側の鉛直要素の画面上での距離が十分離れている場合には，視線が立ち寄る形で注視される傾向がある。下路あるいは中路アーチ橋を橋軸直角方向から眺める場合などは，桁中央部にも視線が集まっている。

⑤視角1°程度の独立した部材：斜張橋のケーブル定着部など視角1°程度の独立した部材も視線を誘引する。橋に近寄り，照明や高欄がはっきり見える場合は，照明やまとまった形の高欄にも視線誘引力がある。

5-2-3 橋全体としてみた場合の注視点の集中と分散

①桁上と桁下の注視点：注視点の分布を桁を含む桁上と桁下に分けて集計してみると，注視点は圧倒的に桁上にあることがわかる。図5-7は，桁橋，トラス橋，中路アーチ橋，斜張橋，吊橋にみる桁上と桁下にある注視点の割合である。この5橋の中では桁下にある注視点の割合は吊橋の23％が最も高く（17橋全体では多径間スラブ桁橋の46％が最も高い），トラス橋は14％を占めるに過ぎない。橋全体を考えると，もう少し桁下すなわち橋脚形状にも目が向けられるよう魅力ある形を創出したい。最近，テクスチャーの付加を含めて，橋脚形状に洗練されたデザインのものが多くなってきたのは好ましい傾向である。

一般人と橋梁技術者を比較すると，橋梁技術者の方が若干桁下を注視する度合いが高く，やはり

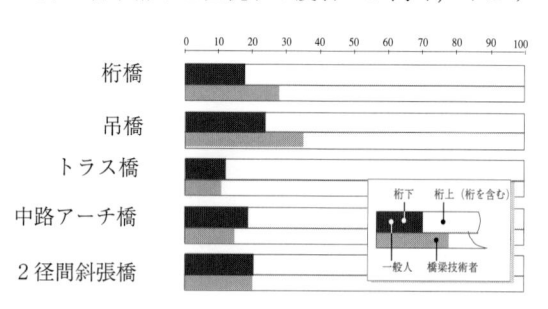

図5-7 桁上と桁下にある注視点の割合

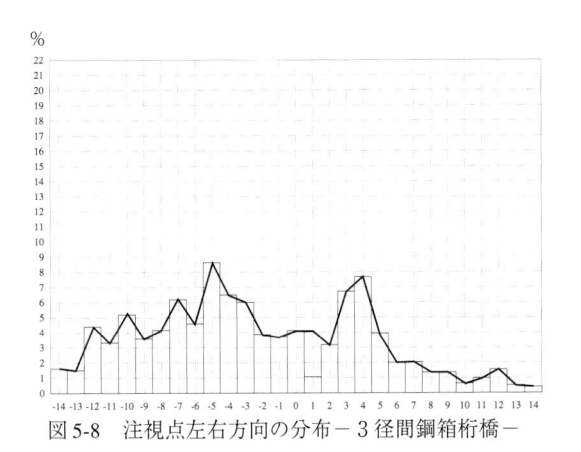

図5-8 注視点左右方向の分布－3径間鋼箱桁橋－

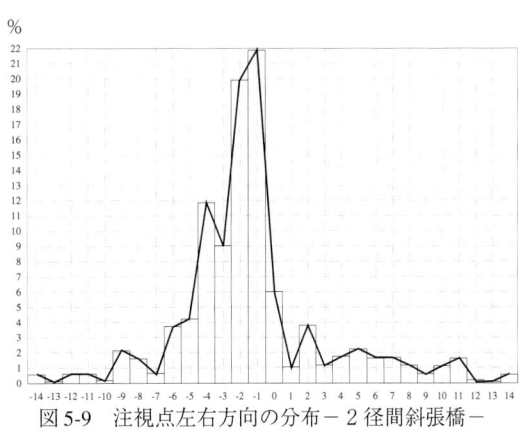

図5-9 注視点左右方向の分布－2径間斜張橋－

橋梁技術者は橋を単に形として見ているのではなく，構造体として観照していることが伺える。

②**左右方向の注視点**：図5-8は，図5-5の注視点の分布図を左右方向，視角1°毎に注視点個数を集計し，それを総注視点個数に対する割合で示したものである。前述したように，橋の視線誘引箇所は5つあるが，⑤を除けば鉛直要素と部材内変曲点に関連したものである。したがって，図5-8でも分布の山の数は橋脚の数と同じであり，部材内変曲点の位置にも低い山が見られている。このように，注視点の左右方向の分布には橋種の特徴が顕著に現れてくる。図5-9は図5-10 (c) の2径間斜張橋の注視点左右方向の分布図である。山は1つで，被験者はまさに主塔しか見ていないといっても過言ではない。3径間の斜張橋も注視点は主塔に集中している。これらに比べると図5-8の分布は山はあるものの，橋全体を均等に眺めていると言えよう。アーチ橋やトラス橋も，注視点が左右方向に均等に分散している図5-8のタイプである。吊橋は斜張橋と同じように主塔を有しているが，ケーブル中央部にも視線が集中するため，両者の中間的分布となっている。

さて，図5-9のような分布が，主塔形状への視線集中があまりに強く，目が主塔と橋全体との両方を，同時に'受け付ける'ことが難しいことを意味しているとすると，リードがいうように，肉体的な緊張感が起きてきて，我々の美的快感を損なうこととなろう。図5-9は単に注視点の個数だけを集計したもので，どれだけ凝視したかという時間の重みは考慮されていないので，図5-9だけでは判断できないが，その危険性は潜在的に有していると言えよう。したがって，2径間の斜張橋の場合には，視線が主塔にのみ集中するのではなく，適度に散らばるような工夫を心がけておいた方が良いと言えよう。

その逆に，図5-8のようなタイプでは，観照の核となるものがないことを意味し，焦点を求めて目がさまよう危険性を含んでいる。したがって，そのような場合には，リードがいうように，焦点を求める活動に目がもどかしさを覚えるようなことのない程度のはっきりした視線誘引箇所がデザインされているか否かを心がける必要があろう。

5-3 人々は橋をどのように見るか

5-3-1 回転スペクトルによる注視点移動パターンの抽出

それでは観照者が橋を見るときの見方にはどのような特徴があるのであろうか。ここでは一見ランダムに見える注視軌跡の変動をあらゆる周期の楕円運動の集まりとして解析する回転スペクトルの考え方を利用して注視点移動パターンを抽出し，橋の見方の特性を考察する。

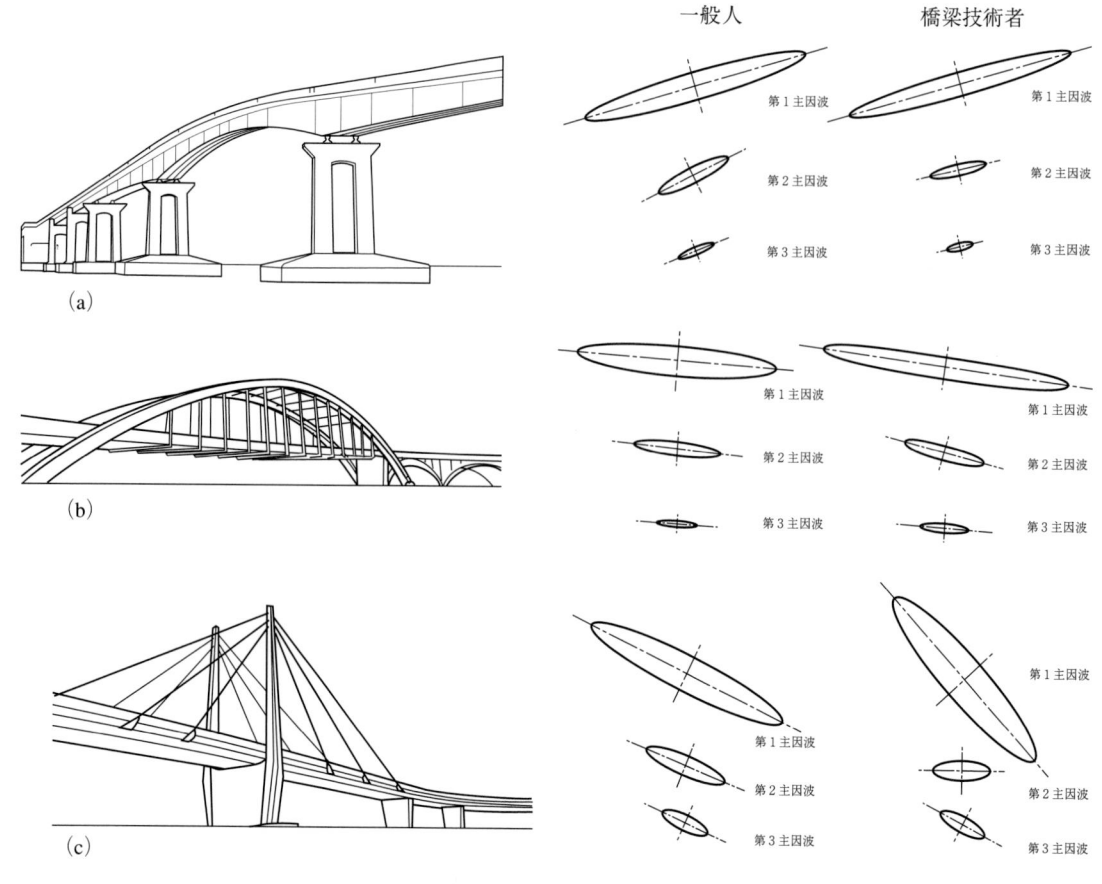

102　第5章　橋の注視箇所と魅力づくり

図5-10　回転スペクトル分析による注視点移動パターン

　図5-10は、(a)3径間鋼箱桁橋、(b)中路アーチ橋、(c)2径間斜張橋に対する一般人と橋梁技術者の最も平均的な被験者の注視点移動パターンを抽出したものである。3橋とも、一般人と橋梁技術者のパターンは非常によく似ている。第1主因波すなわち最も長周期の、全体的な変動を表す楕円の方向は、(a),(b)では桁の方向とほぼ一致している（正確には(a)では手前橋脚と後方橋脚の支承間を結ぶ線の方向と一致している）。楕円の長さもほぼ支承間の長さあるいはアーチリブと桁との交点間の長さと一致している。したがって、注視点はあちらへ飛び、こちらへ飛びとランダムに移動しているように見えるが、雑音的な目の動きを削除し、大きく目の移動を捉えると、観照者の目は明確に形や構造の要所間を捉えていることがわかる。ことに橋梁技術者の楕円は一般人よりも先鋭で、より直截的に支承間あるいは交点間を見ていることが伺える。

　第2、第3主因波すなわち、部分的な変動と、より細かな部分変動の楕円をみると、いずれもその方向は第1主因波とほぼ平行になっている。両橋には橋脚や吊り材など鉛直要素も多いので、部分変動には鉛直方向の動きが見られても不思議ではない。しかしどの被験者も共通して、全体変動の方向に沿う形で部分的な変動が見られている。

　(c)の2径間斜張橋の第1主因波の方向は、一般人では向こう側の塔頂から最外側のケーブル定着点へ、橋梁技術者は手前側の塔頂から最外側のケーブル定着点（あるいは架違橋脚部）へというように、塔頂からケーブル定着点へと向かっている。第2、第3主因波の方向も、一般人では第1主因波の方向とほぼ同じであるが、橋梁技術者では、方向は異なっている。したがって、全体変動は必ずしも

桁の方向に沿うわけではないし，部分変動も(a)，(b)でみたように，全体変動の方向に沿って行われるわけではないことがわかる。

5-3-2 対象の2極構造としての把握

ところで，主塔と桁との交点は比較的強い視線誘引箇所であるが，移動パターンにはその交点は含まれていない。塔頂→交点→ケーブル定着部へと3カ所を通る目の動きがあってもよさそうである（その場合にはかなり膨らんだ楕円となる）。しかし，そのような被験者はみられなかった。他の橋でも，膨らんだ楕円を示す被験者は2～3名みられただけで，ほぼ全員がここに示したような平らな楕円形の移動パターンをしている。天・地・人あるいは真・副・体といった構成のはっきりしている生花などでも実験を行ってみたが，やはり移動パターンは平らな楕円形である。伊藤[5]は生花を「美の三角構造」と呼んでいるが，鑑賞者はそれぞれの三角形の頂点を周回するようには見ておらず，2つの頂点間を移動している。

すなわち，我々の目は，橋でも生花でも対象を常に2極構造として捉えているのである。そして目は，対象の中心となるような個所あるいは視線誘引力の強い箇所から，それに対して均整を保ち，全体としてのまとまりを付けるような箇所へ移動する。したがって，(a)の3径間鋼箱桁橋では手前橋脚の支承部から，その対極としての箇所を後方橋脚の支承部に見つけて移動し，(b)の中路アーチ橋では手前のアーチリブと桁との交点から，その対極を後方の交点に求めて移動したものと言えよう。

さて，(c)の2径間斜張橋では，最外側のケーブル定着点（あるいは架違橋脚部）に対極を求めているが，この部分がそれに相応しい造形となっているとは思えない。結果として観照者はその部分に対極を求めたにすぎないように思われる。つまり，2極構造として対象を捉え，移動するというのは，橋種や橋梁形態の良し悪しに関係ない目の流れの自然な傾向であると言える。だとすれば，意識して対極をデザインするか，意識せずに対極となるかでは結果に大きな差が生まれることとなろう。塔頂部に対して均整を保ち，全体としてのまとまりを付けるような箇所という意識があれば，それをどこに設定し，どのような造形を行うかをもう少し検討したに違いない。もしこの橋が3径間斜張橋であれば，おそらく対極は後方主塔の塔頂部になるであろう。また，ケーブルがハープ型に張られていた場合は，視線誘引箇所の観点からは塔頂近辺に集まっていた視線は分散するので中心となる箇所自体が変わることが予想される。このように，橋をデザインする際には，観照の中心となる箇所，全体変動の目が落ちつく先を認識し，それらをどこに設定し，どのような造形を行うのかという意識を持つことが重要である。

あとがき

橋は，基本的には様々な角度から眺められるため，視線誘引力の強弱あるいは視線誘引箇所そのものもそのつど変化し，それに伴い，2極構造の捉え方も異なってくる。したがって，主要な視点場から橋がどのように見えるか，人々は橋をどのように見るかを想定して形作りをせねばならない。ただ，橋は障害となる空間を跨ぐ構造物であるため，橋軸直角方向から橋を眺める機会は比較的少なく，斜め方向から眺めることが多い。その場合には，手前側の視覚的比重は高くなり，人々は手前側にある視線誘引箇所を観照の中心的箇所として，後方側にその対極を求めると考えてよい。後方側の対極をどこに設定し，どのように対極としてのデザインを行うのか，十分な配慮が必要である。

視線誘引箇所のデザインあるいは対極としてのデザインは，決してそこにモニュメントなどを設置するという意味ではない。そういう場合もあるとは思われるが，構造形を工夫し，洗練させることによって対応せねばならない。

演習課題

①橋のスライドとそのハードコピーを用意し，スライドを見てその橋のデザインを評価してみよう。その際，自分がスライドのどこを見ていたかをハードコピーに丸印し，評価結果と丸印が他の人とどのように異なっているかを比較，検討してみよう。

②①の丸印は必ずしも2極構造となっていないかも知れない。それでもなお，対象を2極構造と捉えるとしたら，どこが観照の中心的箇所で，どこがその対極であるか，また，それらはそれらに相応しい造形がなされているか否かを検討してみよう。

[註と参考文献]

1) 本文に用いた注視点の記録装置は，角膜反射型のもので，一般にアイマークレコーダーと呼ばれるものである（NACアイマークレコーダー4型）。装置としては，角膜突出部に光線を当て，その反射光を光学系を通して，別に両眼中央にセットしてあるメイン写界レンズによって得られる画面上に中心窩の位置をVマークとして写し出すものである。

2) 池田：視覚の心理物理学，森北出版（1975）

3) ハーバート・リード：インダストリアル・デザイン，みすず書房(1978)

4) D. ノートン他：眼球運動と視覚のメカニズム，別冊サイエンス特集視覚の心理学—イメージの世界，日本経済新聞社(1975)

5) 伊藤：日本デザイン論，鹿島出版会(1970)

第6章
美的形式原理と魅力づくり
Proportion・Balance・Harmony

まえがき

　一般に，ある対象の統一・秩序には，形式美を認めるのが常である。対象の有している意味，内容を切りはなし，その美的形式にのみ着目して美しさの条件を説明するものを美的形式原理という。古代エジプトおよびギリシャ以来多くの形式原理が提示されたが，今日では，それらは美学上整理されている。その主なものは，シンメトリー（対称），バランス（釣合・平衡），プロポーション（比例，割合），ハーモニー（調和），リズム（律動），コントラスト（対照），レペティッション（反復・繰り返し）などである。これらの諸原理の根底をなすものは，美的対象が構成要素に関して可能な限り複雑多様でありながら全体として統一されていることを要求する「多様における統一」の原理であると言われている[1]。本章ではこれらの美的形式原理について概説する。

　さて，これらの諸原理はその本来の意味に立ち戻れば，互いに密接に結びついており，概念上の明確な線引きは難しい。しかし，これらの語は今日では一般概念として定着しており，一般概念の方が語義の範囲が狭く明瞭である。例えば，シンメトリーは，一般概念では「対称」であり，左右対称とは対称軸を挟んだ両半分が，大きさ，形状，色彩などにおいて完全に合致して互いに向き合うように形成されている場合を指す。しかし，本来は，2つ以上の部分が1つの単位で割り切れる，すなわち互いに公約量を持つという意味で，その比が比較的簡単な比率をなすとき，均斉が保たれ，均衡（バランス）のとれた安定した形となるため，これが美的形式の一原理であるとされたものである[2]。したがって概念上も，プロポーションやバランスとは極めて近い関係にあり，シンメトリーには均斉の訳が付けられたり，均衡（バランス）の意味に用いられることもある。しかし，ここでは定着している一般概念に基づいて考察することにする。

　ところで，リズムとレペティッションについては，既に，2-6節「部材間隔の徐変方法」として考察している。すなわち，リズムとは，本来，音楽や舞踏のように時間的な現象についていう言葉であるが，造形上でも用いられ，幾つかの部分がある間隔をもって配列された状態に対し，リズムの語が用いられる。そして，各部分が同一で，間隔が一定の時は，リズムは単調であり，間隔が徐変している時は強いリズム感が生じる。また，変化が激しすぎる場合には，リズムは混乱して見失われやすいと言える。グラデーションも一種のリズムとして捉えられる。一方，レペティッションとは，同一の要素，あるいは対象を2つ以上配列することをいう。例えばコーナーアールの繰り返しといった表現内容の繰り返しに力点を置いた概念である。しかし，その結果にリズムを感受することもあり，リズムとは言わば姻戚関係にある概念である。2-6節では，こうしたリズムの作り方について考察しているので，ここでは繰り返し言及することは避ける。

6-1 プロポーション

6-1-1　Form Follows Proportion ?

　プロポーションとは，部分と部分，または部分と全体との数量的関係，すなわち長さや面積の比例関係を指し，その関係がある値をとるとき美的であるとするものである。柳亮[3]は調和の根本はプロポーションであると，次のように述べている。

　「調和とは，部分が全体に及ぼす合法的関係だとされるようになった。合法的関係とは，ひとつの事物に織り込まれた種々の要素，言い換えれば全体が抱きかかえている部分が全体に対して個々に均斉を保ち，結果としてそれが快感を感じさせるような状態をいうのであって，この場合の部分は任意に集まった偶然的集合物ではなく，部分相互の間にも条理に適った法則が見いだされ秩序整然たる関係に置かれていて，その秩序は数字で代表することのできるような明白な関係を合法と呼ぶのである。」

　このような考えは，ギリシャやローマ時代にはもっと顕著であったようである。今日のデザインの指導原理は機能主義をその根幹としているが，機能主義を代表する言葉に "Form Follows Function"（形態は機能に従う）がある。この言葉には，有用物の形態はその本来の目的とするところによって規定され，合理性や合目的性，機能性の追求が美の理念によって抑制されたり，ゆがめられたりするものではないという主張がこめられている[4]。ギリシャやローマ時代における形作りの指導原理はこれとは逆で，機能主義の標語に倣って言えば，"Form Follows Proportion"（形態はプロポーションに従う）であったのではないかと思われるほど，比例概念は重要な役割を果たしていた。ピタゴラスが，「自然現象には合理的配列と連鎖と法則とがあり，その関係は量または数で表示することができる」としているように，造形物にも，各部が理想的な比例関係に支配されて形作られることを求めた。前述の柳は，当時伝承されていた比例概念をうかがわせるものとしてヴィトルヴィウスの「建築十書」の一文を紹介している[3]。それによると，

　「形のいい人体に似せて（建築物の）各部を正確に割り付けることを除外しては殿堂のいかなる意匠方法もあり得ない。‥身長を基本とすれば，顔面の長さはその1/10，掌の長さも同様，足蹠は1/6，胸の幅及び腕の長さは各1/4であり，神殿の各部も全体の総計に対して一つ一つの部分が最も良く見合った数的照応を持たねばならない」

とある。つまり，ギリシャ神殿は人体の比例を借りて割り出されたものと考えられていたのである。実際は，もっと完全な比例法が存在したことが後の研究者によって明らかにされたが，理想的な比例を人体に求め，その比例を借りて造形を行うという着想は，近代の著名な建築家のル・コルビジェの提唱したモジュロールにも引き継がれている。ただし，モジュロールでは，自然な形で手を上げた人間が基本となっている（図6-1）。人体に比例の根拠を求めるか否かは別として，造形物はその各部が，ある比例関係に基づいて形作られるべき

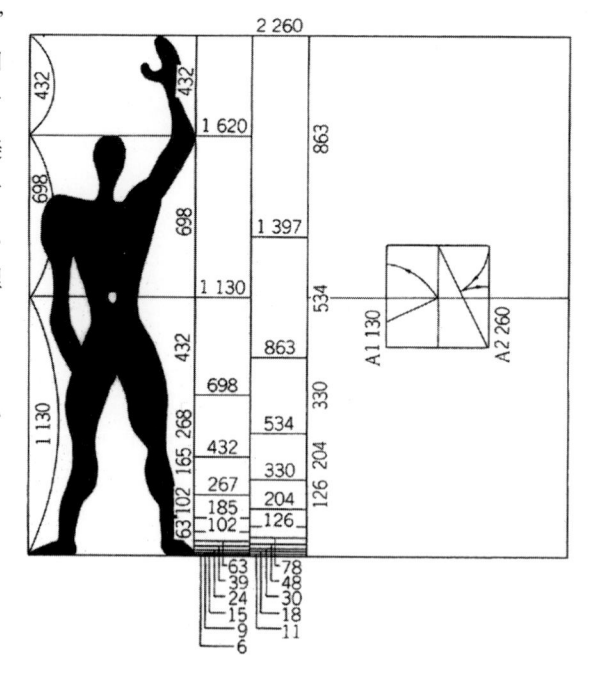

図6-1　コルビジェのモジュロール

であるとする思想は現代に至るまで続いていると考えてもよいであろう。

6-1-2 黄金分割

黄金分割は様々な比例の中でも，古来から最も理想的な比例とされ，その意味で黄金の名が冠されてきたものである。比率そのものは黄金比または黄金率と呼ばれ，黄金分割とは，与えられた量を黄金比に割り付けるという意味であり，その意味で分割の語が用いられている。プロポーションを考察するには避けて通れないものである。

柳によれば，黄金比の起源はピラミッドの構築や各種の神殿の平面図を画定した縄張法（coding of the temple）にあるとしている[3]。すなわち，正方形を描くには，1本の綱に等間隔の結び目を作り，結び目によって3：4：5の直角三角形を作図して直角を割り出すとともに，2辺の長さが4の直角2等辺三角形を作り，それを反転して正方形を得ていた（図6-2）。この3：4：5の直角三角形はそれ自体が美しく，この比例は様々なものの基本形となった。ことに3つの辺の最短と最長の比3：5（＝1：1.667）は極めて黄金比に近いものであった。

黄金分割を幾何学の命題として提起したのはユークリッドである。命題は「1つの線分を大小2つに分け，小さい方の線分と全線分とでできた矩形の面積を，大きい方の線分でできた正方形の面積と等しくする」というものであった。大きい方の線分の長さをa，小さい方をbとすると，

$$b(a+b) = a^2$$

あるいは

$$b : a = (a+b) : b$$

となるようにa, bを求めることになる。
$b = 1$とすれば，

$$a = (1 \pm \sqrt{5})/2 \fallingdotseq 1.618$$

であり，これが黄金比と呼ばれるものである。図6-3はユークリッドによる図的解法である。与えられた線分がABであるとすると，その半分の長さをBからABに垂直にとり，直角三角形ABCを得る。

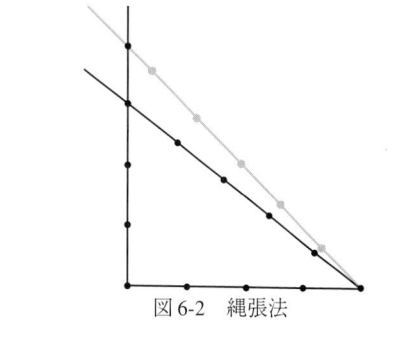

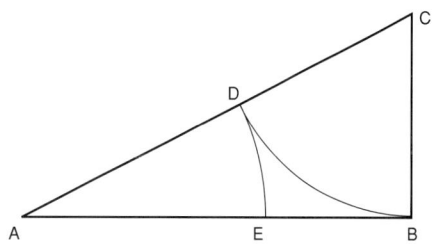

図6-2　縄張法

図6-3　ユークリッドによる黄金比の図的解法

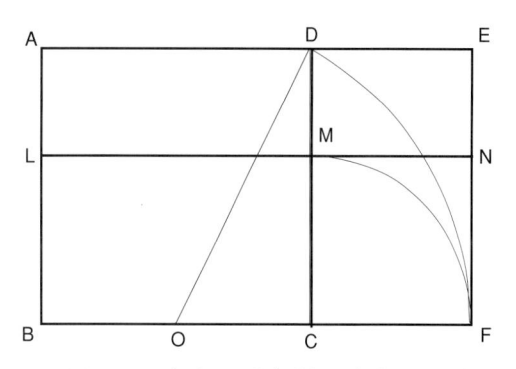

図6-4　正方形から黄金截矩形を求める方法

CBの長さを斜辺AC上に移した点をDとし，ADの長さをAB上に移した点Eは線分ABを黄金分割した点であり，AE：EBは黄金比を形成している。

短辺と長辺が黄金比を有する矩形は黄金截（せつ）矩形（以下，ψ矩形）と呼ばれる。図6-4に正方形からψ矩形を作る方法を示す。ABFEは求める黄金截矩形であるが，DCFEもψ矩形である。また，CFの長さをCD上に移した点MはCDの黄金分割点であり，Mを通るADに平行な線をLNとすると，LBCMならびにDMNEもψ矩形である。なお，OはBCの中点である。このようにψ矩形は，正方形と密接な関係を有するとともに，次々とψ矩形を生み出す特異な性質を有している。

図6-5　√5矩形

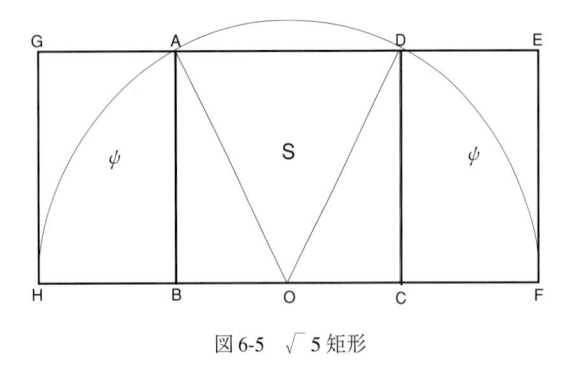

図6-6　黄金截矩形と√5矩形の関係

短辺と長辺が1：√5の比を有する矩形は√5矩形と呼ばれる。様々な√矩形のなかで，この√5矩形はψ矩形と密接な関係を有している。すなわち，√5矩形は図6-5に示すように，1個の正方形と2個のψ矩形を横につないだ矩形である。ψ矩形ABCDからは，図6-6に示すように，対角線とψ矩形の中にできる小ψ矩形の対角線との交点を通って長辺に平行に直線を引けば，直線から下は√5矩形となる。短辺に平行に直線を引いても√5矩形が現れる。このようにみると，√5矩形はψ矩形の一種として考えることができる。

したがって，ψ矩形を内部に分割していったり，あるいは縦に，横に増殖していって，それらの要所に造形物の各部を割り付けるならば，造形物全体が正方形と黄金比に支配されて形づくられることになる。エジプトのピラミッド（図6-7）もパルテノンの神殿もこのような黄金分割によって形作られたとされている（図6-8）。

美術作品にパルテノンの神殿の解析図のような補助線を入れて構図を分析し，各作品に潜んでいる黄金比を暴き出そうとする研究も昔から行われている。図6-9は北斎の富嶽三十六景・神奈川沖浪裏を解析したものである[5]。以上のように，黄金比は，これを伝統的知識として踏襲している場合，黄金比の性質を意識して活用している場合，意識せずに自然に出現している場合など様々な現れ方がある。

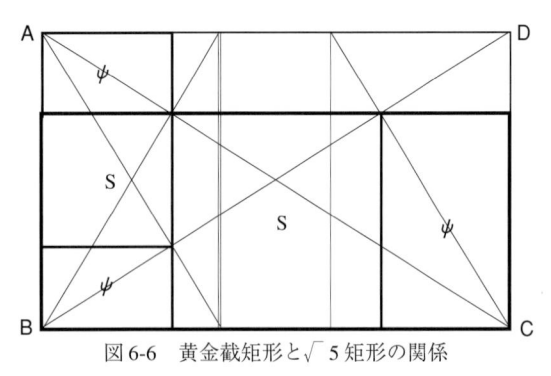

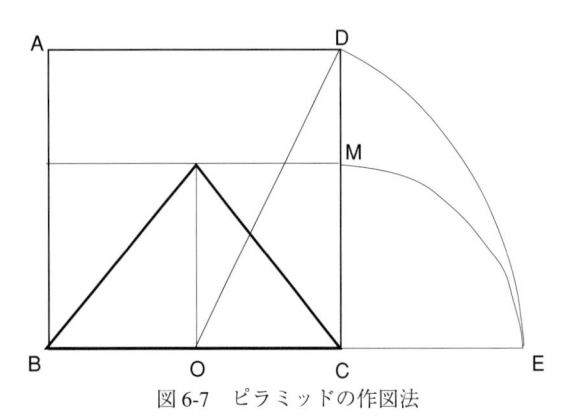

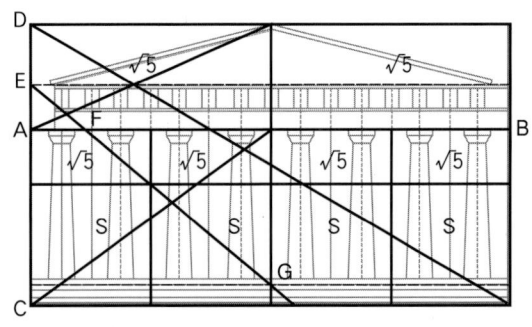

図6-7　ピラミッドの作図法

図6-8　パルテノンの神殿の解析図（ハンビッジによる）

図6-9　富嶽三十六景・神奈川沖浪裏の解析図（柳亮による）

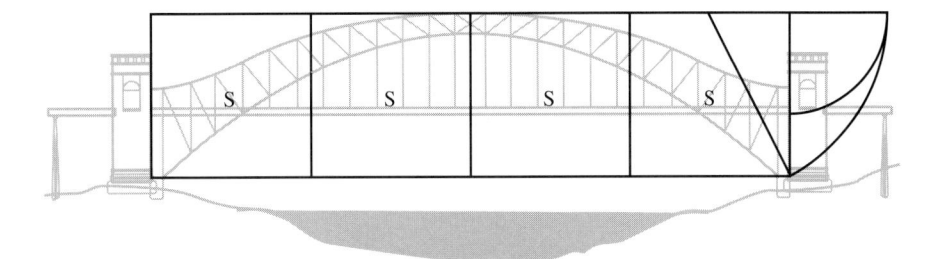

図6-10　ヘルゲート橋

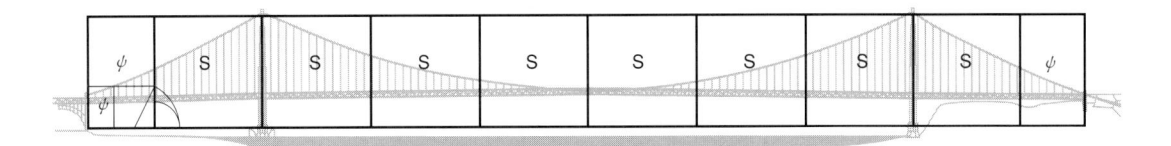

図6-11　ゴールデンゲート橋

6-1-3　橋梁形態にみる黄金分割

図6-10は，ニューヨークのヘルゲート橋である。橋全体は正方形を4つ並べた1：4の矩形の中に収まり，黄金比は形成していない。しかし，矩形の短辺（高さ）を黄金分割すると，桁の下端線に一致し，高さ方向が黄金比によって形成されていることがわかる。

図6-11はゴールデンゲート橋である。橋全体は8個の正方形を横に並べ，その両端に1：0.618のφ矩形（以下，小φ矩形）を加えた形になっている。「正方形＋小φ矩形」もφ矩形であるから，側径間全体がφ矩形となっている。桁の位置は，単純な黄金分割点ではなく，高さ方向に黄金分割し，その短辺をさらに黄金分割した点となっている。

そのゴールデンゲート橋の主塔は，図6-12に示すように，上から順に，塔頂部の正面幅を1辺とする正方形，$\sqrt{5}$矩形，2個のφ矩形を縦に積み重ねたものとみることができる。$\sqrt{5}$矩形は1個の正方形と2個の小φ矩形で構成されている（6-1-2項参照）ので，一番上の正方形と合わせると，この部分で2個のφ矩形が形成されていることになる。つまり，全体としてφ矩形4個を縦に積み重ねたものとみることができる。ゴールデンゲート橋主

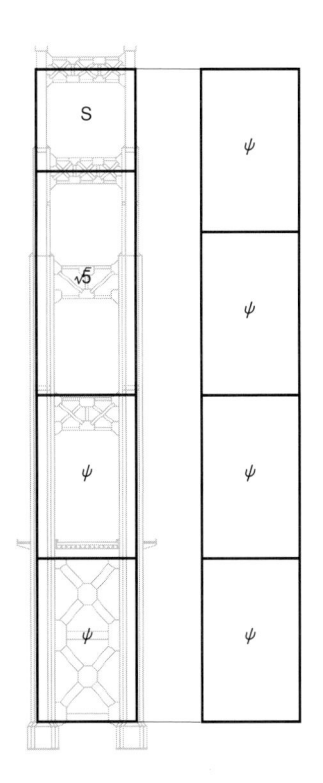

図6-12　ゴールデンゲート橋主塔

塔のプロポーションの良さはこのあたりにあるのかもしれない。この枠組みをベースとして，路面上部の空間間隔を徐々に小さくする工夫（2-6節「部材間隔の徐変方法」参照）を加え，風格のある主塔形状を構成している。

中国縦貫自動車道の帝釈橋は取付橋を含めて鉛

図6-13 中国縦貫自動車道　帝釈橋

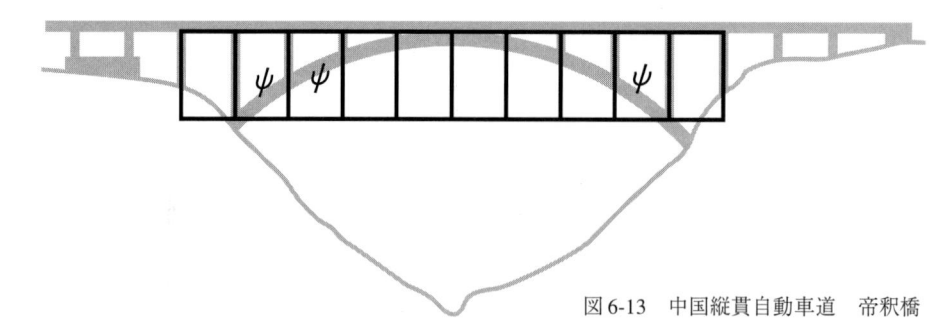

直材が等間隔に並ぶ極めて整然とした美しい橋である。図6-13に示すように，鉛直材の間隔を短辺とするψ矩形を描いてみると，長辺を結ぶ線は左岸側ではアーチリブの根本，右岸側では最初のアーチリブ上の鉛直材の位置を通っていて，要所要所に黄金比を感じさせている。

3径間の桁橋では，一般に，側径間比が1：1.2：1の場合が構造的にも合理的であり，美しいとされている。1.2という値は，1：0.618のψ矩形の短辺を2倍した値に近い。したがって，1：1.618のψ矩形を横に2個並べ，両側に正方形をとり，その位置に橋脚を配置すれば1：1.236：1の側径間比が得られる。1.2という値にそれほどこだわらなくてもよいとすれば，黄金比をベースとした1：1.236：1の比を用いるのも一法であろう。その際は，図6-14に例示するように，可能ならば，桁高も黄金比から割り出した値を用いるとよい。

6-1-4　機能主義とプロポーション

以上のように，橋梁形態にも黄金比や黄金截矩形を観察することができる。しかしこれらは，黄金比を意識して形作ったというよりは，無意識の内に自然に出現したものであろうと考える。前述したように，今日のデザインの指導原理は機能主義をその根幹としており，橋梁形態の各部を理想的なプロポーションに割り当てて形作るというのはナンセンスである。力学的合理性や合目的性，機能性の追求がプロポーションによって抑制されたり，ゆがめられたりするものではないであろう。ただ，図6-14に例示したように，力学的合理性の極めて近傍に黄金分割点等があり，その位置に寸法を移動してもさしたる影響がなく，また，それによって全体がある比例の中に収まるとすれば，それらを利用しない積極的理由もない。プロポーションに振り回されることは避けたいが，プロポーションを無視する必要もないのである。

なお，ここでは黄金分割に焦点を当てて考察したが，比例概念としてフィボナッチ級数（1, 2, 3, 5, 8, 13, ・・・）や，ダイナミック・シンメトリー（1, $\sqrt{2}$, $\sqrt{3}$, $\sqrt{4}$, $\sqrt{5}$, $\sqrt{6}$, ・・・）が用いられることも多い[6]。

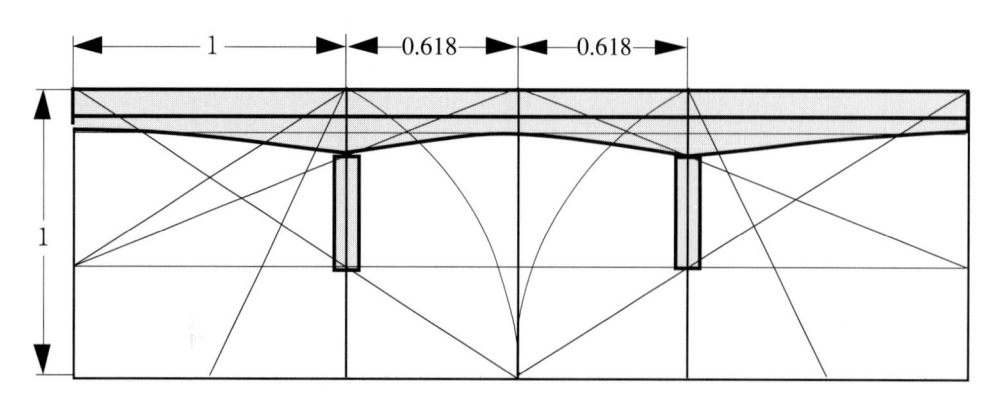

図6-14　黄金比から割り出した桁橋

6-2 バランス

6-2-1 力学的なバランスと視覚的なバランス

　バランスとは，ある対象に働いている力が釣り合っている状態，平衡の状態を意味する。すぐれて力学的な概念であるが，ここで問題とする視覚的なバランスとは，力学的なバランスの上に立ってそれらがどのように視覚に訴えているかを問題とするものである。例えば，鎖の両端を手で持ち，たるませたときにできる懸垂曲線は，鎖の各部分が受ける重力と鎖の張力とが釣り合うことによって生まれた形であり，バランスしている。また，シャボン玉がふわふわと空中を漂っているときは，ほとんど完全に近い球形をしているが，これは内部の体積を一定にしたままで，表面積が最も小さくなろうとする表面張力によって作られた形[6]であり，やはりバランスしている。このようにあるものが安定した形を保っている場合には，それらすべてに対して，そこに働いている力の釣合を説明することができ，力学的にはバランスがとれている。視覚的バランスとは，その力学的釣合が視覚的に見て釣り合っているか否かを問題とするものである。

　弥次郎兵衛やモビールは，何が何に対して釣り合っているのかが視覚的に明快であり，釣合の状態は素人目にもわかりやすい。図6-15は，すべて力学的には釣り合っている弥次郎兵衛を示したものである。つまり，これらはすべてバランスしている形である。しかし，視覚的に見た場合には，非常に安定して見えるもの，不安定に見えるもの，面白い弥次郎兵衛など様々な評価を下すことができる。力学的バランスのみを考えるならば，これらの間に「良いバランス」とか「悪いバランス」というものはないが，視覚的にはそれぞれから受ける印象を通してバランスの良し悪しを評価することができる。

6-2-2 シンメトリーとバランス

　シンメトリーとは，ある図形に対して何らかの空間的な操作を施したとき，もとの図形と重なる

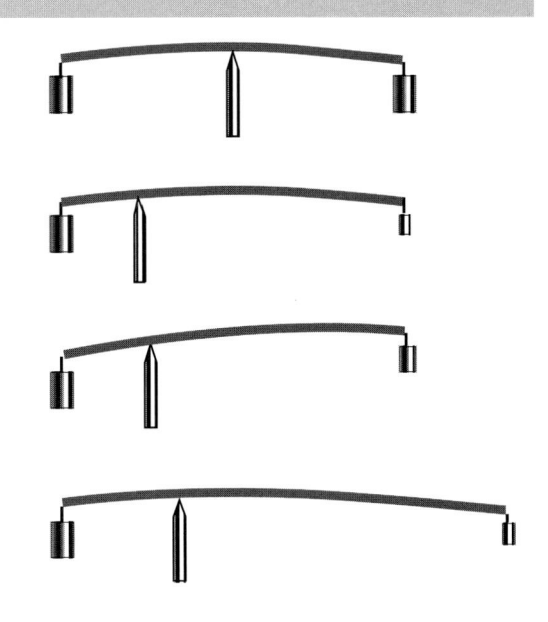

図6-15　様々な形で釣合を保つ弥次郎兵衛

場合をいう。移動の仕方によって様々なシンメトリーを作ることができるが，いずれも視覚的バランスのよい，安定した形を生む概念として，洋の東西を問わず古代より愛用されてきた。ことに左右対称形は典型的な美の規範として建造物に多く用いられている。宮殿，ゴシック様式の寺院，宇治の平等院（写真6-1）[7]など無数の事例をみることができる。確かに，対称軸を挟んだ両半分が，大きさ，形状，色彩などにおいて完全に合致して互いに向き合うように形成されている形では，両半分の力は全く等しいため，常にバランスがとれた状態となる。弥次郎兵衛やモビールでは，釣り合っているものどうしが視覚的に明快であることが，力の釣合をわかりやすくしているのに加えて，支点自体も視覚形態として認知できることがわかりやすさに寄与している。シンメトリーの場合も対称軸が支点の役割を果たし，バランスするものを明確化して，力の釣合を直観させている。

　では，非対称の形のバランスはどうであろうか？ 図6-16は石組みされた庭石である。それぞれバランスしているように見えるこれら非対称の

第6章　美的形式原理と魅力づくり

写真6-1　宇治の平等院

形には，弥次郎兵衛のような明確な支点はなく，何が何に対してバランスしているかも明確ではない。しかし，それでもバランスを感得することができる。物理的には支点の位置を調節することによりどのようなものもバランスを図ることができるので，もしかすると，私たちの目は，対象にバランスを感得した場合は，無意識に支点を見つけているのかもしれない。

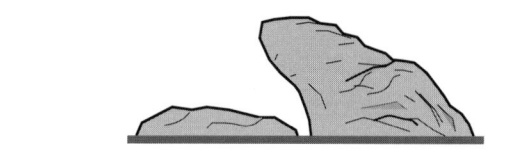

図6-16　石組みされた庭石

西洋の庭園では左右対称が美の規範として強く意識されていことはよく知られているところである。一方，日本の庭園はそれとは逆に非対称の方が好まれている。池に迫り出す松の木も石組みもすべて非対称であり，対称形を探すことの方が難しい。高木[8]は対称形と非対称形が与える感情について次のように述べている。

「対称図形には幾つかの類似した傾向を持つ概念が結びついている。それは，調和，秩序，制止，束縛などである。・・・一方，非対称な形は，運動，自由，遊び，休憩などの概念を伴っている。学校で校庭に集合したときなど，「気をつけ」の状態では体が対称になるし，「休め」の状態では非対称になりやすい」。

だとすれば，庭を見て緊張感を感ずるよりは，休息を感じる庭の方が私たちには馴染みやすい。アラミロ橋（写真6-2）の魅力は様々な要因があるが，斜張橋としては思いがけない非対称形であることも大きな要因であろう。

写真6-2　アラミロ橋

6-2-3　バランスの場

図6-17は丸い花器に花（チューリップ？）を1輪，あるいは2輪生けた例である。(a)，(b)は1輪の花を，(c)，(d)は2輪を，(a)，(c)は花器に対して対称に，(b)，(d)は非対称に配置したものである。花も対称形であるとすると，(a)は全くの対称形を保っている。人は決してこれをバランスが悪いとは言わないであろうが，変化に乏しく面白味に欠けると感じるものと思われる。高木[8]がいうように，私たちにはやはり，一種の冷たさや，重苦しさを感じさせている。(b)は花の高さが花器に対してやや高いように思われるが，決してバランスしていないとは言えない。石組みした庭石と同様，明確な支点はないが，私たちの目は花と花器の右端を行き来してバランスを感得することができる（第5章「橋の注視個所と魅力づくり」参照）。つまりバランスは，花単独だけでなく，花器という「場」の中で意識されているのである。

花が2本，3本と増えてくると，場の意識はさらに強くなり，花器という場の影響は花どうしのバランスと同じくらいに大きくなる。すなわち，(c)は花どうしは非対称であるため，(a)に比べれ

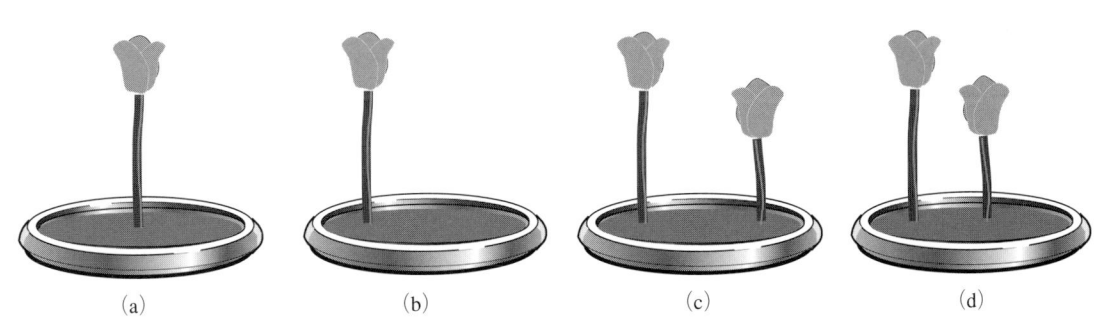

(a)　　　　(b)　　　　(c)　　　　(d)

図6-17　丸い花器に花を生けた例

第6章　美的形式原理と魅力づくり

写真6-3　龍安寺の石庭

ば重苦しさは軽減されている。しかし，配置は対称であるため，(d)に比べるとまだ堅苦しさが残っている。花どうしの非対称性から受ける印象よりも配置の対称性から受ける印象，つまり場の影響の方が印象全体を左右している。興味深いことは，(a)，(c)のように花を花器に対して対称に配置した場合は，対称性という認知は直ちに行われ，その意味では場を意識しているのだが，すぐ注意は花にのみ注がれていることに気付く。一方，(b)，(d)の非対称の方は，花と花器の双方に目が向けられ，対称的配置に比べれば場をより意識させる。

このように，バランスはバランスする場を考慮に入れねばならない。龍安寺石庭の石組みは，土塀に囲まれた空間という「場」を抜きにしては語れない（写真6-3）[9]。図6-17の生花も，さらにそれらがどこに飾られるかによってバランスの受け止め方は異なる。橋など建造物のバランスも，建造物自体のバランスに配慮するだけでなく，ここに示すように，それが置かれる場を含めたバランスを考えなくてはならない。

生花の例は，例えばダム湖などに斜張橋を計画する場合のバランスの問題に敷衍して考えることができる。2径間の斜張橋を湖の中央に配置するならば，(a)と同じように，堅苦しい印象を得ることになる。湖をより意識させ，橋を湖に馴染ませるには，(b)のように非対称な配置の方が良いように思われる。3径間の斜張橋を斜めから見ると，手前の主塔は大きく，後方の主塔は小さく見える

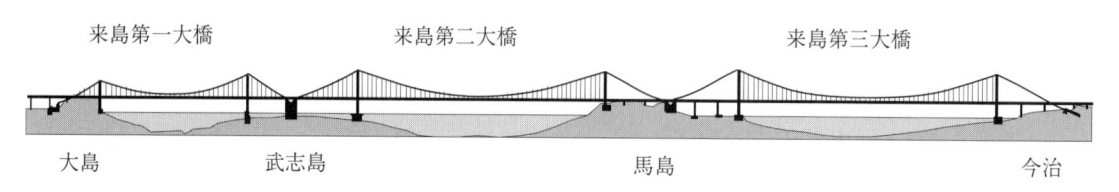

来島第一大橋　　来島第二大橋　　　　　　来島第三大橋

大島　　武志島　　　　　馬島　　　　　　今治

図6-18　来島大橋

ので，湖に対して対称に配置すると（c）と全く同じではないが，（c）と似たような印象となる。フィリップ・モリソンは対称性の破れの重要性を論証し，次のように結んでいる[10]。

「芸術の非常に満足すべき作品とか多くの美しい自然の風物などは，対称性の破れを含んでいる。対称性はなんらかの形の中に具現されるのであるが，完全な対称性が実現されるにはいたらない。対称性とその破れとの対比が生成行為の両面を明らかにし，正しい評価を要求しているのである。・・・われわれは基本的な熱力学的特性，つまり，対称性の表現に反発しているのではないかと思う。そのうえ，ある性質が他のものに比べて無制限に卓越することを嫌うのではないかと思う。現実の世界でも，ある特徴がきわだって優位に立つことはできないのである」。

筆者は，部分的あるいは局所では対称性を保ちつつ，全体的には非対称性を持つ橋がもっと出現してもよいのではないかと考えている。前出のアラミロ橋もその1つであるが，来島大橋はより積極的に橋を地形に馴染ませた結果として，非対称な形を創出している。図6-18にみるように，来島大橋は2つの島を跨いで3つの吊橋から構成されている。ハンガーなど局所的には並進対称性を保っているが，島間の距離が異なるため，各吊橋の大きさはそれぞれ異なり，来島大橋全体は非対称になっている。さらに供用アンカーを挟んで隣り合う主塔の高さを近似させるため（塔頂部を結ぶ線が階段状にならず，1つの曲線として描けるように），第一，第二大橋ではサグ中心を移動させて吊橋自体も非対称にしている。結果として地形とのバランスのよい橋が形成されている。写真6-4[11]，図6-13の帝釈橋も，地形との関係で全体としては非対称であるが，鉛直材等部分的には並進対称性を保っている橋である。

写真6-4　帝釈橋：部分的対称性を保ちつつ，全体としては非対称の橋

6-3 調和（ハーモニー）

6-3-1 調和とは

調和（ハーモニー）は橋の美しさを語る際，必ず用いられる言葉であろう。同じ美的形式原理でもプロポーションやバランスなどよりも広い範囲で使えるためか，すべてを調和として解釈し，説明する傾向がある。しかし，橋が，例えば自然環境と調和しているという具体的な気分や実感もないままに言葉だけが一人歩きしていることも多い。調和は最も頻繁に使われている言葉であるとともに，最も安易に使われている言葉でもある。

ここでは，我々が抱いている「調和の気分」というものを整理し，橋の造形として，調和をどう捉えればよいかを考察する。

さて，調和（ハーモニー）とは一般に，

「2つもしくは2つ以上の部分が互いに相違しながら，しかも相まって統一的印象を与える場合」

をいう[1]。すなわち，1本の直線や1つの色を取り出してその調和を議論することはできない。しかし，例えば矩形の長辺と短辺や2つの色については，その関係について調和の可否をいうことができる。また，2つ以上の要素がすべて同一であるとき，それらは完全に調和しているとも見なされるが，むしろ単調（モノトニー）であると見なされることが多い。

したがって，良い調和は要素相互の間に共通性があると同時に何らかの差異があるときに得られるのが普通である。この差異性が著しいときはそれらは対比（コントラスト）をなすといい，調和（ハーモニー）と対比（コントラスト）を相対立する2つの概念とみる場合もある[2]。

6-3-2 日本における調和の考え方
―消去法・融和法・強調法―

日本における橋梁景観論の先駆者の一人である加藤誠平は，1936年に著した「橋梁美学」[6]において，風景計画技術上の観点からみた橋梁の美的取扱を3つの方法に分け，それぞれを以下のように名付けている。

1. 消去法
2. 融和法
3. 強調法

消去法とは，「風景に対して橋梁の存在を消去してしまうもの」で，橋梁の存在が邪魔になるような個所に橋の建設を余儀なくされた場合などはこの取扱が重要であるとしている。融和法とは，「環境と橋梁とを完全に融合調和せしめる取扱方法で，多くの場合全体の風景に対する橋梁の美的関係を従的に保たしめるもの」である。特に，自然の多い場所では，その自然的要素が極めて本質的な美を有するがゆえに，橋に全風景を支配するほどの力を与えても調和と均衡を保つことはなく，その意味で，橋は従的であるべきであり，前景あるいは添景として役立つ程度でよい。一方，橋梁本来の目的である橋上の通過と橋上からの風景の観賞についてはこれを十分快適にする必要はある。したがって，融和法の取扱は最も普通に要求され，橋梁美学の応用が最も広い範囲に行われるとしている。強調法とは，「橋梁によって新しく風景の中心を創り出すもので，この場合には橋自体の美的構成が主要な役割を演じ，その強調によって自然的要素の欠乏せる風致上無価値平凡な個所にも新しい風景美を創造することができる」としている。

今日の日本の橋梁景観論における調和の考え方は，この消去法，融和法，強調法によって語られることが多い。この考え方は，言わば，風景あるいは環境に対して橋をどの程度目立たせるべきか，あるいは目立ってもよいか，その度合いを3段階に分けたものと言えよう。このような橋と風景との強弱関係の考察は橋の造形にとっても極めて重要である。

いま，図6-19のように，大きな川を挟んで南側の市街地から北側の田園風景が広がる地域に，高架橋と橋を中心とする全長4kmほどの道路計画があるとしよう。この計画区間を3つのゾーンに分

け，それぞれを南部橋梁，河川部橋梁，北部橋梁と呼び，それぞれに対し，消去法，融和法，強調法のどれを適用すべきかを考察することは重要である。例えば，南部橋梁は市街地を通る高架橋なので，できるだけ橋の存在を目立たせない方がよいので消去法を採択する。河川は比較的平凡な風景なので，河川部橋梁では橋を中心とする新たな景観の創出を目指して強調法を採択する。北部橋梁では，橋が田園風景に馴染むよう融和法を採択する。このように，風景との強弱関係を考察するだけで大まかな橋種や景観設計手法は見えてくる。つまり，この場合の消去法の橋種としては，路面上部に構造物の現れない桁橋を採用するとともに，植栽などによって橋を隠すことが考えられる。強調法としての橋では，逆に路面上部に構造物の現れるアーチ橋や斜張橋が対象となろう。融和法としての橋は風景に対して従的であるという意味でやはり桁橋が対象となろうが，同じ桁橋でも，橋脚形状などには癖のない，視線誘引力の弱い形を用いることとなろう。

南部，河川部，北部橋梁にそれぞれ消去法，強調法，融和法を適用する案を図6-20(a)のように表現すると，(b)〜(d)のように，橋と風景との強弱関係を検討する幾つかの案も考えることができる。

6-3-3　1944年英国土木学会での考え方
― Internal Harmony - External Harmony ―

1944年，イギリスの土木学会は「Aesthetic Aspects of Civil Engineering Design（土木設計における美的側面）」と題するシンポジウムを開催している。講演録によれば，土木技術者ならびに土木専攻の学生に対し，土木設計の質的向上において構造物の美的価値を認識し，設計における美的考察を行うことの重要性を啓蒙するために企画したとある。その時点では，いわゆるV.E. Day(Victry for Europe Day)は既に終わっていたとはいえ，イギリスもまだ戦時中である。復興に向けていち早く学会が土木工学における美の問題でシンポジウムを開催するところにイギリスの懐の深さを感じさせる。

さて，そのシンポジウムの最初の講演において，Oscar Faber[1,2]は「土木構造物の美にとって最も大切なのは調和である」と述べ，その調和を以下の2つに分けている。

- Internal Harmony
- External Harmony

ここで，Internal Harmonyとは，構造物を構成する各要素相互の調和をいい，External Harmonyとは構造物とその周辺環境との調和を意味している。

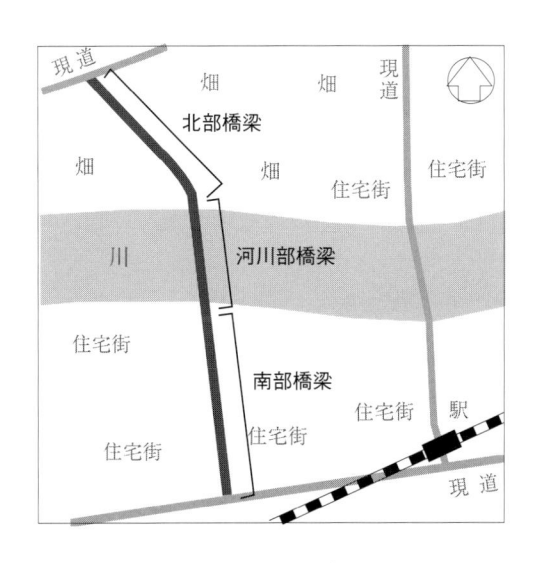

図6-19　道路計画案

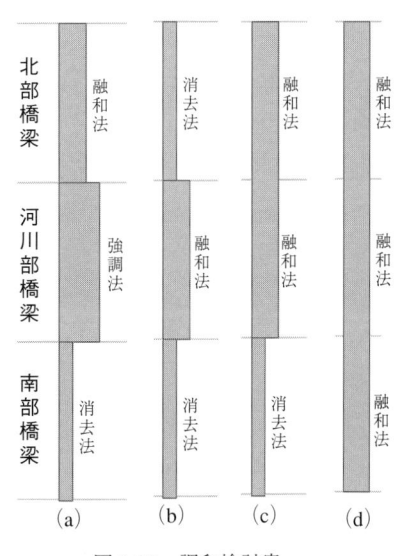

図6-20　調和検討案

写真6-5　多々羅大橋の主塔と橋脚

写真6-6　ミュンヘン大橋の主塔と照明柱

加藤は橋と周辺環境との調和を捉えて消去法・融和法・強調法の考え方を提示したが，Oscar Faberの区分から言えば，それらはExternal Harmonyに着目してその強弱を分類したものと言える。しかし，橋の造形として考えねばならない調和は，もちろんExternal Harmonyだけではない。Internal Harmonyにも十分配慮せねばならないことは論を待たない。

すなわち，調和とは，2つもしくは2つ以上の部分が互いに相まって統一的印象を与えている状態である。一方を設計対象とした場合，その調和の対象としては，Internalな対象とExternalな対象の2通りあると考えねばならない。

6-3-4　Internalな調和の対象

写真6-5は多々羅大橋の主塔と橋脚である。橋脚は主塔の上部を切り取った形にして両者の調和を図っている。写真6-6は札幌のミュンヘン大橋の照明柱である。直線のみで構成されたシャープで簡潔な形態は斜張橋の主塔形状とよく調和している。このように，橋を構成する各要素相互の調和は形づくりの基本であると言ってもよい。

さて，Internalな調和の対象をどのように分類するかは，構造物を構成する各要素をどのように分類するかということと同義である。橋の場合は一般に，橋桁と橋脚，橋台を合わせて橋体あるいは構造形と呼び，それに照明柱や高欄といった付属物があるという仕分けがなされているのでそれに従えばよい（図6-24のマトリックスでは構造形の語を用いている）。それぞれの具体的な設計対象は，形であり，テクスチャーであり，色である。

6-3-5　Externalな調和の対象

Externalな調和の対象としてまず考慮せねばならないのは，桁下交通や関連諸施設である。写真6-6は一般道の上を高速道路が跨いでいる例である。よく見かける図ではあるが，高架橋が一般道に対して敬意を払ったというふうには見えない。ここではこれで良いのかもしれないが，一般道が由緒ある街道だとすれば，後から建設する高架橋はもう少し一般道に対し敬意を払った造形をしてもよいのではないだろうか。

日本の道路の原点でもある日本橋の上にも首都高速道路が走っているが，近年美装化を施し，日本橋らしさを演出している（写真6-8）。また，東京の六本木交差点や溜池交差点を跨ぐ高速道路も，やはり六本木らしさ，溜池らしさを演出するため，美装化が施されている（写真6-9, 10）。

写真6-7　一般道路を跨ぐ高速道路

写真6-8　美装化を施した日本橋上の首都高速道路

写真6-9　美装化を施した六本木交差点上の首都高速道路

写真6-10　美装化を施した溜池交差点上の首都高速道路

写真6-11　π形ラーメンのオーバーブリッジ

　橋のすぐ近くにトンネルがある場所は多いが，設計の管轄が異なるためか，橋とトンネルの坑口などに調和のデザインが見られる例は少ない。橋と関連諸施設との調和のデザインをもっと心がけねばならない。

　架橋地点の地形や風景との調和は橋の造形において誰もが留意することであろう。オープンカットされた高速道路に架かるπ形ラーメンのオー

バーブリッジはのり面角度を反転させた方杖部の形が快く，のり面によって荷重をしっかり受け止めている感がよく伝わってくる（写真6-11）。

　写真6-12(a)の斜張橋は，主塔を斜めにするなど，特徴を出そうと工夫している橋である。写真のように，周囲に建物がなければ面白い橋として十分評価されるに違いない。しかし実際は写真6-12(b)のように周囲は建物で囲まれており，橋の大きさ

(a)　　　　　　　　　　　　　　　　(b)

写真6-12　周囲の建物と調和しない斜張橋

第6章　美的形式原理と魅力づくり

(a) (b)

写真6-13　街のスケール感と調和しないアーチ橋

（スケール感）は街のスケールと調和しているとは思えないし，わざわざ斜めにした主塔も周囲の建物とは調和していない。

写真6-13のアーチ橋も同様である。橋の各部分を見ると，丁寧にデザインされ，製作されていてInternal Harmonyは十分に伺えるが，スケール感は街のそれと調和していないし，アーチ橋が架かる地形的必然性も感じられない。この橋は加藤の調和の分類から言えば，強調法にあたるのだろうが，ここに強調法を適用したこと自体に問題があったと言わざるを得ない。

さて，さらに視点を広げると，架橋地点が含まれる地域やルートとの調和も考慮すべきであろう。たとえ橋とその地域全体あるいはルート全体が一望のもとに見渡せなくとも，私たちは頭の中でイメージを合成する能力がある。

四谷見附橋（写真6-14）（現在は多摩ニュータウンに移設）のデザインは，橋から600m（正門までは400m）離れている赤坂離宮（迎賓館）（写真6-15）のデザイン様式を踏襲している。必ずしも両者は1つの視野に収まっているわけではないが，橋の設計グループは離宮よりも目立たず，かと言ってそれを貶めるものでもなくするためには，離宮の様式を踏襲し，離宮と橋とが相呼応して地域環境を向上させ，両者が地域の美の核になるよう意図したとされている[13]。

写真6-16の斜張橋主塔形状は，一般的な見方からすればもっと違ったデザインができたのではと思わせるし，形を洗練させるという点では不十分である。しかし，この橋が飛騨高山の白川郷への入り口に立っていると，どことなく合掌づくりを思わせる主塔形状はそれなりの意味を持ってくる。

写真6-14　四谷見附橋

写真6-15　赤坂離宮（迎賓館）

写真6-16 合掌大橋

写真6-17 白川郷

この橋から写真6-17のような風景は見えてはいないが，イメージをダブらせてこの橋を見ているのである。

Externalな調和の対象をどの範囲にまで広げるかは，その橋を取りまく環境や役割によっても異なる。地方自治体，ことに県が県土全体の橋のデザインを管理し，景観的質の向上を図る場合などは，県の橋としての特質を表現することを考えてもよいであろう。また，瀬戸大橋のような国家的プロジェクトとして建設された橋では，さらに日本の文化とか伝統にまで対象を広げて調和を考察した方がよいと思われる。以上を概念図として表すと図6-21のようになる。

6-3-6 調和の原理

アメリカの色彩学者D.B.Juddは数ある色彩調和理論を丹念に調べ，それらの共通項を見つける形で，一般によく受け入れられているところを，共通要素，秩序，明瞭性，なじみの4つの原理にまとめている[14, 15]。Judd自身は，色彩調和理論は学問的には不十分であり，一筋縄ではいかないことを断っているが，この4つの原理は色彩調和に限らず日常生活における調和の気分をよく表しており，橋梁の調和の原理にも敷衍することができると考えている。

以下この4つの原理を詳細にみてゆくことにする。

6-3-7 共通要素の原理

共通要素（similarity）の原理とは，「どんな配色もある程度共通の様相や性質を持つものであれば調和する」とするもので，類同の原理とも訳されている[14]。

これを「調和の対象と何らかの共通の性質を持ったものは調和する」と解釈すれば，我々が日常最も頻繁に感じている調和の気分をよく説明し

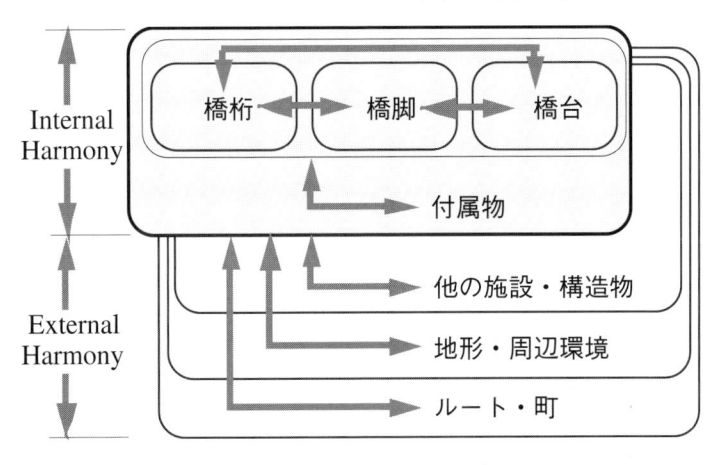

図6-21 調和の対象

てくれるし，わかりやすく調和を図る方法として，様々な場面で用いられていることに気付く。例えばネクタイ売り場に行って「このジャケットに合うネクタイが欲しいのだが」と相談すると，「ではちょっとお召し物を拝見させて下さい」と店員さんは織り糸の色を調べ，「紺色と茶色の糸が混じっていますので」と，紺色か茶色もしくは両方の色を基調としたネクタイを勧めてくれた経験を持っている人は多い。店員さんたちが全員美的トレーニングを行っているとは思えないので，『ネクタイは共通要素で選ぶ』というのがマニュアル化されているのかもしれない。

写真6-18はまさに共通要素で部屋を埋め尽くした例である。カーテンも壁紙も椅子の張り地もすべて同じ花柄模様が用いられている。このような部屋が西洋のインテリア雑誌には頻繁に掲載されているところをみると，共通要素によって調和を図るという手だては，色の世界だけではなく一般に用いられている方法と言えよう。

先に示した，写真6-5の多々羅大橋の主塔と橋脚，写真6-6のミュンヘン大橋の照明柱と主塔，写真6-16, 17の合掌大橋の主塔と合掌作りの家，これらの調和はすべてこの共通要素の原理に基づくものである。橋梁の分野でも調和を図る場合にまず思いつく方法は，この共通要素の原理である。

ただ，写真6-18のような部屋を高尚な趣味とするか否かは別の話である。我々日本人はどうも，共通要素で埋め尽くされたような空間は苦手であるということもあるが，花柄模様の布地は共通要素というよりは同一のものであり，単調（モノトニー）であることが，この部屋を直ちに高尚な趣味として受け止められない原因であろう。

要素相互には共通性と同時に差異性が必要であり，高い精神性と抽象性を伴って共通要素を抽出することが必要なのである。その意味で，共通要素として地域の特産品や故事来歴を取り上げ，それを無邪気に具象的に表現して，高欄や舗装面に埋め込むのは避けねばならない。地域の特産品や

写真6-18 花柄模様で埋め尽くされた部屋

故事来歴の持つ精神性を読みとって共通要素を抽出するよう心がけねばならない。

6-3-8 秩序の原理

秩序（order）の原理とは，「色立体において規則的に配置された色（直線，円，三角形，曲線等に沿って選ばれた色）は秩序立っており調和する」とするものである[15]。つまり，要素相互がある関数関係にあれば調和するというものである。したがってこれを「調和の対象に対し，秩序立って計画されたものは調和する」と解釈すれば日常的に感じている調和の気分と整合する。例えば，室内の家具や絨毯を壁に対して少し斜めに置くとか，無造作に隙間をあけて置くといったことは誰もしない。誰しも規則正しく整然と配置し，秩序ある室内を創ることにより，空間と家具との調和を図るに違いない。また，個々の建物がそれぞれ微妙に高さや階高を違えているよりも，それらが揃った街並みには秩序があり，整然とした調和を感じた人は多いはずである。

多摩ニュータウンの西南部に位置するB-4地区および東部端に位置するB-6地区の54橋に及ぶ橋梁群は，橋梁相互の秩序を明確にすることにより，個々の橋の設計方針などを確立している[16]（図6-

22)。すなわち，橋を①同質の空間領域に属し，共通の"場のメッセージ"を包含する圏域（Territory）の表象としての橋，②一連の物理的・視覚的空間軸に沿って展開し，共通の"流れのメッセージ"を包含する骨格（Skeleton）の表象としての橋，③複数の物理的・視覚的空間軸の交点に立地し，同質の空間領域の中で突出した"位置のメッセージ"を包含する結節（Node）の表象としての橋の3タイプに分けている。そして，例えば③の位置のメッセージを包含する橋では，橋の存在性を最大限象徴化させる，言い換えれば目立つ橋を配するようにしている。地区の街づくりに対し，橋梁群が地区の空間構成における圏域，骨格，結節の表象として機能するよう秩序を持ち，地域との調和を図っている。

6-3-9　明瞭性の原理

明瞭性（unambiguity）の原理とは，「色彩の調和は，曖昧ではない明瞭な配色によってのみ得られる[15]」というもので，あいまいさの原理ともわけされている[14]。ほとんど同じ色なら問題ないが，かすかに違った色どうしは知覚が不安定となり，調和は破壊されるとされている。これは構造物の場合は，「構造物が調和の対象に対し，明瞭性を有している場合は調和する」と解しても良いように思われる。

Hoshino[17]は図6-23を示し，トラスのように背景が透けて見える構造は，(a)のように背景がモノトーンの場合はともかく，(b)のように煩雑な場所では用いるべきではない。その点，(c)，(d)のように，背景が透けて見えることのない形はどちらの背景にも用いることができることを述べている。このHoshinoが指摘した調和の気分は，ここに示す明瞭性の原理で説明することができる。写真6-8～10の日本橋上の首都高速道路の美装化，あるいは六本木や溜池交差点上の首都高速道路の美装化も，日本橋あるいは六本木の交差点という調和の対象に対して一般部とは異なる明瞭性のある表情で調和を図ろうとしたものと言えよう。

6-3-10　なじみの原理

なじみ（familiarity）の原理とは，日向の色と日

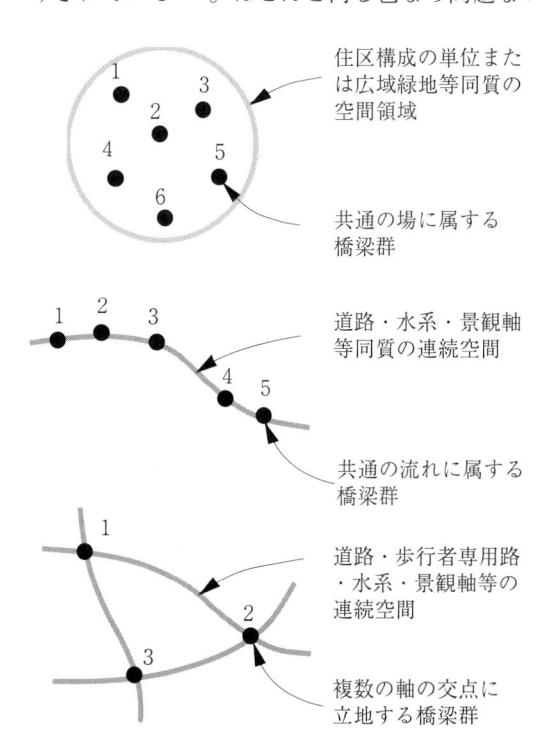

図6-22　橋梁群のタイプ分け

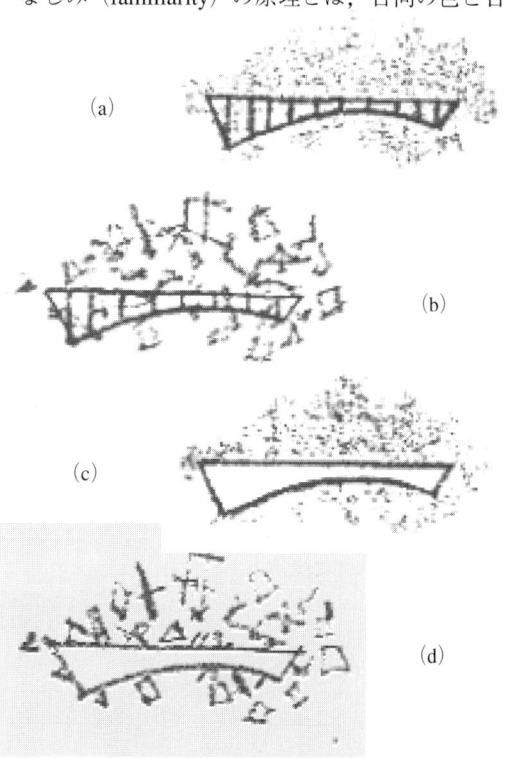

図6-23　背景の違いと構造形

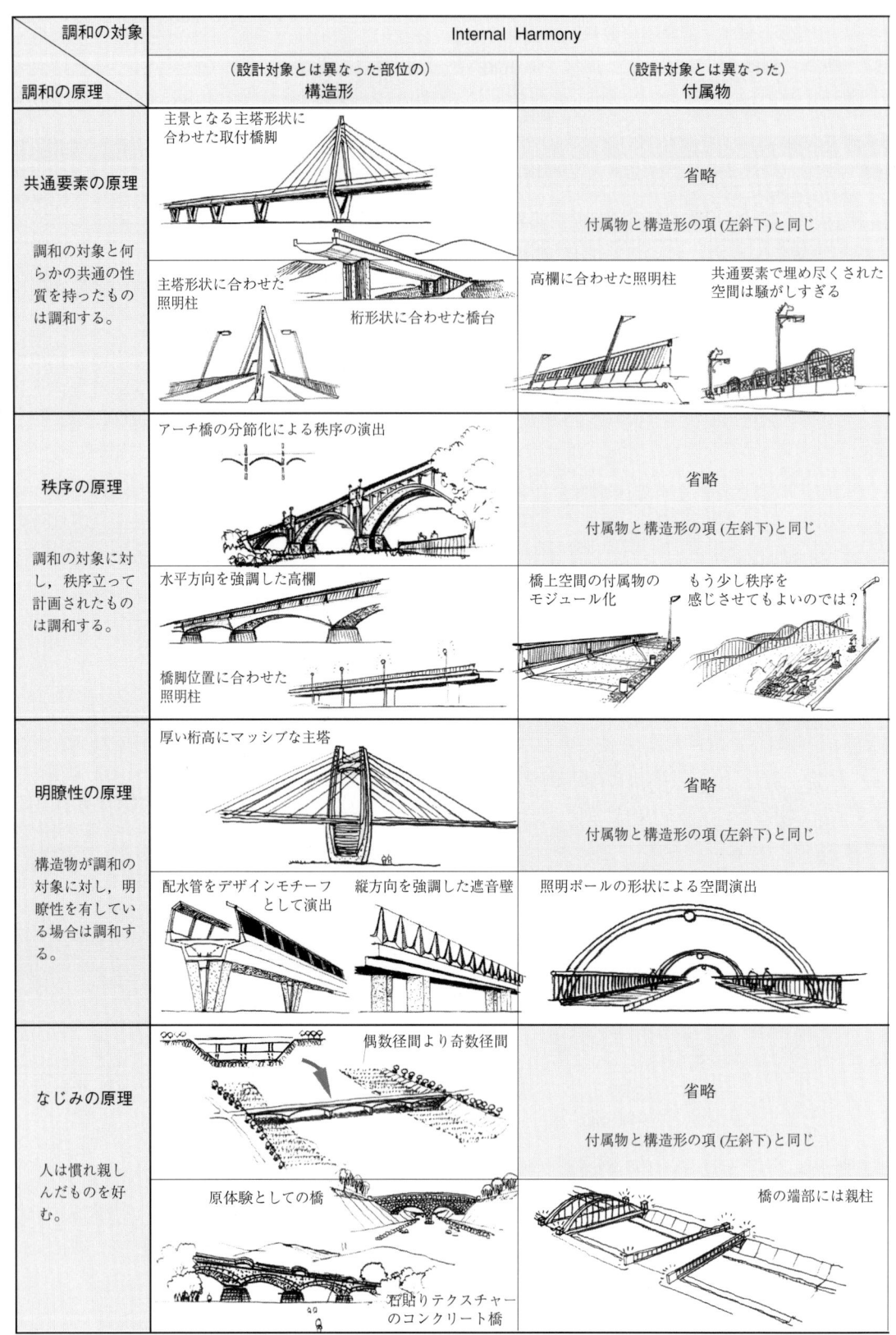

124　第 6 章　美的形式原理と魅力づくり

調和の対象	Internal Harmony	
調和の原理	（設計対象とは異なった部位の）構造形	（設計対象とは異なった）付属物
共通要素の原理 調和の対象と何らかの共通の性質を持ったものは調和する。	主景となる主塔形状に合わせた取付橋脚 主塔形状に合わせた照明柱　　桁形状に合わせた橋台	省略 付属物と構造形の項(左斜下)と同じ 高欄に合わせた照明柱　　共通要素で埋め尽くされた空間は騒がしすぎる
秩序の原理 調和の対象に対し，秩序立って計画されたものは調和する。	アーチ橋の分節化による秩序の演出 水平方向を強調した高欄 橋脚位置に合わせた照明柱	省略 付属物と構造形の項(左斜下)と同じ 橋上空間の付属物のモジュール化　　もう少し秩序を感じさせてもよいのでは？
明瞭性の原理 構造物が調和の対象に対し，明瞭性を有している場合は調和する。	厚い桁高にマッシブな主塔 配水管をデザインモチーフとして演出　　縦方向を強調した遮音壁	省略 付属物と構造形の項(左斜下)と同じ 照明ポールの形状による空間演出
なじみの原理 人は慣れ親しんだものを好む。	偶数径間より奇数径間 原体験としての橋 石貼りテクスチャーのコンクリート橋	省略 付属物と構造形の項(左斜下)と同じ 橋の端部には親柱

図 6-24　調和のマトリックス

6-3 調和（ハーモニー）　125

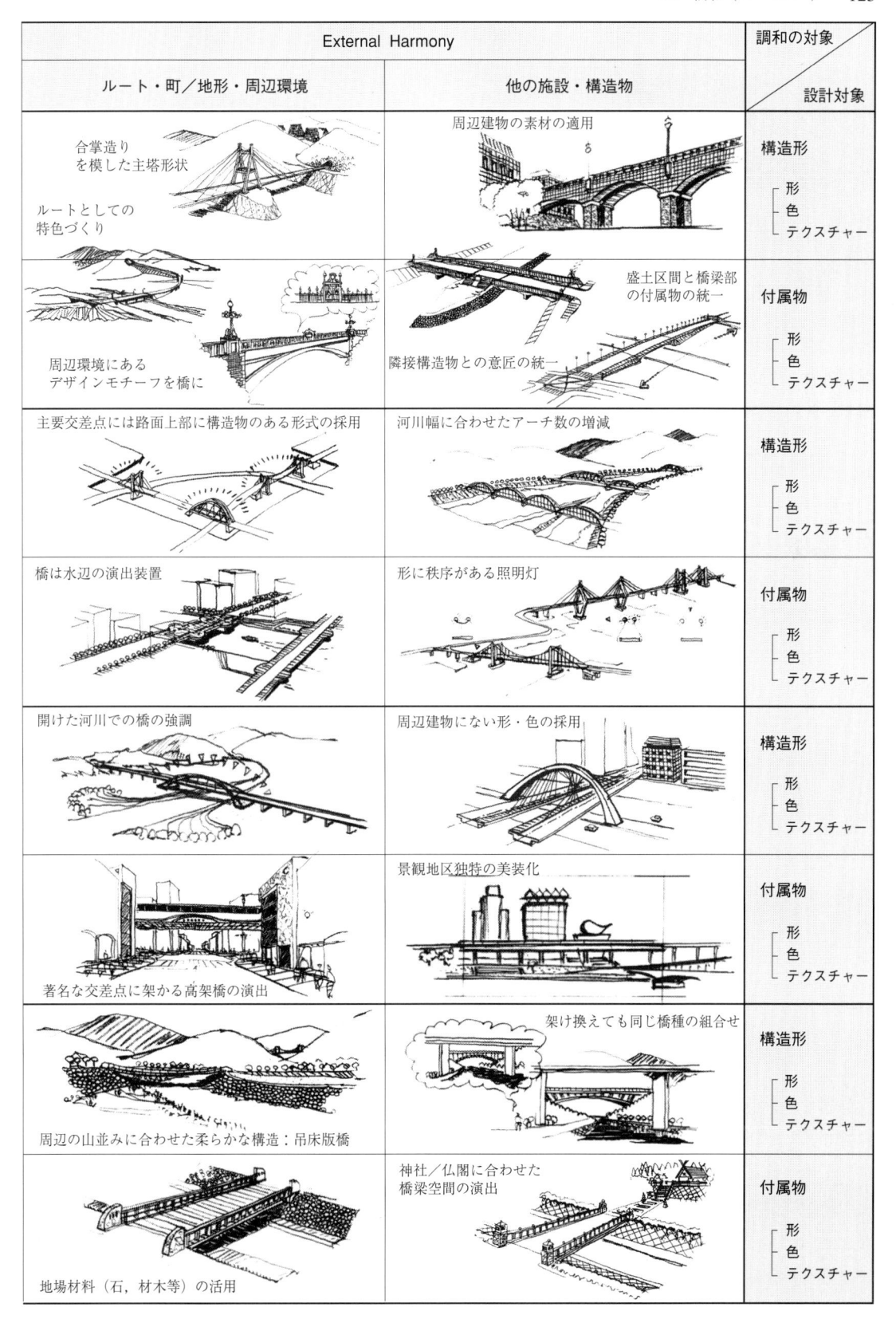

External Harmony		調和の対象
ルート・町／地形・周辺環境	他の施設・構造物	設計対象
合掌造りを模した主塔形状 / ルートとしての特色づくり	周辺建物の素材の適用	構造形 - 形 - 色 - テクスチャー
周辺環境にあるデザインモチーフを橋に	盛土区間と橋梁部の付属物の統一 / 隣接構造物との意匠の統一	付属物 - 形 - 色 - テクスチャー
主要交差点には路面上部に構造物のある形式の採用	河川幅に合わせたアーチ数の増減	構造形 - 形 - 色 - テクスチャー
橋は水辺の演出装置	形に秩序がある照明灯	付属物 - 形 - 色 - テクスチャー
開けた河川での橋の強調	周辺建物にない形・色の採用	構造形 - 形 - 色 - テクスチャー
著名な交差点に架かる高架橋の演出	景観地区独特の美装化	付属物 - 形 - 色 - テクスチャー
周辺の山並みに合わせた柔らかな構造：吊床版橋	架け換えても同じ橋種の組合せ	構造形 - 形 - 色 - テクスチャー
地場材料（石，材木等）の活用	神社／仏閣に合わせた橋梁空間の演出	付属物 - 形 - 色 - テクスチャー

写真6-19 温泉郷に架かるアーチ橋

写真6-20 人々に慣れ親しまれた河川に架かる橋

陰の色のように「観察者によく知られている配色がよく調和する」というもので，熟知の原理とも呼ばれる[14]。したがって，なじみの原理には，客観的に見ればさほど調和しているとは思えないものでも，観察者がそれに慣れ親しんでいる場合には，調和を感じるという場合を含んでいる。例えば，写真6-19のように温泉街は切り立った渓谷に沿う形で形成されている場所も多く，その渓谷にはアーチ橋が架かっていることも多い。だからと言って温泉街にはアーチ橋が似合うと決めつけるとしたら随分乱暴な話である。しかし，生まれ育った近くにそうした温泉街があり，そこにアーチ橋が架かっていて，湯煙とともに見たアーチ橋が原風景として目に焼き付いているような人にとっては，温泉街にはアーチ橋が似合うとする気持ちも理解できる。橋に関しても「人は慣れ親しんだものを好む」傾向はあるということである。

こうしたなじみの原理は，既設橋梁の架け替え時には住民に強く作用している。例えば，写真6-20のような，ある河川に架かっている桁橋の架け替えを計画する場合，多くの地元の人は桁橋以外の橋種を拒否する傾向がある[18]。小さい頃から川に架かる桁橋を見て育ってきた人にとっては，アーチ橋や斜張橋といった他の橋種はどうしてもその地形に馴染まないと感じるのである。ことに路面上部に構造物のある形式とない形式では印象が大きく異なるため，それぞれの形式を入れ替えるような変更には大きな抵抗があるようである。

なじみの原理を，「見慣れてくれば違和感はなくなる」といった調和の原理を逆手に取ったような解釈で，新設橋梁などに安易に適用することは慎まなければならない。たしかになじみの原理は見慣れたことの結果としての感覚を説明したものであるが，その感覚の水準が「違和感がなくなった」というレベルと「愛着を感じる」「好む」というレベルでは大きく異なる。「違和感がなくなった」というレベルではそれを調和と呼ぶには値しないであろう。

以上，色彩調和理論にみる調和の原理を下敷きとして，橋に感じる調和の気分を説明する調和の原理を考察してきたが，われわれが橋に感じる調和の気分はこの他にもあるかもしれない。今後の議論を待ちたいと思う。

6-3-11 調和のマトリックス

調和の原理を4つとした場合の調和のマトリックスを作成してみたものが図6-24である。構造形の造形における調和の対象は，Internal Harmonyの対象として，［設計対象とは異なる部位の構造形］と［付属物］，External Harmonyの対象として，［ルート・町］，［地形・周辺環境］，ならびに［他の施設や構造物］が挙げられる。それぞれに対して4つの調和の原理すなわち，共通要素の原理，秩序の原理，明瞭性の原理，なじみの原理に基づく調和手法を考えることができる。付属物の造形においても同様に考えることができるが，付属物と構造

形との Internal Harmony は，構造形と付属物との Internal Harmony と同じであるので，升目からは省いてある。

各升目には，これまでの景観設計の事例から該当するものを幾つか抽出して描いている。今後の橋の造形における調和を考える際の参考として活用して頂きたい。なお，前述したように，実際に操作している設計対象は形であり，色，テクスチャーである。したがって，構造形と付属物という設計対象をそれぞれ形，色，テクスチャーの3つにさらに分割し，そのそれぞれに対して4つの調和の原理をあてはめ調和手法を考察することもできる。非常に大きなマトリックスとなるが，過去の景観設計の事例をそうしたマトリックスに整理してデータベース化すれば，これからの思考展開の大きな手助けとなろう。

あとがき

アウトプットが形となって現れる対象を設計する設計者であれば，誰しもその形のプロポーションやバランス，調和を気にしているはずである。ここで述べた考え方や概念に基づいて形を構成するならば，形は常に美しくなるという保障があるわけではないが，これらを全く無視して，無手勝流に構成したものが美しくなるのも偶然を待つ以外にない。少なくとも意識下にある懸念を，意識の表面に上らせ，美的形式原理に照らして設計を見直してみることが肝要であろう。

留意しなければならないことは，調和やプロポーション，バランスは設計全体をドライブする指導原理ではないという点である。例えば，図6-25（a）のように，往復2車線の道路の車線の中央に主塔を建て，1面ケーブルの斜張橋を造ろうとすると，その塔の幅だけの橋面積が増えるだけでなく，事故車があった場合に迂回できるよう車線幅も広げなければならない。そのため，橋面積は大幅に増え，工費の面で1面ケーブルは断念せざるを得ない。ところが4車線の場合には，片側の2車線のどちらかが迂回車線となるため車線幅を広げる必要はなく，主塔幅の増加だけで済む。橋面積はもともと大きいため，その増加率は許容範囲となって1面ケーブルの斜張橋が可能となる。しかし，考えてみれば往復4車線が1面で可能なのに，車線数が少ない往復2車線の場合にはケーブル面が2面になるというのは構造的に見ればおかしな現象である。また，両側にケーブルがある2車線の道路は鳥かごの中を走行する感があり，必ずしも快適な走行空間とは言えない。そこで図6-25（b）のように，2車線でも橋面積を大幅に広げることなく1面ケーブルで，走行空間も快適な斜張橋はできないかと工夫するとする。橋の造形を，調和を中心として考えるならばこのような工夫は必要としない。2面ケーブルの斜張橋の Internal Harmony と External Harmony を図ればよく，その点にのみ腐心すればよい。しかし，構造的なおかしさや走行空間の快適さは一向に改善されない。調和やプロポーション，バランスは，こうし

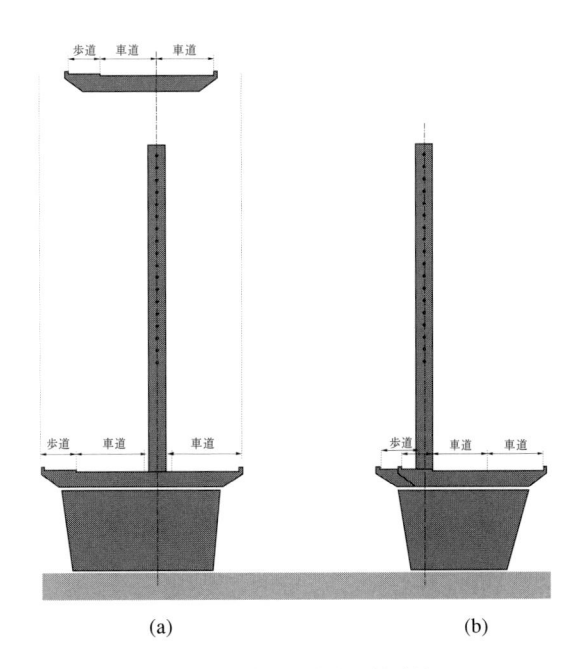

図6-25 往復2車線の斜張橋

た工夫は既にあるいは同時になされているということが前提である。調和やプロポーション，バランス等は，美の形式原理であり，形式は内容を伴って初めて成立するということを心せねばならない。

なお，バランスに関して，本文では非対称を奨励する形となっているが，端正で安定した形を有している対称形を拒否しているわけではない。しかし，地形の如何に関わらず対称形を当てはめている現状には，本当にそれが最善なのかと問い直してみる必要はあると考えている。

演習課題

① プロポーションが美しいと思われる橋が，どのような比例概念に基づいて構成されているか，図面を基に分析してみる。適当な正方形が見つかったら，黄金比が潜んでいる可能性は大きい。

② 主塔を挟んで左右非対称にケーブルが張られた斜張橋の図を幾つか描いてみて，どれが最もバランスがよいか検討してみる。その際，左右のケーブル角度だけではなく，粗密感も合わせて考慮に入れるとよい。

③ バランスしていない例を示し，なぜバランスしていないのかを考察する。

④ 景観設計の事例を考察し，図6-24の各升目をさらに埋めてみる。

⑤ 対象となる橋を2橋選び，その橋の調和の状態を，設計対象を形，色，テクスチャーの3つにさらに分割したマトリックス上に記録し，調和の対象としてどのようなものが多くとり上げられているか，調和はどのような原理が多く用いられているか比較してみる。

[参考文献]

1) 竹内：美学事典，弘文堂（1961）
2) 宮下：デザインハンドブック，朝倉書店（1958）
3) 柳亮：黄金分割－ピラミッドからル・コルビュジェまで，美術出版社(1965)
4) 杉山：橋の構造と美（上），（下），橋梁と基礎(1982)
5) 小川他：形の科学，朝倉書店（1987）
6) 加藤：橋梁美学，山海堂出版部（1936）
7) 竹内他編：日本文化の歴史　第6巻　王朝のみやび，学習研究社（1969）
8) 高木：形の探求，ダイヤモンド社（1978）
9) 松倉他：龍安寺　京の古寺から16，淡交社（1997）
10) ジュディス・ヴェクスラー編：形・モデル・構造，白揚社（1986）
11) 齋藤：虹をかける，住友建設株式会社（1990）
12) O.Fabar：The Aesthetic Aspect of Civil Engineering Design, The Institution of Civil Engineers, London（1945）
13) 田島他：四谷見附橋物語，技報堂出版（1988）
14) 川添，千々岩編著：色彩計画ハンドブック，視覚デザイン研究所(1980)
15) 北畠編：色彩演出事典，Sekisui Interior （1987）
16) 住宅・都市整備公団南多摩開発局：南多摩地区B-4，B-6橋梁基本計画報告書（1986）
17) Hoshino：Gestaltung von Bruken, Verlag Konrad Wittwer・Stuttgart（1972）
18) 杉山他：橋の心的環境と橋梁形状評価基準，高速道路と自動車 Vol.25, No.2, pp21-31（1982）

第7章

橋の材料と魅力づくり
Attractiveness in Metal Bridges and Concrete Bridges

まえがき

　工学的所産としての造形においては，材料を素直に利用し，材料の特質を活かした造形を行うべきであることは論を待たない。殊に橋の場合は用いた材料がそのまま形となって現れるので，材料の特質，魅力というものを把握しておかねばならない。

　橋の建設は古くは木橋と石造アーチ橋が中心であったが，今日では鋼橋とコンクリート橋がそれにとって変わっている。もちろん新しい素材としての木材が開発され，木橋が再び注目を集めていたり，FRPの橋が出現したりしているが，やはり中心は鋼橋とコンクリート橋である。今日の橋梁技術者は少なくともこの鋼とコンクリートのいずれかの力学的特性と施工法を熟知して橋梁設計を行っていると言えよう。しかし，日常の仕事の中で材料の特質を振り返り，その材料の魅力を引き出すような工夫をする機会は少ないのではないだろうか。意図を持って形作りをするというよりは，ルーチン化した材料扱いの結果としてある形ができあがった，あるいはその形になってしまったということが多いように思える。また，工夫をする場合も，鋼橋に本来はコンクリート橋の持ち味であるものを追い求めたり，逆にコンクリート橋に鋼橋の持つ魅力を付加しようとしたりする例も見られる。それらが鋼橋あるいはコンクリート橋の発達を促したり，鋼橋やコンクリート橋の新たな魅力を引き出すことにつながることもあろうが，大半は他方の材料に近づいただけで，それぞれの材料が持つ本来の魅力を引き出したものではないことが多い。

　そこで本章では，橋の造形という観点から見た鋼とコンクリートの違いを考察し，鋼橋の持っている魅力，コンクリート橋の持っている魅力を整理してみることにした。

7-1　二次素材による形（鋼橋）と一次素材による形（コンクリート橋）の魅力

　鋼橋は，一般的にはまず製鋼所において，鋼を板材，棒材，管材あるいは線材に加工されたものを切断したり，接合したりして形作られる。一方，コンクリート橋は水は方円の器に従うが如く，型を作りそこにコンクリートを流し込んで作られる。鋼橋の形を，加工された素材をさらに加工してできた形という意味で「二次素材による形」と呼ぶとすると，コンクリート橋の形は「一次素材による形」と呼ぶことができよう。二次素材による形にはそれ独特の形の魅力があり，同様に一次素材による形にもそれなりの魅力がある[1]。

7-1-1　二次素材による形の魅力

　鋼橋は板材や棒材，管材などを切断したり，接合したりして形作られる。橋で用いられる板材の板厚は，自動車の外板に使われている薄い鉄板に比べれば極めて厚いものである。吊橋主塔に用いられている板厚は3 cmを越えるものもある。したがって，プレス加工はいうに及ばず，折り曲げる

写真7-1　飯田橋駅前歩道橋

写真7-3　シャープエッジの桁橋（Rhine 橋）

写真7-2　レインボーブリッジ

写真7-4　真駒内中央橋

ことも容易ではなく，偏断面桁のハンチのような大きな曲面を作ることはできるが，三次曲面やアールがけ面を創ることは困難である。例外的に，飯田橋駅前の歩道橋（写真7-1）の桁断面にアールがけ面がみられたり，レインボーブリッジの主塔では，塔柱断面の2隅にアールがけ面が設けられている（写真7-2）が，一般的には，隣り合う2つの面は鋼板を溶接して形作るため，シャープエッジの稜線が形成される（写真7-3）[2]。また，鋼橋では，力は鋼板に直接的に伝えねばならない。したがって，部材と部材との接合は同一面か，断面内部のダイアフラムの位置に限られる。「ほんの少し凹ませたい」とか，「ほんの少し出っ張らしたい」ということはできない。しかも，人が潜り込んで溶接できるだけの間隔が欲しいという場合もある。

このように，鋼橋は鋼板というすでに加工された素材をもとに切断したり，溶接したりして形造るため，どうしても形に制約がある。しかし，この制約こそが鋼橋の魅力を創り出しているのである。シャープエッジはどちらかと言えばコンクリートが苦手とするところである。コンクリート打設のしやすさや，欠損防止を考えると角は丸くなりがちであり，シャープエッジは鋼橋に独特のものであると言えよう。加えて，板材，棒材，管材は工場生産されていることもあって，それらは面の平滑性，棒の直線性，管の真円性といった幾何学的厳正さと精緻さを有し，シャープな印象を与えている。真駒内中央橋のパイプアーチ（写真7-4）[3]はそうした二次素材で形成された橋の魅力をよく見せている。シャープさは鋼橋の大きな魅力の1つであ

写真7-5　ヤンベルムプラッツの高架橋

写真7-6　八幡平大橋

る。

　部材間の接合に関する制約は確かに造形の自由度を狭めるものである。この制約を制約とせず，逆に力学的明快さの獲得，演出につなげるには，それなりの工夫が必要である。形の成り立ちを考える思考とそれを実現させる構造的思考を結合させねばならない。こうした制約は，自由になりすぎるコンクリートよりも，失敗の少ない形作りを導きやすいとする見方もあるが，鋼橋の魅力を引き出すには，形と構造に対する思考の結合が望ましい。

7-1-2　一次素材による形の魅力

　コンクリートの有する最大の魅力の1つは，コンクリートが型枠の形次第でどのような形にも成形できる点にある。ところが現実は，型枠製作が困難なためなのであろうかそれほど自由に造形できるわけではない。鋼橋との違いを考えると，コンクリートで柔らかな曲面が成形できれば造形の幅が広がり，コンクリート橋の魅力はもっと増すと思われるのに，あまり曲面は用いられていない。曲面を用いても，型枠がその曲面の性格に合わせて製作されていないため，まるでパッチワークのように型枠跡が曲面を切り裂いているような例も見かける。ヤンベルムの高架橋（写真7-5）の美しさは，その断面形状もさることながら，曲面と細い型枠跡とが見事に調和している点にある。どのように型枠を製作するかというところまで注意を払いつつ，もっと積極的に曲面を用いてはどうだろうか。いずれにしろコンクリートは，型枠さえ製作できれば自由な造形ができる。型枠製作にもっと力を注いでコンクリートの利点を最大限に活用するようにしたい。

　自由な形作りができるということは，写真7-6の八幡平大橋[4]の桁と橋脚との接合部のような，橋脚が少し出っ張っているといった表現も自由にできるということである。鋼橋では前述のように，部材と部材との接合は同一面か，断面内部のダイアフラムの位置に限られるがコンクリートはその点自由である。この自由さが形の成り立ちの明快さを担保するものとなっており，コンクリート橋の美のポテンシャルを高めていると言える。橋脚の断面形状も自由にデザインできるし，橋脚に溝を設け，配水管を埋め込むようなことができるのもコンクリートの特徴であろう。

　このように，コンクリートは細部にわたるまで，自由な形作りができるが，それには設計者が明確な意図を持ち合わせている必要がある。自由であるということは，時として無造作になりがちであり，また表現しすぎる場合もある。優れた造形感覚が要求される。

7-2　Multi Piece の美しさと One Piece の美しさ

　二次素材と一次素材の違いは，橋の形を形成する際の部材数の違いとなって表れている。鋼橋の場合は，部材を寄せ集めて形を作るため，どうしても部材数は多くなる。

　一方，コンクリート橋では，望みさえすれば，どんなに長い桁も高い橋脚もコンクリートが固まってしまえば継ぎ目なしの一体化した部材となる。それぞれ適切にデザインすれば，部材数が多い場合の魅力，少ない場合の魅力を発揮することができる。前者の魅力は Multi Piece の美しさ，後者の魅力は One Piece の美しさであるということができよう。

7-2-1　Multi Piece の美しさ

　部材数が多くなる典型的な例は，添接板を介して鋼鈑と鋼鈑をつなぐ場合であろう。しかし，ここでいう Multi Piece の美しさとは，添接板によって部材数が増えるような場合を指しているのではない。現在見られるような形の添接板による鋼板の接合は，造形的に見れば，望みさえすれば継ぎ目のない一体化した部材となるコンクリートにかなうものではない。

　Multi Piece の美しさとは，建築の屋根等に用いられているパイプトラス(写真 7-7)のような，規則的に並んだ部材の美しさを意味している。建築のパイプトラスでは，トラス橋のガセットに相当する部分にそれなりの部品を開発して，パイプという二次素材が形の必然性を持って結合されている。このような美しさはコンクリートでは表現できないものである。それに対しトラス橋では，棒材が寄り集まっているが，ガセットが棒材と棒材をつなぐ形になっておらず，まるであり合わせの板を添木としてくっ付けたような間に合わせの印象を与えている。残念ながら理知的な感はなく，Multi Piece の美しさは創出されていない。橋と屋根では荷重条件が違うとか，経済性の問題もあろうが，二次素材を寄せ集めて形作る以上，鋼橋が Multi Piece の美しさを創出しないかぎり，One Piece の美しさを自ずと創出することのできるコンクリート橋の魅力に勝てないことになる。トラス橋はある意味で最も鋼橋らしさを発揮することのできる形式である。ぜひ，造形的に洗練されたガセットの開発を行い，Multi Piece の美しさを有するトラス橋を創出したい。

　スペインのカラトラバ設計の橋の魅力は，パイプトラスにみられるような，二次素材と二次素材をつなぐ部品を丁寧にデザインし，それらを上手に組み合わせて，全体として Multi Piece の美しさを創出した点にある（写真 7-8〜10）[5]。部品は単に鋼鈑を切断しただけのものもあれば，そのためにキャスティングして成形したものもある。部品のデザインが良いこともあって，接合自体が魅力的なものとなっており，無理矢理つないだという印象はない。鋼橋の新たな魅力を引き出したものと言えよう。

　鉄の橋はもともとは鋳物で造られていたわけだから，一次素材の形を有していた。鋼橋においては，大きな部材のキャスティングは経済的に困難であるとしても，要所要所に一次素材の形を導入して，鋼橋をもっと魅力的なものとしたい。

写真 7-7　建築の屋根に用いられているパイプトラス

写真 7-8　Ripoll の歩道橋 桁裏

写真 7-9　Ripoll の歩道橋 アーチリブ

写真 7-10　Creteil の歩道橋

写真 7-11　八幡川橋

7-2-2　One Piece の美しさ

前述のように，コンクリート橋では，望みさえすれば，継ぎ目なしの一体化した部材を得ることができる。そこにたとえコンクリートの打ち継ぎ跡が見えていたとしても（打ち継ぎ跡は見えない方がよいが・・）それは1つの無垢の部材として認識され，鋼橋における添接板を介して一体化した形とは異なる。写真7-11の八幡川橋[6]のように，ラーメン構造で，かつ箱桁を採用すればすべてが一体化したOne Pieceの形を作ることができる。

このOne Pieceの形というのは乗用車のデザインにみることができる。昔の車はいわば部品の数だけ独立した形を見せているのに対し，今の車は，少なくとも取付金具などの車の形全体の成り立ちを理解するのに妨げになるようなものを形の表面に表すことは避けている。視覚的に見える範囲の部品点数は極力少なくし，車全体の形をOne Pieceに収めようとしている。このような形作りの傾向は車だけに限らない。我々の周辺にある製品はどれをとっても視覚的部品点数は極めて少ない。このように見てくると，なぜ橋の場合は，煩雑な外観を見せる桁裏や，無造作にむき出した配水管をそのままに見せているのだろうかと不思議に思わざるを得ない。橋だけは「経済性や維持・管理の容易が優先されねばならない」とは考えにくい。鋼橋でも視覚的部品点数の減少を目指して，現場溶接などが進むことと思われるが，コンクリート橋はたくまずしてこのOne Pieceの形を獲得することができる。したがって，コンクリート橋はこの特質を活かした構造の選択と形作りをすべきなのである。視覚的部品点数が少ないということは，それぞれの部材の持つ構造的，視覚的意味と役割はより鮮明に示されるということである。もし，八幡川橋が視覚的にOne Pieceではなく，幾つかの部

材で構成されているならば，ラーメン構造としての形の魅力は半減するに違いない。同様に，コンクリートアーチ橋のアーチリブの美しさは，単につなぎ目がないだけでなく，つなぎ目がないことによりアーチリブの役割を直感的に感じとることができることにあろう。

7-3 軽快感と重量感

鋼橋とコンクリート橋を比べると，コンクリート橋は自重のため，鋼橋よりは断面が大きくなり，重量感のある形となる。また，強度の違いから部材は太くなり，写真7-12のような軽快なトラス橋は得られない。鋼橋は軽快感，コンクリート橋は重量感がその特徴となる。

7-3-1 軽快感

写真7-12は熊本県の天門橋[2]である。写真のような距離からトラス橋を見ると，弦材，斜材はともに十分細く，まるで非常に軽い模型飛行機の骨組みのようである。まさに浮かび上がりそうな軽やかさと透明感がある。トラス橋に限らず，桁橋の桁高，アーチ橋のアーチリブの太さ等は橋長との対比で見ればやはり棒のように細く，橋全体には軽快感がある。こうした軽快感，透明感はコンクリート橋では得られないもので，鋼橋の魅力として大切にすべきものの1つである。写真7-12に見るように，軽快感，透明感を獲得するには，板材としての鋼の利用だけでなく，棒材あるいは管材としての鋼の利用をもっと考えても良いように思われる。しかし，それには前項で述べたように，ジョイント部（ガセット）のデザイン開発は欠かせない。Leonhardtは天門橋と同じトラス組をした黒瀬戸橋を斜め近くから見たとき，古い設計で見られるような不必要な部材の存在が視覚を混乱させていると述べている[2]が，ジョイント部に造形的工夫が見られないことも視覚を混乱させる原因となっている。無造作に部材どうしをつなぐのではなく，造形的に美しく，かつ各部材が形態的必然性を持って結合し，上，下弦材と斜材あるいはラテラル等の部材の役割を明確にするようなジョイント部の開発によって視覚は整理されるものと思われる。適切なジョイント部が開発されれば，最近はあまり用いられなくなったブレストリブアーチ等も新たな部材扱いで軽快感，透明感のある橋となろう。

7-3-2 重量感

コンクリート橋は自重のため，鋼橋に比べると断面が大きくなる。連続桁の支点上の桁高が高く，量感がありすぎて重い印象を与えている橋も多く見かける（写真7-13）。また，桁下に余裕がない場合には，桁下空間を圧迫して好ましくないことがある。したがって，一般に橋に軽快さが求められる場合にはコンクリート橋は不利となり，コンク

写真 7-12　天門橋

写真7-13　支点上の量感がありすぎる桁橋

7-4　光沢・色彩・テクスチャー

鋼橋はコールテン鋼を除いて，腐食防止のために必ず塗装されるので，色彩のあることが特徴である。一方，コンクリート橋は，そのテクスチャーを自由にコントロールすることのできることが特徴である。また，光の反射の状態すなわち，光沢も異なっている。各特徴を鋼橋の魅力，コンクリート橋の魅力として活用したい。

7-4-1　光沢

鋼とコンクリートの光に対する反射はかなり違っている。塗装した鋼橋の面はコンクリートに比べれば，光をよく反射し（光沢値は22前後），見えている立体の3つの面の明るさの差は際立っている。しかし，コンクリート面は光を拡散反射するため，3つの面の明るさの差はゆるやかである（光沢値は4前後）。つまり，鋼橋では光が当たっている面と光が当たっていない面の明るさの差は激しいが，コンクリート面は光が当たっている面もそれほど輝いていないが，光が当たっていない面も柔らかく明るい。したがって，影も柔らかく映っているのである。

ところで，フォトモンタージュやカラーパースでは，コンクリート面にもまるで鋼橋のようなくっきりとした影が描かれているものが多いところをみると，フォトモンタージュやカラーパースを描いている人たちでさえ，このことに意外と気付いていないように思われる。コンクリートの柔らかな光の反射は，多くのものが光を拡散反射させ，柔らかな影を写す自然環境の中にあっては同質であり，コンクリート橋が自然環境に馴染みやすく突出しない最大の理由となっている。したがって，そうした場に建設しようとしているコンクリート橋の完成予想図をまるで鋼橋のように描いているとすれば大きな勘違いである。同様に，コンクリート面の仕上げをよくすることだけを考え，やみくもに表面を滑らかにしようとするのも勘違いである。表面は鏡面反射に近づき，人工的な感を強めて自然に馴染まなくなってしまう。むしろ，意識的に表面を粗くし，もっと自然に溶け込ませることを考えるべきである。

反対に，ガラス面や金属面など鏡面反射する素材の多い都市環境にあっては，拡散反射するコンクリート橋は異質な存在となりやすく，光沢のある鋼橋の方が馴染みやすい。意図して異質を形成する場合はともかく，鋼橋を自然環境に，コンクリート橋を都市環境に馴染ませるには，両橋の光沢を調節する必要がある。

7-4-2　色彩

鋼橋が様々な色彩を有することができることは鋼橋の大きな利点の1つである。橋を色彩によって周辺環境に馴染ませたり，構造形の特質を色彩によって補強したり，理解しやすくさせたりすることができる。また，例えば赤色の若戸大橋といったように，色彩が記号として機能し，橋を親しみやすいものとする役割を果たしていることも見逃せない。色彩を鋼橋の魅力として大いに活用することができる。さて，橋の色彩をどう計画すべき

かについては，3章に詳述しているので，そちらを参照されたい。ここでは，記号として機能している色彩の取扱いについて触れておく。

人々の記憶の中にある橋の色というのはかなり漠然としていて再現性は低いものである。郵便ポストの赤色を色見本の中（様々な明度，彩度，色相の赤が含まれている）から正確に抽出できる人は極めて少ない。同様に，若戸大橋が赤色だと知っている人たちに，色見本の中から正確に若戸大橋の赤を抽出できる人は少ない。人々は漠然とした赤を記憶しているにすぎない。このことは，新橋の色彩計画を行う際，旧橋に用いられていた色，例えば赤色に住民が深く馴染んでいるのでなじみの原理を適用して赤色を用いたいという方向になったとしても，旧橋と全く同じ赤を使う必要はないことを意味している。赤と呼べる範囲で周辺環境の変化に対応した赤，塗料の性能向上に伴うより魅力的な赤を選択すればよいのである。

7-4-3 テクスチャー

コンクリートは自然素材に近く，人々に温かみと親しみを与えている。色も黄色み入ったグレーであるため，背景色が何色であろうと調和しやすい。乾いたコンクリートの白い肌も，雨に濡れた落ち着いた色合いもそれぞれ周辺環境と馴染みやすい。加えて，コンクリートの地肌は自由に演出することができる。多摩ニュータウンの鶴の橋（写真7-14）は，近くで見られることの多い橋であるが，研磨して仕上げた艶やかな面と，光の拡散をより強調した粗い面とを組み合わせることにより，単調になりがちな面に変化を持たせ，面白さを演出している例である。

このように，地肌を自由に演出できることはコンクリート橋の大きな利点の1つであるが，そのわりに，アバットや吊橋のアンカレイジのような巨大なコンクリート面は放置されたままになっていることが多い。このような巨大な面こそ，コンクリートの利点を活かして心地よい地肌を得るようにしたい。

ところで，石割り肌や大谷石を模した面を演出する際には，型の繰り返しがあからさまにならないよう，十分な数の型を用意する必要がある。繰り返しがあからさまな場合は，折角の意図とは裏腹に，かえってその演出が嫌みに見えてくるので注意したい。

なお，テクスチャーについては4章に詳述しているので，そちらを参照されたい。

写真 7-14　鶴の橋

あとがき

　ここに示した鋼橋の魅力，コンクリート橋の魅力は，それぞれの恵まれた側面でもある。しかし，それに甘えて無造作な形作りをした結果，視覚適合性を欠いた橋も多く見られる。また，魅力をはき違えて適用を誤るならば，大きな失敗を招くことになる。それぞれの恵まれた側面をより活かすように心がけて橋の造形に取り組まねばならない。

　さて，橋梁の史的展開においては，「19世紀が鉄の時代であったように，20世紀はコンクリート橋の時代である」とビリングトンはいう[7]。たしかに，ロベール・マイヤールが20世紀初頭，ツオツ橋やザギナトーベル橋（写真7-15）[8]において，それまでの石造アーチ橋の伝統を構造的にも形態的にも一掃し，コンクリートの特性にふさわしい設計を行って以来，コンクリート橋の形態は著しく改良された。そして1980年には，クリスチャン・

写真7-15　ザギナトーベル橋

写真7-16　ガンター橋

写真7-17　東京国際フォーラムの内部

メンがガンター橋（写真7-16）[8]を完成させるなど，コンクリート橋は構造的にも美的にも極めてポテンシャルの高いことを示している。しかし鋼橋にも，構造形式として全く新規なものというのは見られないかもしれないが，新鮮な試みは幾つか見られる。造形的にもカラトラバの橋に見られるように，新たな鋼橋の魅力を引き出したものもある。しかし，材料の魅力をどれだけ引き出しているかという観点で言えば，都庁跡に建設された東京国際フォーラム（写真7-17）などの建物を見ても，橋よりは建築の方が鉄の新たな魅力を引き出しているように思える。手慣れた材料扱いだけに固執するのではなく，新たな鋼橋の魅力，新たなコンクリート橋の魅力を引き出すようなデザインをしたいものである。

演習課題

① カラトラバの橋にみる材料扱いの特異な点を具体的に指摘してその魅力を考察してみる。

② 近年，複合構造を採用する橋が増えてきている。複合構造には複合構造なりの魅力があるはずである。その造形的魅力について考察してみよう。

[参考文献]

1) 杉山：コンクリート橋の魅力，プレストレストコンクリート―新たな展開を示すPC構造（1991）
2) Leonhardt：Bridges, The MIT Press（1984）
3) （社）日本道路協会：橋の美Ⅲ橋梁デザインノート（1992）
4) 斉藤：虹をかける，住友建設株式会社（1990）
5) Shinohara：Visual Structure, Japan Steel Bridge Engineering Association（1993）
6) 土木学会出版委員会，美しい橋のデザインマニュアル編集小委員会編：美しい橋のデザインマニュアル第2集，土木学会（1993）
7) Billington：The Tower and The Bridge, Basic Books（1983）
8) （財）海洋架橋調査会：橋と景観，ヨーロッパ編Ⅰ（1989）

第8章
デザイン思想の変遷
― 吊橋主塔形状を中心として ―

**Changes in Design Philosophies
Focusing on Suspension Bridge Tower Design**

まえがき

　今日の橋梁技術者の基本的な形作りの思想は機能主義，合理主義にあると言えよう。機能主義とは，「1つの体系内部における諸要素間の必然的な関係に着目し，目的と手段との関係を一種の函数関係」として捉えようとする立場であり，合理主義とは，「個別的・偶然的なものを排し，一切が普遍的法則の論理的必然によって支配されている」と考える立場である[1]。橋梁，あるいは広く土木の有しているこうした思想は長い伝統を継承し，全般的に見れば，建築や工業デザインに比べるとその思想的揺れは少ないように思われる。しかし，橋の形を子細に観察し，思想の変遷を追ってみると，とても機能主義，合理主義だけでは説明できないことがわかる。橋梁技術にみる形作りの思想は，建築や工業デザインといった他分野の造形思想と同様に，有用を目的とした物全般の造形思想からの影響を受けるとともに，一方で影響を与えてきたのである。

　本章では，橋梁技術にみる形作りの思想がどのように変遷してきたかを辿り，これからの形作りの方向性検討に資することとした。主として取り上げているのは吊橋の主塔形状である。近代吊橋は鉄の発達とともに発展しているが，その時期はちょうど，いわゆるモダンデザインが展開しようとする時期と重なっていて，橋の造形思想を辿るのに好都合であり，その主塔は吊橋の顔として造形思想を端的に顕している[2]。

　なお，デザインの歴史に関しては成書も多いので興味を抱かれた方はそれらの成書も併せて読まれることを推奨したい。

8-1　装飾の時代

8-1-1　美しくすること＝装飾を施すこと

　モダンデザインが展開されるまでは，「美」は芸術の世界にのみ存在するものであると考えられていた。有用物は技術の主導により有用性の実現を目指したものであって，その価値において「美」とは異質で疎遠なものであると考えられていた。もちろん，有用物が醜悪であることを望んでいたわけではない。有用物に対しても，美しく見える，立派に見える，豪華に見えるということ（それを美と呼ぶか否かは別として）が望まれていたとしても不思議ではない。しかし，そのための方法として唯一考えられていたものは，有用物を装飾によって飾りたてる（写真8-1）か，ゴシック様式などの歴史的様式を真似るか，異国の様式を採り入れ，異国情緒を持ち込むことであった[3]。

8-1-2　装飾によって飾りたてた橋

　このような思想が顕著に現れている吊橋として，テームズ川に架かる Hammersmith 橋(Bazalgette, 1887)(写真8-2)を挙げることができる。主塔はゴシック様式を模して形作られ，アンカレイジにはオーナメントとして，鮮やかに彩られた大きな貴族の紋章のレリーフが施されている。

写真8-1 バラの彫刻機：工作機械にまで施された装飾

写真8-2 Hammersmith 橋

写真8-3 Alexandre Ⅲ世橋

フランスのセーヌ川に架かる Alexandre Ⅲ世橋(1896)は，橋を装飾によって飾りたてた代表的な例と言えよう。

モダンデザインの展開は，通常1850～1900年を先期として，1900～1930年が開花期であると言われている[3]。両橋の建設時期はともに先期に位置するが，形作りはそれまでの思想を踏襲したものとなっている。

8-2 モダニズムの思想獲得に向けて

モダニズムとは，伝統的権威に反抗し，自由や平等，そして市民生活や機械文明を謳歌する思想上，芸術上の風潮を指し，今日まで続いている思想である[1]。その初期にあっては，美は芸術の世界にのみあるのではなく，身近な日常生活に存在する美こそ真の美であるとする意識改革と，都会生活の良さを信じ，機械時代のもたらす新発明や進歩を受け入れ，それらによって安定した未来が約束されることを確信することが必要であった。

8-2-1 美術工芸運動

前者の意識革命を主導したのは W.Morris の美術工芸運動（Arts and Crafts Movement）であった[3,4]。産業革命以降，様々なものが安く労働者にも手に入るようになっていた。しかし，機械によって装飾されたそれらのデザインは俗悪でしかなかった。芸術家がそれらに関与することはなく，芸術のた

写真8-4 W.Morris デザインの壁紙[4]

めの芸術を創作しているのみであった。そこでMorrisは「万人に分かつことができないなら，芸術は何の役に立つのか」と問いかけ，芸術を単純に「人間による労働の喜びの表現」と定義し，有用物にも美が存在すること，むしろ有用物にこそ真の美があることを主張した[5]。美術工芸運動は，結果として，デザインの俗悪さを生み，労働の喜びを奪ったのは機械にあるとして，手工芸の復活を謳い，機械を否定することになったため，社会的には行き詰まざるを得なかったが，意識改革に果たした役割は大きい。

8-2-2 鉄構造技術

後者に影響を与えたのは橋梁などの鉄構造技術である。モダンデザインの展開を記したペブスナーやギーディオンはともに，1775〜1779年に建設された世界で初めての鋳鉄アーチ橋 Iron Br. (Darby, 100 ft.)（写真8-5[4]）や，サンダーランド橋 (Paine, 1796, 206 ft.)，あるいはTelfordが提案した600 ft.のロンドン橋の架け替え案（写真8-6[4]）といった鋳鉄アーチ橋をとり上げるとともに，Menei Strait 橋(Telford, 1826, 580 ft.)（写真8-7）や，Clifton 橋(Brunel, 1864, 700 ft.)（写真8-8)など吊橋のめざましい発達に着目している[5,6]。ペブスナーはClifton橋について次のように述べている[5]。

「このような構造の美が，全く偶然的なものであるとは，どうしても考えられない。知的な工学技術の成果に他ならないのである。・・・純粋に機能的な力が深い渓谷の両岸700 ft.の間を，みごとな曲線を描きながら征服している。余計なことは一言も言わず，妥協的な形態はどこにもない。主塔の形の意味は，ギリシャ様式のリバイバルなのだが，不思議にも近代的に見え，その巨大な単純さは鉄骨造の透明性に対して，壮大な均衡を保っている。このような高遠な精神がヨーロッパ建築を支配したのは，かつてただ一度だけすなわち，アミアンやボヴェやケルンの大聖堂が建てられた時だけだった。」

Ammann (Verazano-Narrows 橋などの設計者)も，初期のイギリスの吊橋について，「全体的にシンプルな外観，フラットな懸垂曲線，軽やかさ，優雅な吊構造部，飾りがなく量感のあるそれゆえモニュメ

写真8-5　Iron Br.

写真8-6　ロンドン橋の架け換え案

写真8-7　Menei Strait 橋

写真8-8　Clifton 橋

ンタルな主塔」とその質を讃えている[7]。たしかに「建築術の主要部をなすのは，装飾することである」(Ruskin) と考えられていた時代に，よくこのような飾りのないシンプルな主塔形態を作り得たものである。ペブスナーも言っているように，Telford や Brunel には意図的な芸術的野心はなく，その時点では，それだから良かったのであろう[5]。

1851年ロンドンで開催された世界最初の万国博覧会の展示館として建設された水晶宮（写真8-9 [4]），1889年パリ国際博覧会の機械館（写真8-10 [5]）も，吊橋と同様，鉄に対する断固たる信頼を宣言した建物である[5]。

このように鉄構造技術の成果は，石ではとても実現し得ない大きな無柱空間を作りだし，進歩が安定した未来を約束することを象徴的に示すとともに，装飾に頼らない新しい美の方向性をも示していたのである。

なお，近代吊橋の原型を生んだのは一般にアメリカの James Finley であるとされている。1801年彼はペンシルベニアに車も通行可能な Jacob's Creek 橋（約70ft.）を設計しているが，その主塔は木製であった[8],[9]。しかし木製の主塔は Menei Strait 橋や，Clifton 橋のように，すぐ石造りの主塔にとって代わられている。

石塔の時代を締め括ると思われる Brooklyn 橋（写真8-11）の主塔も，建築的な外観ではあるが，飾りのないモニュメンタルな形態を有し，F.L.Wright や Manford に感銘を与えた。Manford は「過去のマッシブでプロテクティブな建築は，軽快で陽光にむかって拡がった空間的な未来的な建築を迎えた」と讃えている[7]。

写真8-9　ロンドン万博の展示館：水晶宮

写真8-10　パリ国際博覧会の機械館

写真8-11　Brooklyn 橋

8-2-3 アール・ヌーボー

アール・ヌーボーは1895年にパリにオープンした画廊の名前に由来するが，それから10年の間国際的な人気を博した装飾のスタイルをいう。植物，昆虫，女性のヌードや様々な連想を誘う象徴を用い，対象性とは無縁のしなやかな線，自然の形態に近いうねるような形が特徴である[10]。アール・ヌーボーの最も注目すべき功績は，鉄やガラスといった新材料を用いてこれらのモチーフを装飾として実現したことである（写真8-12，13[4]）。

ペブスナーはアール・ヌーボーの功績を，

「モリスは，新材料の積極的な可能性をみとめることができなかった。・・・他方，技術者はみずからの身も心も震うような新発見に，あまりに夢中になり過ぎて・・・技術者は技術者として芸術に無関心であった。アール・ヌーボーの指導者たちは，この両面を最初に理解した人たちであった。彼らは，モリスが説いた芸術の使命に対する新しい福音を受け入れた。しかし彼らは，新しい時代は機械の時代であることも認識したのである。これが，彼らの名声に永く残る肩書きの1つなのである。」

と述べ，モダニズムの思想は，モリスの運動と，鉄構造技術の発達ならびにアール・ヌーボーが結合されて徐々に浸透していったとしている[5]。

なお，アール・ヌーボーが短命であったためか，橋の高欄などには使われているのではないかと思われるが，全体をアール・ヌーボー様式でデザインした橋というのは見あたらない。

写真8-12 集合住宅「カステル・ベランジエ」の門扉

写真8-13 パリの地下鉄入り口にめぐらされた鋳鉄の柵

8-3 モダンデザイン

モダニズムの思想が浸透し，人工物の美，近代生産方式に支えられた未来への志向が前提となると，鉄構造技術が示していた形作りの方向性はより鮮明にお手本としての意味を持つようになる。材料の真実を追求し，実用的な機能を満たし，経済的に生産すること，それがデザインすることの意味であるとする機能主義・合理主義の思想が支配的となり，「形態は機能に従う」という機能主義の標語がモダンデザインを代表する言葉となった[10]。しかし，その具体的方法を獲得することはそれほど簡単なことではなく，様々な方向にバウンドしながら結果としてある方向に収斂していくボールのように，解釈や方法には紆余曲折がみられる。吊橋主塔形状にもその軌跡をみることができる。

8-3-1 スチールタワーにみる機能主義・合理主義

ニューヨークのハドソン川に架かるWilliamsburg橋（写真8-14）は，1903年L.Buckによって設計された世界で初めてのスチールタワーを有する吊橋である。当時のBrooklyn Daily Timesはこの橋を評して，「ギリシャ時代が美を目的としたのに対し，今日の目的は効用である。Williamsburg橋はその効用を達成した見本である」と述べている[7]。確かにそうなのであろうが，効用を達成すれば美は捨てても良いと考えたのであろうか？ Williamsburg橋がその美でもって知られたことはない。折れ塔にして基礎を小さくする，単径間で設計して側径間のハンガーをなくすなど，形造りが徹底した効用主義に貫かれているが，それは同時に，それらの1つ1つが美をスポイルしていると批判される原因ともなっている。当時の"Scientific America"が，「デザインの欠如であり，むきだしの効用以外に目を止めたいと思う何ものもない」と酷評している[7]ように，石塔の時代に持っていた簡潔で力強い外観からはかけ離れている。Buckが機械出身のエンジニアであるため建築的に調和ある構造を創出することにはそんなに興味を持っていなかったということも考えられよう。しかし，石造りの主塔の場合には，技術者が形を思考する前に，建築の歴史的様式なり，石造アーチの形がお手本として開けているのに対し，スチールという新しい材料を前にしては，自らの力で創造に立ち向かわねばならない。新しい材料に初めて取り組み，それに相応しい形態を見つけることはそれほど容易ではないということの証のように思える。つまり，効用主義を貫き，力学的合理性によってのみ形作りを行うという姿勢は評価されたが，それを具現化する方法と結果は受け入れられなかったのである。

8-3-2 装飾的なタワーへの後戻り

Manhattan橋（写真8-15）はWilliamsburg橋のすぐ隣に，6年後の1909年に建設されている。設計はL. Moisieffである。発注側の役人であったLindenthalは，Williamsburg橋における美的後退の

写真8-14　Williamsburg橋

反省として，Manhattan橋ではスチールタワーにも建築的要素を採り入れ，技術と芸術の融合を図ることにした。資料[7]によれば建築家が採用され，「パリの玄関Porte St. Denisを模したバロックアーチ，列柱はローマのSt. Peter's寺院を模した」とある。Lindenthalにとって技術と芸術の融合とは，従来からの方法である歴史様式を取り入れることであった。技術的には初めてフレキシブルタワーを採用するなど，革新的な面がある反面，形作りの思想は以前の装飾の時代に戻ってしまったのである。なお，本橋以降のほとんどの主塔形状は，Williamsburg橋のような3次元的構成ではなく，Manhattan橋のように平面的な形状となる。

この時期，Macknac橋を設計したD. Steinmanも，ポートランド（米）にゴシック調のSt. John's橋（1931）（写真8-16[11]）を設計しており，Verazano-Narrows橋を設計したAmmannも教会風の外観を持つTribrough橋（1936）（写真8-17）を設計している。

写真 8-15　Manhattan 橋 　　写真 8-16　St. John's 橋 　　写真 8-17　Tribrough 橋

8-3-3 アール・デコ

1925年にパリで開催された国際装飾芸術近代産業博覧会(Exposition Internationale des Arts Decoratifs et Industriels Modernes)では，一方で「住宅は住むための機械である」と述べ，機械のアナロジーによって機能主義・合理主義を説くル・コルビジェがエスプリ・ヌーボー館で自身の主張を実践しているが，他方では博覧会の名称にちなんでアール・デコと呼ばれるようになった新しい装飾様式が示されていた[12]。アール・デコはアール・ヌーボーの有機的な曲線に対し，直線と円弧の組合せによる幾何学性がその大きな特徴で，ジグザグ模様や階段状の繰り返し形がよく用いられている[13]。アール・デコの大衆化が特に大きな意味を持ったのはアメリカである。劇場から冷蔵庫まで，ありとあらゆるものがアール・デコの洗礼を受けた。ニューヨークではエンパイア・ステートビルやクライスラー・ビル（1930）（写真8-18[13]）をはじめとする摩天楼にアール・デコの様式が取り入れられた。

1937年 J. Strauss によって設計された Golden Gate 橋[14]（写真 8-19）の主塔形状にもアール・デコの洗礼をみることができる。シャフトと水平材との偶角部の造形的あしらい，水平材のリブの繰り返し

写真8-18　クライスラー・ビル

写真 8-19　Golden Gate 橋

模様等，アール・デコの要素が至るところに盛り込まれている。水平材が上に行くに従ってその間隔および厚みを小さくし，上に向かっての消点を強調してそそり立つ印象を強めている点は主塔形状としては新しい工夫である。装飾的要素がふんだんに現れる主塔形状はこの Golden Gate 橋を最後に姿を消している。

8-3-4　合理性の追求

　Williamsburg 橋は美的には成功しなかったが，かといって Manhattan 橋や St. John's 橋のように装飾に傾斜するのではなく，力学的合理性を有しつつ，スチール独特の形作りというのは，機能主義・合理主義の思想を先取りしていた橋梁技術者にとっては当然取り組まねばならない課題であったろう。装飾的なタワーへの後戻りを経た後は，機能主義・合理主義に基づくスチール独特の形の探索が中心となる。ただ，多くの橋では，主塔形状の美的構成を懸念するためかどこかに装飾的要素を残している。

　1924年に建設された Bear Mountain 橋(米)(写真8-20)と，1929 年に建設されたカナダの Grand Mere 橋は，ほとんど同じ主塔形状をしているが，路面上部のアーチ状のウェブメンバーに装飾的匂いが残っている。同じ年に建設された Mount Hope 橋 (米)(写真8-21)では，下層斜材とシャフトとの間の大きなすりつけアールに装飾的要素をみることができる(ともに D.Steinman の設計)。カナダの L'ile D'Orleans 橋(1935)の主塔には湾曲した塔頂水平材，Lions Gate 橋 (1939)（写真8-22)には加えて Mount Hope 橋と同様の下層斜材の大きなすりつけアールに装飾的要素が見られる。Macknac 橋 (1957, D. Steinman)（写真8-23) の主塔形状もこのグループに属すると言える。水平材の厚みは同じだが，Golden Gate 橋と同様そそり立つ印象を強調する

写真 8-20　Bear Mountain 橋

写真 8-21　Mount Hope 橋

写真 8-22　Lions Gate 橋

写真 8-23　Macknac 橋

ために，その間隔は上に行くに従い小さくなっている。ラーメントラスの部材は太く滑らかで，残された空間が逆に図的（図と地における）あしらいとなり，また，水平材の下縁にカーブを付けるなどしてオーナメンタルな感を演出している。

装飾的匂いが全く見あたらないのはアメリカで初めて主径間が500mを越えたBenjamin Franklin橋 (1926年，533m)（写真8-24[11]）である。この橋の設計者Modjeskiは，同じ頃 Ambassador橋 (1929)，Mid Hudson橋 (1930)と立て続けに吊橋を設計しているが，いずれも装飾的匂いは漂っていない。

さて，これらの主塔形状はまだまだ構造美学的に洗練されたものとは言えないが，幸いなことに，Manhattan橋以降の橋では2次元的なフレキシブル

写真 8-24　Benjamin Franklin 橋

写真 8-25　SanFrancisco-Oakland Bay 橋

タワーが採用されているので，Williamsburg橋のような視覚的煩雑さはなく，設計者が意識していたかどうかはわからないが，結果としてそれなりの形が構成されている。それゆえ以降の吊橋主塔の形態的展開に1つの型を提示した点は評価されるべきものであろう。1936年C.Purcellによって設計されたSanFrancisco-Oakland Bay橋（写真8-25）も装飾的匂いは見あたらない。

8-3-5 ザッハリヒカイト

工作物の目指すべきものは，「単に優れた耐久性のある仕事を残し，欠点のない正しい材料を使用するだけでなく，それによってザッハリヒな，高貴なそして芸術的な1個の有機体に到達すること」と述べたのはH. Muthesiusである[3]。彼のこの言葉が端緒となって，1907年ドイツにドイツ工作連盟（Deutsche Werkbund）が結成されたが，そこには機能主義・合理主義の思想に賛同する多くの建築家，デザイナーが参画している。ル・コルビジェもいたし，1919年に設立され，機能主義・合理主義の定着に貢献したデザインの学校「バウハウス」を率いることになるグロピウスもいた。ザッハリヒとは，適切なとか，当然なとか，余分なもののない，さっぱりとしたということを同時に意味する言葉である[5]が，Muthesiusの思想を端的に表す言葉として，ドイツ工作連盟の合い言葉となった。もちろんこの言葉には装飾に対するアンチテーゼとしての意味も含まれている。

さて，当時建設されたヨーロッパの吊橋主塔形状には，このザッハリヒカイトの思想が伺える。ヨーロッパの吊橋はForth Road橋（1964）（写真8-32）で初めて主径間が1,000mを越えたが，多くの吊橋，ことにドイツの吊橋は川に架かる橋で，主径間が300～500mと吊橋としては比較的短い橋が多い。したがって，主塔高および路面上部の主塔高は比較的低いが，その割に橋の幅員は広く，主塔形状はズングリしたプロポーションのものが多い。このようなプロポーションに対して，これをブレーシングで構成すると，1ないしは2層の斜材が視覚的に突出し，極めて不格好な形となる。いきおいストラットで構成される主塔が多くなる。1915年に建設された旧Koln Mulhen橋は，ヨーロッパで最初にスチールタワーを実現した吊橋である。構造的にも視覚的にも非常にさっぱりとしたこの門型ラーメンの形状は，旧Koln Rodenkirchen橋（1938）（写真8-26[11]）に引き継がれ，Moselle橋（1946, 仏），新Koln Mulhen橋（1951），新Koln Rodenkirchen橋（1954），Tancarville橋（1959, 仏），Emmerich橋（1965），Little Belt橋（1966, デンマーク）（写真8-27[11]）と続く，一連のヨーロッパの吊橋主塔の原型となっている。ストラットでの構成も幸いして，Muthesiusの思想の反映をみることができる。

写真8-26　旧Koln Rodenkirchen橋

写真8-27　Little Belt橋

写真8-28　Bronx-Whiteston橋

写真8-29　Verazano-Narrows橋

8-3-6 幾何学的合理性

　機能主義・合理主義が近代的な素材と工業的な生産技術を前提とした時点で，幾何学的形態は機能主義・合理主義を特徴づける形態となった。ザッハリヒカイトの造形も幾何学性に基づいており，バウハウスでの教育にも単純な幾何学図形を用いた訓練法が取り入れられている。オランダにおけるモダニズムの活動グループ「デ・スティル」は幾何学的形態という観点では最も厳格で幾何学が最も合理的であると見なしていた[3]。ル・コルビジェも純度の高いフォルムと簡潔さに基づく普遍的で，飽きのこない幾何学性を擁護している[10]。

　Bronx-Whiteston橋(1939)(写真8-28)を設計したAmmannにとって，幾何学形態とは，単にシンプルなだけで形にまとまりのない主塔形状ではなく，それぞれの構成要素を1つの単純な幾何学的形態にまとめることであったものと思われる。ゲシタルト心理学によれば，人が形を認知するのはゲシタルト性（形態質）と呼ばれるまとまりのある形を介してであるとされている[15]が，Bronx-Whiteston橋の主塔形状ではこのゲシタルト性が確保されている。当時としては極めて斬新なもので，「Bronx-Whiteston橋はその簡潔さと単純さにおいて，またその軽やかさとオーナメントのない点において類をみないものである。吊橋として最初の，真に機能的な建築物である。」という当時の論評[7]を持ち出すまでもなく，すべての構造的要件をアーチ状の1つの形態にまとめた主塔は，これまでのものとは全く異なっている。塔頂にある6つの窓は，先進性に対するいくらかの"てらい"であろうか？

　彼の代表作とも言えるVerazano-Narrows橋(1964)(写真8-29[11])の主塔もこれとほとんど同じ形をしている。Delaware Memorial橋(1951)とThrogs Neck橋(1961)の主塔形態も，形の持っている意味合いは，アーチのカーブがシャフトにすりついた円ではなくもっと大きなカーブで処理され，若干異なっているが，アーチ状のゲシタルト性を保持している点は同じである。

　Ammannがこうした造形を獲得することができたのは，George Washington橋(1932)(写真8-30)での経緯が大きな経験となっていよう。Ammannは当初建築家のアドバイスにより，主塔にみかげ石を貼る予定(写真8-31[11])で，トラスを組んでその骨組みを造った。最終的には予算の関係と，工学的構造を隠し，化粧張りをする時代は終わったとの認識からみかげ石を張ることを止め，むきだしの骨組みをそのまま見せることにしたのである[8],[11]。こうした経緯を考えると，Ammannはもしかして，グ

写真 8-30　George Washington 橋

写真 8-31　みかげ石を貼る予定だった完成予想図

リーク・リバイバルである Clifton 橋の主塔形状を近代的な生産方式に合わせて幾何学的に整理しただけだったのかも知れない。しかし、結果的には、様々な構成要素を1つの単純な幾何学的形態にまとめることの価値を鋭く感じ取っていたのではないだろうか。

8-4　長大吊橋にみる形作りの思想

8-4-1　鋼重ミニマム（あるいはコストミニマム）

1,000mを越える海峡吊橋では、路面上部の主塔高も高く、主塔のプロポーションはヨーロッパのそれに比較するとかなり細長いものとなる。そこで腹材形式としては、多層ラーメンで構成するよりは、多層の斜材で構成したほうがシャフトの断面も小さくでき、構造的には一般に効果的である。したがって、結果としては全体の鋼重をミニマムにするような方向、あるいはコストをミニマムにするような方向で設計がなされる。一見すると、貧相にさえ映る主塔形状もみられる。なかには座屈長を短くするために道路の建築限界ぎりぎりまで斜材を下げ、車の走行機能を阻害するのではないかと思われるほど、構造を優先させて形造りを行った吊橋もある。

この形式において塔頂水平材は、それを取り去っても構造的にはそれなりに成立するようであるが、架設手順や維持管理の容易さなどの理由により必ず残されている。この塔頂水平在が太くなると、門型ラーメンに細い斜材が組み合わされた複合形態が強調され、造形的処理が難しくなるが、Chesapeake Bay橋(1952, 米, D.Smith 設計), Forth Road橋(1964, 英, F.F.P.設計)（写真8-32[11]）, 4月25日橋(Tagus 橋)(1966, ポルトガル, Steinman 設計)（写真8-33[11]）などでは、極力塔頂水平材を細くし、斜材のリズムを保とうとしている。1,000mを

写真 8-32　Forth Road 橋

写真8-33　4月25日橋 (Tagus 橋)

越える長大吊橋では工費も莫大なものとなり，コストミニマムの方向が尊重されなければならないことは論を待たない。また，景観的配慮は往々にしてコストミニマムの方向とはトレードオフの関係にあることも事実である。しかし，コストミニマムの方向が，いつの場合にも景観的配慮に優先するものだとすれば，それは我々の，社会的価値のバランスを失うこととなり，デザインの思想史とは無縁のものとなる。

8-4-2　長大吊橋にみるザッハリヒカイト

Severn 橋 (1966, 英) (写真8-34[11])，Bosporus 橋 (1973, トルコ)，Humber 橋 (1981, 英) (写真8-35[11]) を設計したのは Freeman, Fox & Partner である。これらの主塔形態にはザッハリヒカイトの造形思想が受け継がれていると思われる。これらの橋の主径間はそれぞれ，988，1,014，1,410mと大きく，それに伴い路面上部の主塔高も写真8-26の Rodenkirchen 橋などに比べると一段と高くなる。主塔形態を1層ラーメンで構成するわけにはいかず，造形処理は厄介なものとなるが，コストミニマムの発想だけではなく，ザッハリヒな外観を得るよう努めている。

Severn 橋，Bosporus 橋は，正確には前者が4層，後者が3層（路面上部）のラーメンタワーであるが，中間水平材を近接させ，間にウェブを入れることにより，視覚的には2層ラーメンに見えるようにしてある。これをコストミニマムの思想で設計するなら，中間水平材を適当に分散させた方が有利なはずであり（それ以前にブレーシングで構成する方がより有利であるかも知れないが・・），ザッハリヒカイトな外観の確保を優先して，視覚的な部材数を抑えるよう工夫がなされている。またこれらはいずれも耐風対策として箱桁を採用しているが，これは箱桁の方がザッハリヒカイトな外観を有し，「吊橋の桁は重い感じではなく，軽やかで，宙に浮いたような感が良い」(Leonhardt)[11] という美意識が作用していよう。ラーメンタワー

写真8-34　Severn 橋

写真8-35　Humber 橋

の形状は、この箱桁との形態上の整合性から来ていることも容易に想像がつく。Humber橋は現在世界第2位の主径間長を誇っているが、その主塔では、加えて角にアールをとり、コンクリートならではの柔らかな形造りをしている。水平材が3本と、若干ザッハリヒカイトな印象は薄らいでいるが、塔頂水平材の下がった、ユニークな形状をしている。

8-5　ポスト・モダン

最後にポスト・モダンについて触れておきたい。ポスト・モダンという言葉自体は、1977年R. Jencksが著した"The Language of Post-Modern Architecture"によって世の中に広まり、1920年代から1960年代にかけて20世紀のデザインをリードしたモダニズムの思想に対する反論として出発した[9]。その原理は教条的であり、その形態は無味乾燥なものとして批判する声が現れ始めたのである。McDermottは次のように述べている[10]。

「戦後の新世代にしてみれば、モダニズムのアプローチはあまりに制約が多く、堅苦しいように思われたのだろう。モダニズムの理想は、装飾や大衆の好みをはねつけてしまい、多くの評論家たちも感じたように、人間に特有な欲求までも敬遠することになった。ポスト・モダニズムはデザインに対するありとあらゆるアプローチに道を開き、モダニストたちによって封印されていた思想、素材、イメージを復活させた。」

ポスト・モダンのデザインとしてよく知られているのは、イタリアのソットサス等がメンフィスのショップのためにデザインした家具がある。建築では、フィリップ・ジョンソンやマイケル・グレイブス、磯崎新らが古典的意匠を複雑に操作するポスト・モダン特有の手法を確立している。構造や設備配管が外部に露出され、塗装されているパリのポンピドー・センター（R. Pianoらの設計）（写真8-36[13]）もポスト・モダンの考え方である[13]。

1980年代後半に世界的に流行したデコンストラクティビズム（Deconstructivism）[16]、通称略してデコンとも呼ぶスタイルもモダニズムに反発したものである。コンストラクティブ（構成的、建設的）の逆で、垂直、水平な構成をわざと崩して斜めにしたり、壊れたり、崩れかけた形をデザインのモチーフとして採り入れるものである（写真8-37, 38）。この概念が認識されたのは、フランク・ゲーリーの自邸にはじまり、香港のザ・ピークのコンペ（1983）で当選したザハ・ハディドの作品で広く知られるようになったとされ、以後レム・クー

写真8-36　ポンピドー・センター

写真8-37　デコンの形をしたアバット

ルハウス，バーナード・チュミ，スティーブン・ホールなどがデコン派の旗手として知られている[16]。

これらのデザインは，モダニズムによって教育を受けた者には極めて刺激的である。形作りには，機能主義・合理主義ではカバーしきれない領域があることもポスト・モダンによって学んだ。人の行動や態度自体が機能的あるいは合理的でないことが多いためである。アメニティーや，アイデンティティー，アクティビティーのデザインが叫ばれるのもそのためであろう。その意味ではポスト・モダニズムにも耳を傾けねばならない

ただ，1つはっきりしていることは，阪神・淡路大震災を経験した日本においては，デコンは意味をなさなくなったということである。建造物は頑

写真8-38 倉敷市瀬戸大橋架橋記念館主催「未来の橋のイメージ」国際コンペ入賞作もデコン的雰囲気を持つ

強で安定しているものだという信頼感があって初めてデコンの形は刺激的なのである。建造物自体がデコンの状態になった姿を見た後に，デコンによる形作りは不見識というものであろう。

あとがき

今日の橋梁技術は完全にモダニズムの思想すなわち，機能主義・合理主義の思想に支えられている。橋が技術的対象として捉えられている場合はそれでよいと言えよう。しかし，社会的対象として橋を形作ろうとする場合には，前述のように，人の行動や態度自体が機能的あるいは合理的でないため，ポスト・モダニズムの思想に耳を傾けるのも重要である。そのとき，ポスト・モダニズムをモダニズムを否定したものとして捉える必要はない。モダニズムだけでは対応しきれない場面があることを認識する手だてとして考えればよい。ポスト・モダンには価値観の多様化に対応するかのごとく，「なんでもあり」の傾向がある。しかし，ポスト・モダンの名の下に「かえる橋」の出現を正当化するわけにはいかないであろう。ポスト・モダンを橋に適用するのには細心の注意が必要である。

演習課題

①自分の気に入った橋がデザイン思想の変遷の中でどのように位置づけられるか考察してみよう。

②機能主義の考え方には，ダーウィンではなく，ラマルクの進化論が影響しているとされている。どのように影響を及ぼしたかを考えてみよう。

[参考文献]

1) 山崎，市川編：現代哲学事典，講談社（1970）
2) J. Tajima, K. Sugiyama：Historical Transition of Suspension Bridge Tower Forms in Japan, Bridge Aesthetics Around The World, Transportation Research Board, National Research Council（1991）
3) 川添，高見：近代建築とデザイン，近代世界美術全集－11，社会思想社（1965）
4) 阿部：世界デザイン史，美術出版社（1995）
5) Pevsner：Pioneers of Modern Design, Museum of Modern Art（初版：1936）

6) Giedion：Space, Time and Architecture, Cambridge Harvard Univ.Press（初版：1941）
7) Reier：Bridges of NewYork, Quadrant Press（1977）
8) F. Drew：Tensile Architecture, Granada Publishing（1979）
9) H. Straub：建設技術史，鹿島出版会（1964）
10) マクダーモット：モダン・デザインのすべて，スカイドア（1996）
11) F. Leonhardt：Bridges, Deutshe Verlags-Anstalt（1982）
12) 竹原：モダンをめぐって，20世紀デザインの精神史，美術手帳49/740，美術出版社（1997）
13) 熊倉他：西洋建築様式史，美術出版社（1995）
14) S. Cassady：Spanning The Gate, Squarebooks（1979）
15) ギョーム（八木訳）：ゲシタルト心理学，岩波書店（1952）
16) 西：朝日現代用語（1994）

第 9 章

デザインコンセプト
Design Concept

まえがき

　形を発意したり，形の方向性を議論する際によく用いられる言葉に「コンセプト」がある。設計にコンセプトを用いるという方法は，建築や工業デザインの分野では頻繁に行われているが，土木分野では馴染みが薄い。そのため，土木技術者は景観設計においてコンセプトが設計をリードするような場面に出会うと，かなりの戸惑いを覚えているものと思われる。しかし，実際にコンセプトが使われている場面において，コンセプトが適切に用いられているかどうかは疑問である。コンセプトによって何を特定し，コンセプトを設計プロセスの中でどのように役立てようとしているのか，コンセプトの果たすべき役割に対する十分な認識もないままに，意味ありげに使い回されたり，何かしら議論しなければならないものとして，一人歩きしている傾向が伺える。

　辞書[1])によればコンセプトとは 1)概念，2)考えとある。通常デザインコンセプトあるいは造形コンセプトという場合は，「ねらい」，「目標」，「アイディア」，「考え方」，「想い」，あるいは「作業仮説」といった意味で使われており，2)の「考え」の語義で用いられている。既存の「橋という概念」を打ち破り，新たな橋の概念を産み出すべく議論しているのならば，コンセプトは「概念」として捉えた方がよい。実際，そのような重い言葉として用いた方が適切な場合もあるだろうが，通常は，シンボル性の表現とか，地域性の表現といった「橋という概念」の変容までには至らないデザインや造形の「ねらい」，「目標」，‥といった意味で用いられている。本章では通常使われている「ねらい」，「目標」，‥といった意味でのコンセプトが包含すべき内容，設計プロセスにおける役割などについて検討する。

9-1　コンセプトとは

9-1-1　コンセプトが包含すべき内容

　ある家電メーカーは「コンセプト」を以下のように定義している。

　『設計対象の理想状態を戦略的に表したもの』

　コンセプトに対する一般的認識を端的に表した定義と言えよう。ここでは，設計対象の理想状態は 1 つではなく，多義的で幾つかの選択肢があることを前提に，その方向性を戦略的に表したものとしている。しかし，理想状態とは真・善・美を伴った絶対的な状態を意味しているとすれば，それが多義的で幾つかの選択肢があるという前提には疑問があり，また，そうした状態を人知の及ぶ範囲で捉えられるのだろうかという疑問がある。ここでは理想状態というよりは，「理想状態と思しきもの」あるいは「設計対象に求められる要件」として解釈した方がよいように思われる。そうだとすると，それらが多義的であるという前提も理解できよう。

```
                    ┌─────────────┐
                    │   橋に      │
                    │ 求められる  │
                    │   要件      │
                    └──────┬──────┘
              ┌────────────┴────────────┐
      ┌───────┴───────┐         ┌───────┴───────┐
      │  当該橋梁に   │         │  どの橋でも   │
      │ 求められる要件│         │ 求められる要件│
      └───────┬───────┘         └───────┬───────┘
         ┌────┴────┐                 ┌──┴────┐
   ┌─────┴──┐ ┌────┴────┐      ┌─────┴──┐ ┌──┴──────┐
   │ 人による│ │ 人による│      │ 人による│ │ 人による│
   │意見の違い│ │意見の違い│      │意見の違い│ │意見の違い│
   │がないもの│ │があるもの│      │がないもの│ │があるもの│
   └────┬────┘ └────┬────┘      └────┬────┘ └────┬────┘
    ┌───┴───┐   ┌───┴───┐        ┌───┴───┐   ┌───┴───┐
    │固有要件│   │選択要件│        │基本要件│   │態度要件│
    └───────┘   └───────┘        └───────┘   └───────┘
```

選択要件に方向性を与えたものが**コンセプト**である。

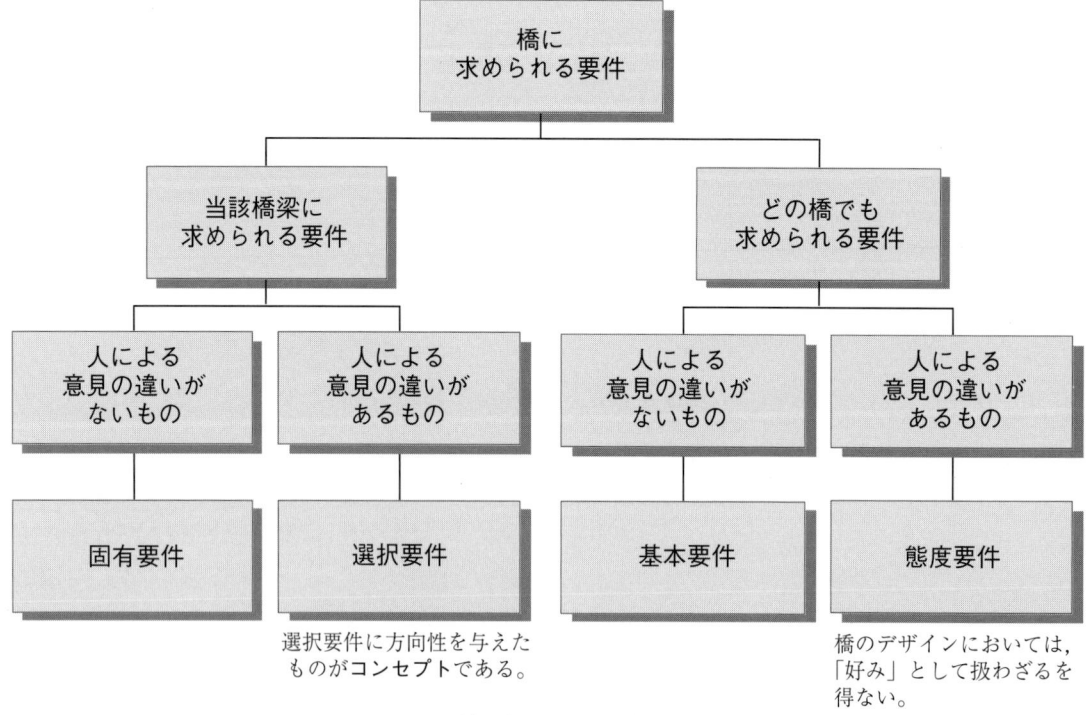

橋のデザインにおいては、「好み」として扱わざるを得ない。

図9-1　橋に求められる要件の分類

『戦略的』という言葉も，激しい競争の中にある家電メーカーにとっては重要であろうが，公共に資することを目的とする橋にとってはコンセプトが戦略的である必要はない。かと言って，上記の定義から戦略的の語を外すと，コンセプトは理想状態と思しきもの，あるいは設計対象に求められる要件をすべて包含せねばならなくなり，実用上意味をなさなくなる。したがって，戦略的という言葉は，理想状態と思しきもの，あるいは設計対象に求められる要件のうち，今設計しようとしている対象（橋）に特有のもので，かつ幾つかの選択肢に方向性を与えるものとして理解した方がよい。

9-1-2　橋に求められる要件とコンセプト

コンセプトの意味，位置づけをより明確にするために，橋に求められる要件を図9-1のように分類してみた。

『橋に求められる要件』はまず，『どの橋でも求められる要件』と，『当該橋梁に求められる要件』の2つに分けることができる。さらに，それぞれは『人による意見の違いがないもの（あるいは選択肢がないもの）』と，『人による意見の違いがあるもの（あるいは幾つかの選択肢があるもの）』とに分けられる[2]。

(1) 態度要件

まず，『どの橋でも求められる要件』で，『人による意見の違いがあるもの』は，橋に対する『態度要件』とでも呼べるものであるが，一般的には「好み」として解釈できる。例えば，「橋にはアールなど付けない方がよい。アールが付くと力が逃げそうな感じがして嫌だ」とか，「橋はすべからく堂々とした趣を持つべきだ」といった態度，意見には，その人にとっての橋の理想状態が示されているのかもしれないが，当然反論が予想される。個人所有される住宅や工業製品では，こうした好みを前面に出して家を建てたり，製品を購入することも可能なので，デザインするにあたっては人々の好みも無視することはできないが，橋は多くの人が使用し，多くの人に親しまれるべき公共構造物である以上，こうした好みは無視せざるを得ない。

(2) 基本要件

『どの橋でも求められる要件』で，『人による意見の違いがないもの』とは，設計の『基本要件』であると言えよう。橋が頑丈で，十分な安全性と耐久性を有していなければならないことは，議論の余地なく，どの橋でも求められることであり，橋の設計はそれを基本的要件として組み立てられている。

公共財として建設される以上，経済的であるべきだということ（安いという意味ではない）も『基本要件』の1つであるが，同時に，将来のストックとなるような健全な美しさのある橋というのも『基本要件』の1つに違いないであろう。

(3) 固有要件

『当該橋梁に求められる要件』のうち，『人による意見の違いがないもの』とは，当該橋梁に固有の，必ず守らなければならない要件，すなわち『固有要件』である。例えば河川に架ける橋の場合では，橋脚の河川占有率や，離岸距離，H.W.L.より下に支承などを設置しないなどといった様々な河川条件は必ず守らなければならない。下を道路が走る場合には，その道路の建築限界が固有要件の1つとなる。

地方自治体が作成した総合計画など，上位計画によって当該橋梁の性格が既に定められている場合があるが，その場合の橋梁の性格も『固有要件』の1つである。また，架橋地点の文脈から橋のあり様が自ずと読みとれる場合には，そのあり様も『固有要件』に含めねばならない。

(4) 選択要件

『当該橋梁に求められる要件』のうち『人による意見の違いがあるもの』とは，いわば当該橋梁に対する態度要件である。橋全般に対する『態度要件』と異なる点は，これを単に好みとして無視するわけにはいかないという点にある。なぜなら，実体としての形を得るためには，様々に意見の違いのある選択肢に方向性を与え，解を収斂させねばならないためである。その意味で，当該橋梁に対する態度要件は，『選択要件』と呼ぶことができる。

つまり，コンセプトとは幾つかの選択肢に方向性を与えるものと述べたが，橋に求められる要件の分類上では，「**選択要件に与える方向性**」としてコンセプトを位置付けることができる[3]。

9-2 設計方法とコンセプト

9-2-1 固有要件とコンセプト

以上のようにコンセプトを位置付けるならば，設計に先だってコンセプトを設定し，それによって設計全体をドライブさせることは不可能であることに気づく。なぜなら，前述したように，橋には多くの制約条件があるとともに，上位計画からくる橋の性格付けなどがあるため，まずそうした固有要件をすべて洗いだし，その固有要件によって定まる形，あるいはその方向性を明らかにした上で，コンセプトは成立するからである。いわば固有要件によっては定めることのできない部分の形についてコンセプトは必要なのである。しかも設計の進行とともに，様々な因果関係が見えてきて，最初は選択要件であったものも固有要件に転化し，コンセプトは徐々にその範囲を狭めることも多い。固有要件が橋に比べれば少ないと思われる建築でも，設計が進むにしたがって「コンセプトが見えてくる」という言い方をすることがあるように，設計に先だってコンセプトを設定することは多くの場合不可能なのである。設計とは，ある面から見れば，選択要件を固有要件に転換させる行為であるとも言える。コンセプトの設定は固有要件とのやりとりによって成立していることに留意せねばならない。

9-2-2 コンセプト不要のデザイン方法

では，コンセプトを必要としないデザインの方法はあるのだろうか。以下の2つの場合には，コンセプトを策定しなくても形作ることはできる。

第1案：
PC連続変断面箱桁橋

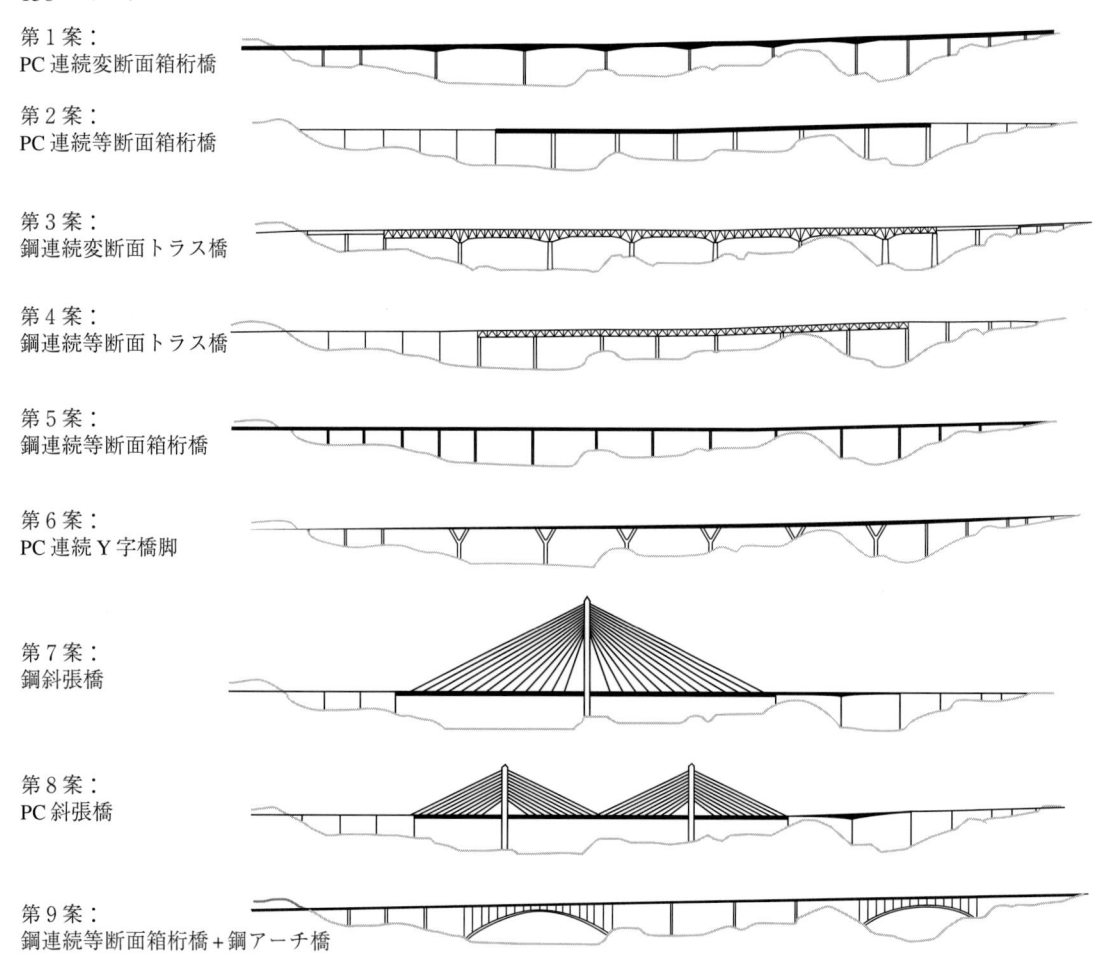

第2案：
PC連続等断面箱桁橋

第3案：
鋼連続変断面トラス橋

第4案：
鋼連続等断面トラス橋

第5案：
鋼連続等断面箱桁橋

第6案：
PC連続Y字橋脚

第7案：
鋼斜張橋

第8案：
PC斜張橋

第9案：
鋼連続等断面箱桁橋＋鋼アーチ橋

図9-2　ある架橋地点に対する橋梁案の代表例

その1つは全選択要件を評価する方法であり，他方は暗黙のコンセプトが設計をドライブする方法である。

(1) 全選択要件の評価

もし，選択要件をすべて抽出することができ，それらを基本要件によって評価し，解を収斂させることができるならコンセプトは不要である。図9-2はある架橋地点に対する橋梁形態を考えられる限り抽出し，その代表例を示したものである。この橋では，これらの選択肢を経済性，構造性，施工性，景観性といった基本要件によって総合評価し，橋梁形態を絞り込んでいる。コンセプトを策定することなく，全選択肢を基本要件によって評価することにより，解を絞り込んでいるのである。こ

のような，考え得る選択肢をすべて，あるいは数案挙げ，それを構造性や経済性などの幾つかの観点から評価して最適案を絞っていくという方法は土木分野では一般的に行われている論旨の組み立て方である。したがって，土木技術者にとっては馴染みやすい方法であるため，景観設計においても同様の方法が広く用いられている。

ただ，選択要件をすべて抽出し，それを評価するということは，コンピュータによる設計支援システムなどの充実により，これからは容易になっていくものと思われるが，現状では大変な労力を要する。当該橋梁の抱える課題が複雑になればなるほど全選択要件の抽出とその評価はさらに厄介なものとなる。たとえコンピュータの支援を受け

たとしても，可能な選択肢のすべてを抽出し，それを評価することにのみ精力が注がれ，とても1つ1つを入念に検討し，それぞれの造形的可能性を探るといった検討はなされ難い。このように，検討が総花的となる危険性を含んでいるような場合には，コンセプトを導入して選択要件の幅を狭め，より入念で，かつ効率的な検討を行った方が良いように思われる。殊に選択要件に新たな工夫を要する場合には，コンセプトによって解の幅を狭めておかなければ，解は発散するばかりで収束しないし，良い工夫も生まれない。

(2) 暗黙のコンセプト

もう1つのコンセプト不要のデザイン方法は，「暗黙のコンセプト」が設計をリードする方法である。例えば，当該橋梁として橋長30mの橋があるとする。そしてこの橋はどのような観点から見ても，ごく普通のありふれた橋でよい，との認識が設計に携わるすべての人に共通してあれば，形作りにおいては，「ここはこの設計，この形でいこう」と合意してゆくだけでよく，わざわざコンセプトを立てる必要はない。いわば「ごく普通のありふれた橋」という共通認識が設計に携わるすべての人に暗黙のコンセプトとして共有されている場合である。あるいはその結果として，選択要件が極めて少なくなっている場合と考えることができる。

日本の家電メーカーは，かなり多くの製品をこの暗黙のコンセプトによってデザインしている。すなわち，日本の家電製品は，現商品の売れ行きの如何に関わらず，次期商品を市場に送り出すシステムを採っている。そのため，製品開発に携わるすべての人は，製品軌跡（Product Trajectory）を描きつつ仕事をしており，何となく「次期商品はこの方向かな」という共通のイメージを抱いている。さらにこれを強化するものとして，社外秘の技術展を開いて技術部門やデザイン部門といった開発に関わる各部門が次期商品や次々期商品の提案を行っている。そうすることにより，デザイン部門が示すベクトルを，技術部門はそれを支援できるように技術開発のベクトルを合わせたり，逆にデザイン部は技術部門が示す技術シーズを取り入れたデザイン開発を行うことにより，激しい製品開発競争に対応している。実際に次期商品プロジェクトが動き出してから技術開発を行っていたのでは間に合わないのである。

橋梁の場合も，それぞれの事業主体は毎年幾つもの橋を設計，施工している。しかし現状では，設計に携わるすべての人が，設計が始まる前に当該橋梁の最終形に対するイメージを共有し，暗黙のコンセプトが設計をリードしてより良い成果を生むといった場面は極めて少ない。一橋一橋，ゼロから設計をスタートさせており，非効率であると言えよう。長大橋梁のように，予算的にも時間的にも比較的余裕のある橋では何とか対応できても，そうした余裕のない中小橋梁では，家電製品と同様で，プロジェクトが始まってからでは，新たな工夫を伴うような検討は難しい。橋の場合，技術展のような先行提案を行う場を設けることが難しいとすれば，それにとって変わるものは景観マネージメントであろう。事業主体が建設する予定の橋全体を見渡し，各橋の性格付けを行うだけでも選択要件の幅は狭まり，設計の効率化を図ることができよう。ぜひ，このような景観マネージメントを導入して，的を絞った検討によるより良い成果を出すようにしたい。

9-2-3 コンセプト主導型のデザイン

コンセプト不要のデザイン方法とは逆に，以下の場合には，コンセプト主導型のデザイン方法が採られる。

(1) 固有要件が少ない場合

庭園橋のように，橋長や桁下空間などに何の制約もなく，それらを自由に決められる固有要件の少ない橋では，コンセプトを設定し，それによる方向付けがなければ，設計は進まない。写真9-1の橋が実際にはどのような経緯で建設されたのかはわからないが，このような橋では，庭園の回遊ルートと座敷からの見えとを勘案して，「この辺に橋が

欲しい」という想いを優先させることができる。選択要件が極めて少なく，暗黙のコンセプトが生まれたのとはちょうど逆の場合である。

ところで，建築には様々な分野があり一概には言えないが，住宅設計などは固有要件の少ない分野だと言えるだろう。例えば$50m^2$の空間は，施主から格別の希望がなければ，それを和風にしようが，スペイン風にしようが自由である。当該の設計においてそのすべてを検討することは不可能なので，コンセプトが主導して検討の方向を決めねばならない。したがって，こうした設計方法に慣れ親しんだ人は，固有要件の多い一般の橋にもその方法を押し付けようとする傾向があり，場違いな橋を生んで問題となることがある。

(2)固有要件が大まかに把握できている場合

固有要件が景観マネージメントなどによって大まかに把握できている場合は，いきなりコンセプトを設定することができる。相模湖に架かる勝瀬橋は日本で最初に建設された斜張橋である。現在，この橋に隣接して新橋が計画されている（写真9-2）。この新橋の計画は，第二次新神奈川計画の一環として策定された「さがみさかわ9橋（SS9橋）緊急整備計画」に基づくものであるが，具体的な計画に先立ち，「さがみさかわ9橋（SS9橋）景観等検討委員会」を設置し，9橋全体を見渡した上での，各橋の景観整備に対する基本的な考え方をまとめている。新橋の具体的な景観検討はこの整備方針に基づいており，橋梁形式も2径間の鋼斜張橋と定められている。このように固有要件がかなり明確になっているため，勝瀬橋新橋の景観検討においては，①主塔形状は現橋と新橋とで類似性を持たせ，調和を図る，②ケーブル本数は少なめに，シンプルに見える形式にする，③下部工をできるだけ小さくし，見通しを良くする，④できるだけスケールをコンパクトにまとめる，という4つの具体的なコンセプトを検討に先だって設定することができ，的を絞った綿密な検討を行っている。

写真9-1　庭園橋

(3)固有要件が競合している場合

固有要件どうしがトレードオフの関係にある場合は，コンセプトによって態度を明らかにせねばならない。例えば，固有要件として，一方ではランドマークとなるようなシンボリックな橋が望まれており，他方では風景に溶け込んだ落ちついた橋が求められているとする。その場合，その両方を満たすような形を創り出すことができれば問題ないが，一般的には，どちらかが満たされ，どちらかが無視された形となる。このように，一方の固有要件を満たすと他方の固有要件の充足が困難になる場合には，1つの方法としてコンセプトを立て，態度を明らかにする方策が採られる。

ただ，コンセプトを立て，一方の固有要件を切り捨てることによってトレードオフを解消するということは，創造の大きな機会を逃していることでもある。シンボリックでかつ落ちついた橋の形

写真9-2　勝瀬橋新橋計画案

を探求することによって新たな可能性を得ることも多い。したがって，設計にあたっては，固有要件どうしがトレードオフの関係にあるからといって，すぐコンセプトを立てるのではなく，両者を満たすような形の探求を何時まで行うかといったタイミングを計ることが重要であろう。

(4) 設計対象が競合している場合

例えばある川筋に，2橋を300mほど離れて建設する計画があるとする。両橋の計画交通量も，両橋に対する河川条件も，両岸の環境や文化もほぼ同じで，固有要件は全く同じだとすると，固有要件だけでは両橋は全く同じ形とならざるを得ない。しかし，せっかく巨額を投じて建設するのだから差別化も図りたいとなれば，コンセプトを設定し，その主導によって形造りを行うことになる。このように，固有要件がほぼ同じで，それを満足させているだけでは似たような結果になってしまう場合，コンセプトが差別化の手立てとなる。

自動車や家電製品も，技術的条件がほぼ同じで，ターゲットユーザー層も同じなら，競合する他社の製品との差別化を図る手立てはコンセプトということになる。コンセプトによる差別化を常に求められてきた人は，どんな橋にもコンセプトを設定し，差別化を図ろうとするが，橋の場合は，常に差別化が要求されているわけではないので注意せねばならない。

(5) 付加価値を高める場合

当該橋梁が，『障害となる空間を跨ぎ，通路を対岸に結ぶもの』というこれまでの橋の機能に加え

写真9-3 休息施設を有する橋（福博であい橋）

て，何かしらの新たな価値を有していたいとするなら，選択要件の幅はこれまでよりも広がり，コンセプトを設定して方向を定めなければならない。例えば『広場としての橋』とか『出会いの場としての橋』といったコンセプトに導かれ，歩道幅員を広く取ったり，ベンチやパーゴラが設置された，これまでの橋とは趣を異にする橋が出現している（写真9-3）。このように，当該橋梁に求められる要件を越えて，より積極的に橋の付加価値を高めようとする場合，コンセプトが導入され，新たな価値を有する形の探求がなされる。

以上の5つの場合のうち，(1)を除いて，コンセプトは固有要件を満足させた上に成立しており，コンセプト主導ではあるが，固有要件を明らかにする前にコンセプトは設定できないということに改めて留意せねばならない。

9-3 固有要件やコンセプトの具現化の方法

固有要件には，「建築限界のクリア」といった直接，形を指示する内容とともに，前述したような「シンボリックな橋」といった十分形と直結していない内容も含まれる。コンセプトもこのような抽象的な言葉で示されることが多い。一般に，固有要件やコンセプトに含まれるこうした抽象的な内容は，複数個あるのが普通であるが，それらを形

として具現化する方法には，(1)統合型，(2)分担型の2通りがある。どちらの方法によって具現化するのかについても事前に検討しておくことが重要である。

9-3-1 統合型

例えば，A,B,Cという3つの内容に対し，「AかつBかつC」なる形を創案するといった積集合的

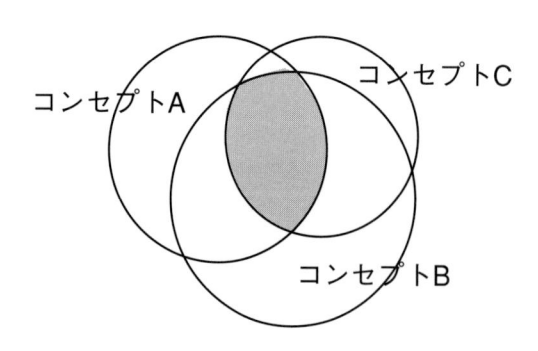

図9-3　統合型の具現化の方法

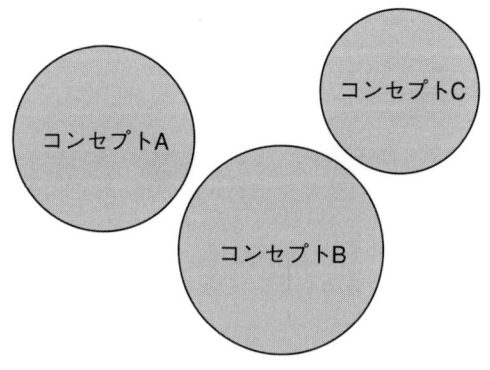

図9-4　分担型の具現化の方法

考え方の形作りの方法は統合型と呼ばれる（図9-3）。先に，一方でランドマークとなるようなシンボリックな橋が望まれており，他方では風景に溶け込んだ落ちついた橋が求められているといった，一般にはトレードオフの関係にあると見なされる固有要件の両者を満たすような形の探求は，創造の大きな機会であると述べたが，このような探求はまさに，統合型の形作りの方法である。くじら橋と命名された稲城中央公園連絡橋（写真9-4）は，シンボリックでありつつ，架橋地点の風景に溶け込むことを目指したものと言えよう。

9-3-2　分担型

A，B，Cという3つの内容を，Aは構造形で表現し，Bは橋の色彩で，Cは高欄で表現するといったように，橋の各部が分担して具現化する方法は分担型である（図9-4）。3つの内容を形として統合するのではなく，別個に表現しておいて，人々の印象の中で統合して貰うことを期待するものである。異なった内容をそれぞれに具現化して寄せ集めるのであるから，違和感なく全体をまとめるには，それなりの注意が必要である。

あとがき

これまで，コンセプトはかなり曖昧に用いられてきたと言えよう。しかし，コンセプトを以上のように捉えるならば，コンセプトはどのような場合に，何に対して必要なのかを明確にすることができよう。コンセプトを的確に用いることにより，いたずらにコンセプトに振り回されたり，逆に，コンセプトを立てるべき処でコンセプトを立てず，無駄になりかねない解の探索を行ったりすることのないよう，デザインプロセスを制御することが重要である。

橋梁のデザインにおいては，発注者側の担当者の移動や，設計を受注する側を事前に確定することができないなどの理由により，前述した暗黙のコンセプトは生まれにくい状況にある。設計は常

写真9-4　くじら橋（カラーパース）

にゼロからスタートせざるを得ない。ゼロからのスタートにはそれなりの良さもあろうが、橋梁群全体とのバランスを欠いた議論を生む原因となったり、非効率であることは否めない。景観マネージメントの導入を図るなどして、もっと暗黙のコンセプトを活用することを考えるべきであろう。

演習課題

①構造設計においてはコンセプトが立てられることはほとんどない。では、なぜ構造設計にはコンセプトは不要なのか考察してみよう。

②商品に対するデザインコンセプトの承認は、その商品の売れ行きに大きく影響するため、かなり慎重に行われている。では、公共財としての橋のデザインコンセプトの承認はどうあらねばならないかを商品との対比で考察してみよう。

[参 考 文 献]

1) Kenkyusha : New English-Japanese Dictionary, Kenkyusha（1967）
2) 杉山：今日における景観設計の留意点，施工技術（1994）
3) 杉山：土木デザインにおける形態形成，JUDI NEWS 024，都市環境デザイン会議（1995）

演習課題 解答集

1-① 1枚のケント紙（300mm×600mm）に，先の尖った鉛筆上のもので直線や曲線の折り目を付け，その折り目に沿って折ってゆき，ランプシェードになるような円筒状の美しい形を作る。ただし，ケント紙に切れ込みを入れたり，切り放してはならない。最後に筒状にする際には糊などを用いてよい。小さな紙片で幾つも折り方を試作してから作ること。

モデル1

モデル2

モデル3

モデル4

モデル5

モデル6

演習課題解答集 1-② 167

1-② 1枚のケント紙（300mm×600mm）を加工してアーチリブ状の形を作る。ただし，その上に3cm程度の厚みの辞書を載せてもつぶれない程度に頑丈な構造体を作るものとする。また，糊付けは一切行わないものとする。 ①と同様，紙片で幾つも試作してから作ること。

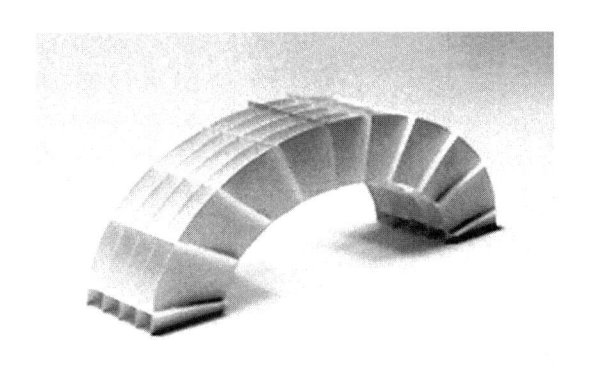

モデル 1

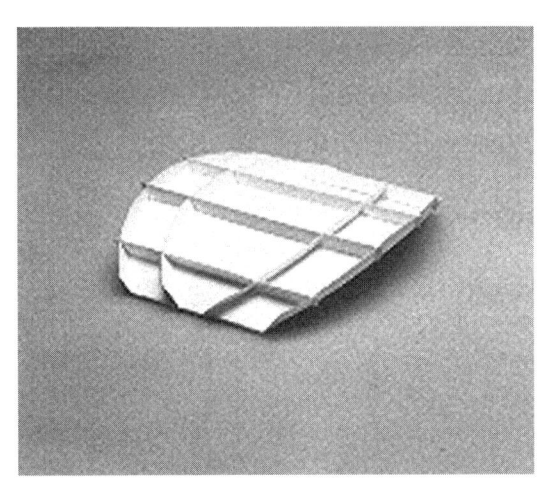

モデル 2

モデル 3

1-③ 省略。

168　演習課題解答集

1-④　橋の一般図を参照しながら，立方体を分割・増殖した枠組みの中に，それをフリーハンド（定規を補助的に用いてもよい）で描く。

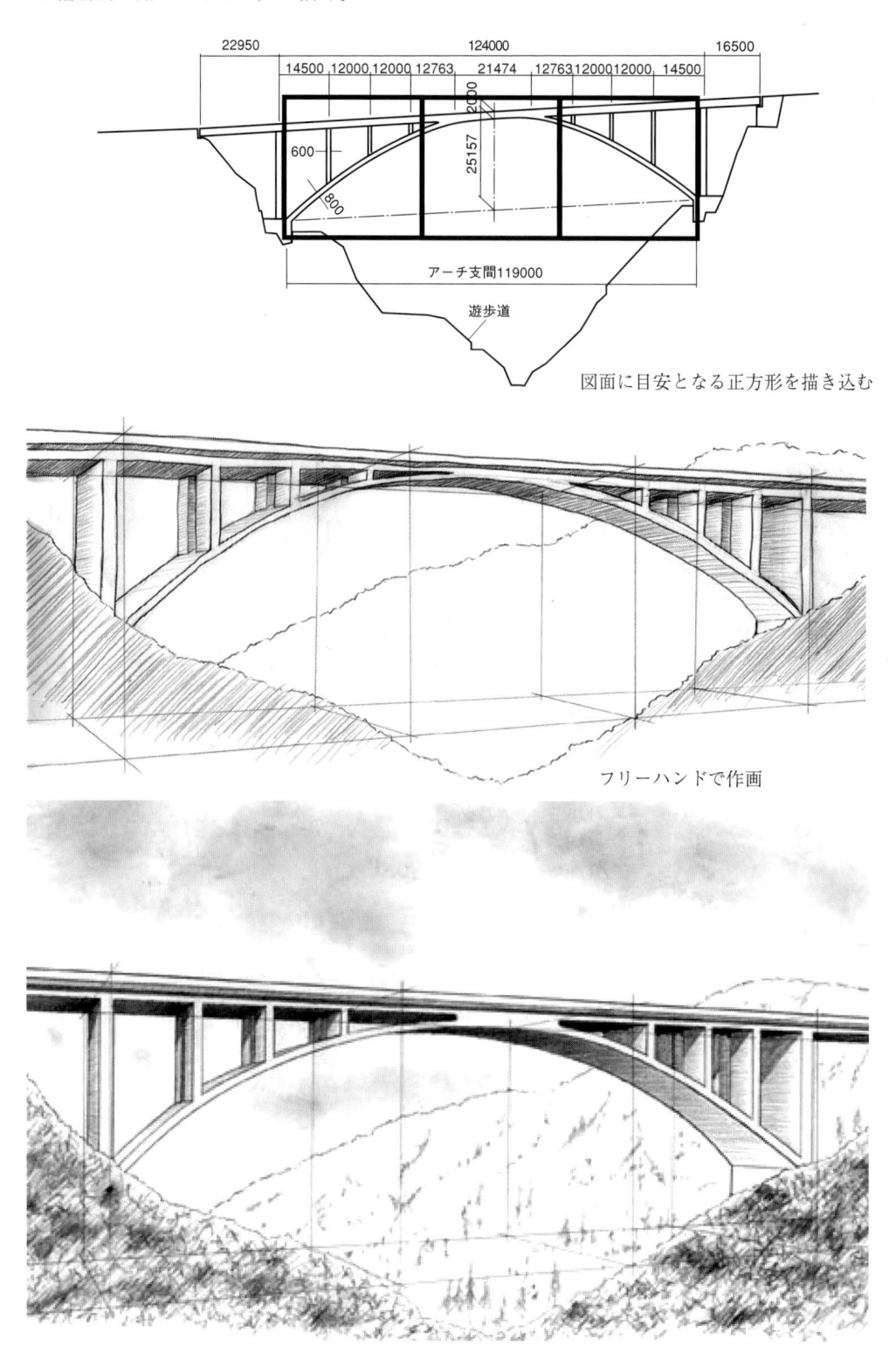

寸法：22950　14500　12000　12000　12763　21474　12763　12000　12000　14500　16500
124000
600
800
25157
2000
アーチ支間119000
遊歩道

図面に目安となる正方形を描き込む

フリーハンドで作画

定規で線を整える

1-⑤ ④で描いた橋の透視図を図1-21の透視図の修正の方法を用いて修正，描画する。

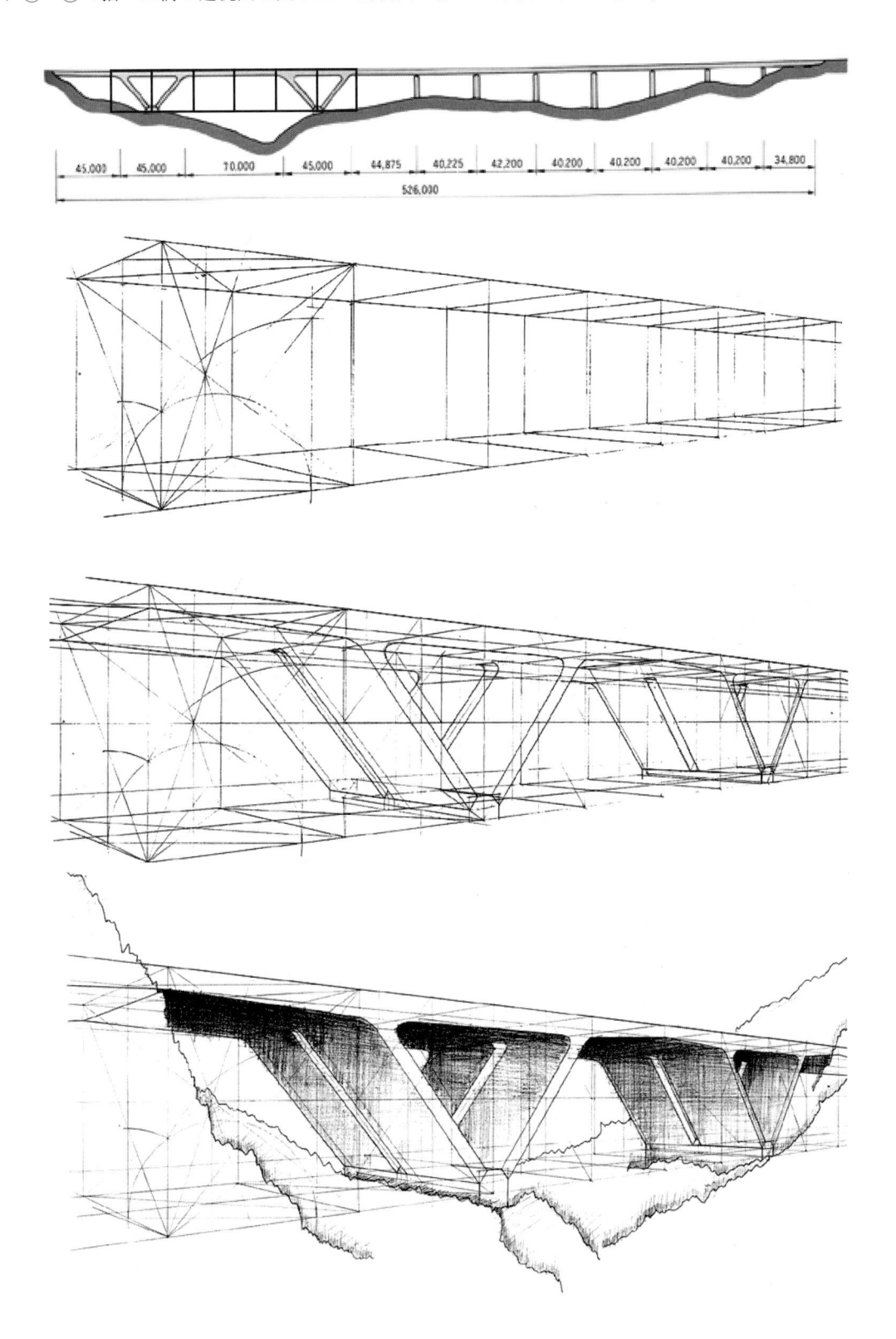

1-⑥　架橋地点を想定し，そこに相応しいと思われる橋をスケッチ，モデルを思考の道具としてデザインする。そのデザイン案のモデルを作成し，架橋地点の模型にはめ込んでみる。

ここでは，高速道路上を渡るオーバーブリッジを3案を考えた。

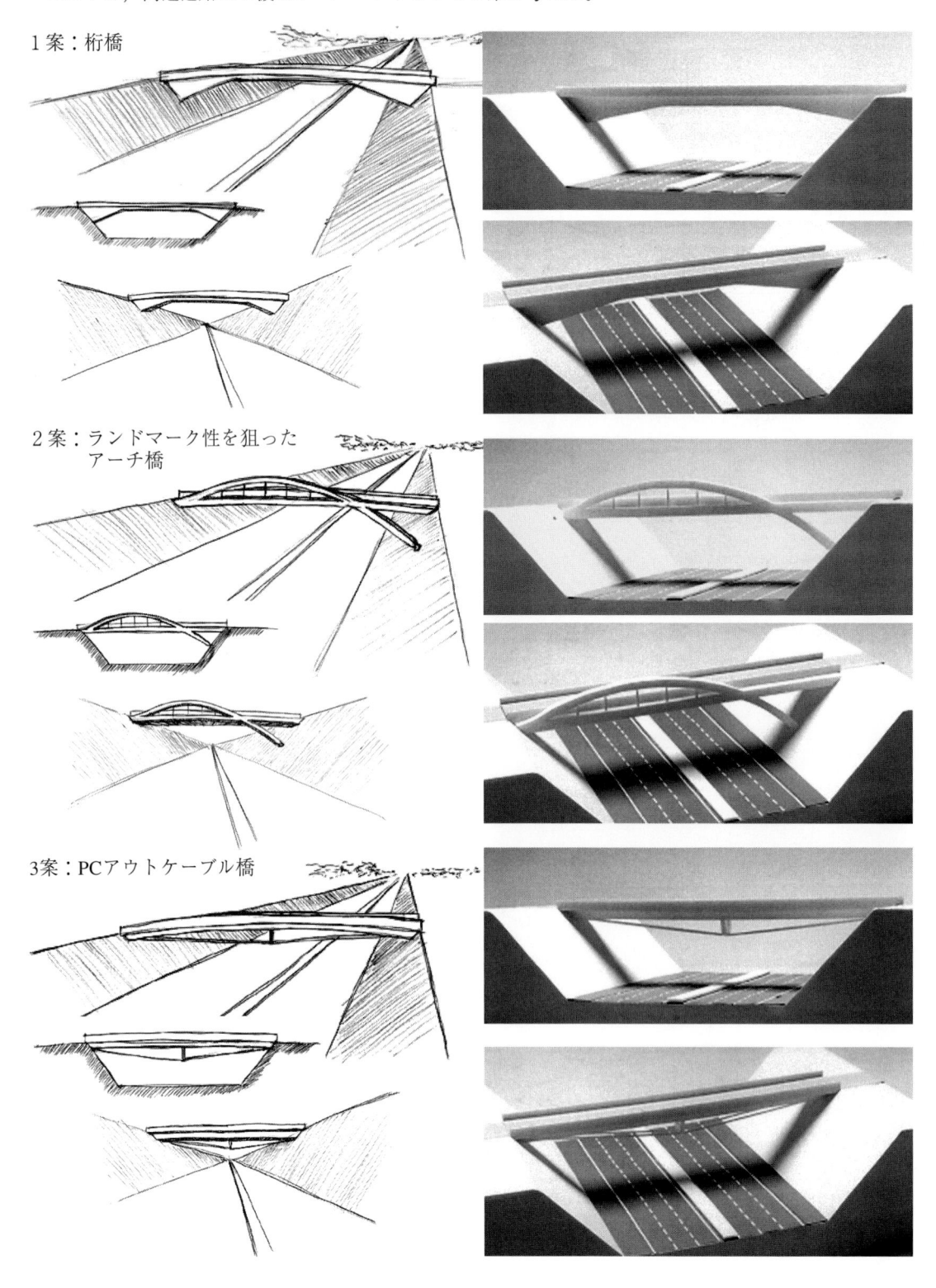

1案：桁橋

2案：ランドマーク性を狙った
　　　アーチ橋

3案：PCアウトケーブル橋

2-① 図2-7とは逆に，上面が円，下面が正方形の場合に，両面を単調な関係でつなぐ立体を，比例法，スイープ法，減算法，加算法の4種類で考案すること。

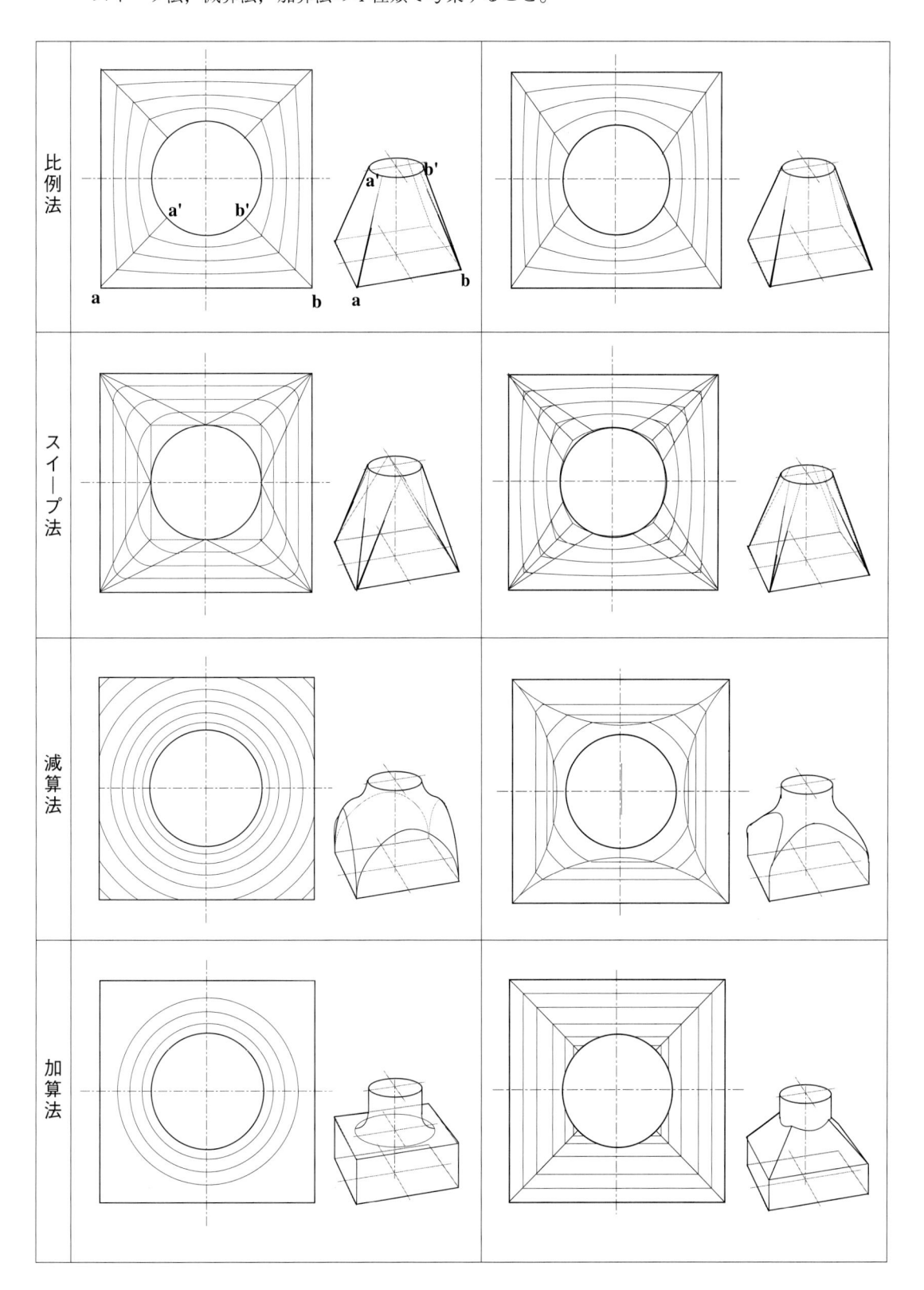

172　演習課題解答集

2-②　十字断面の形の成り立ちを 5 案，本文に示した以外に考案する。

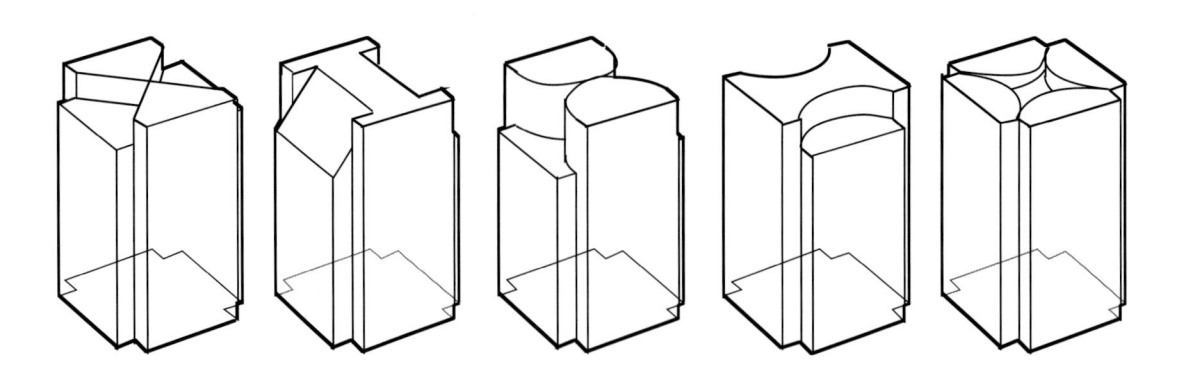

2-③　T字橋脚の形の成り立ちを 10 案考案する。

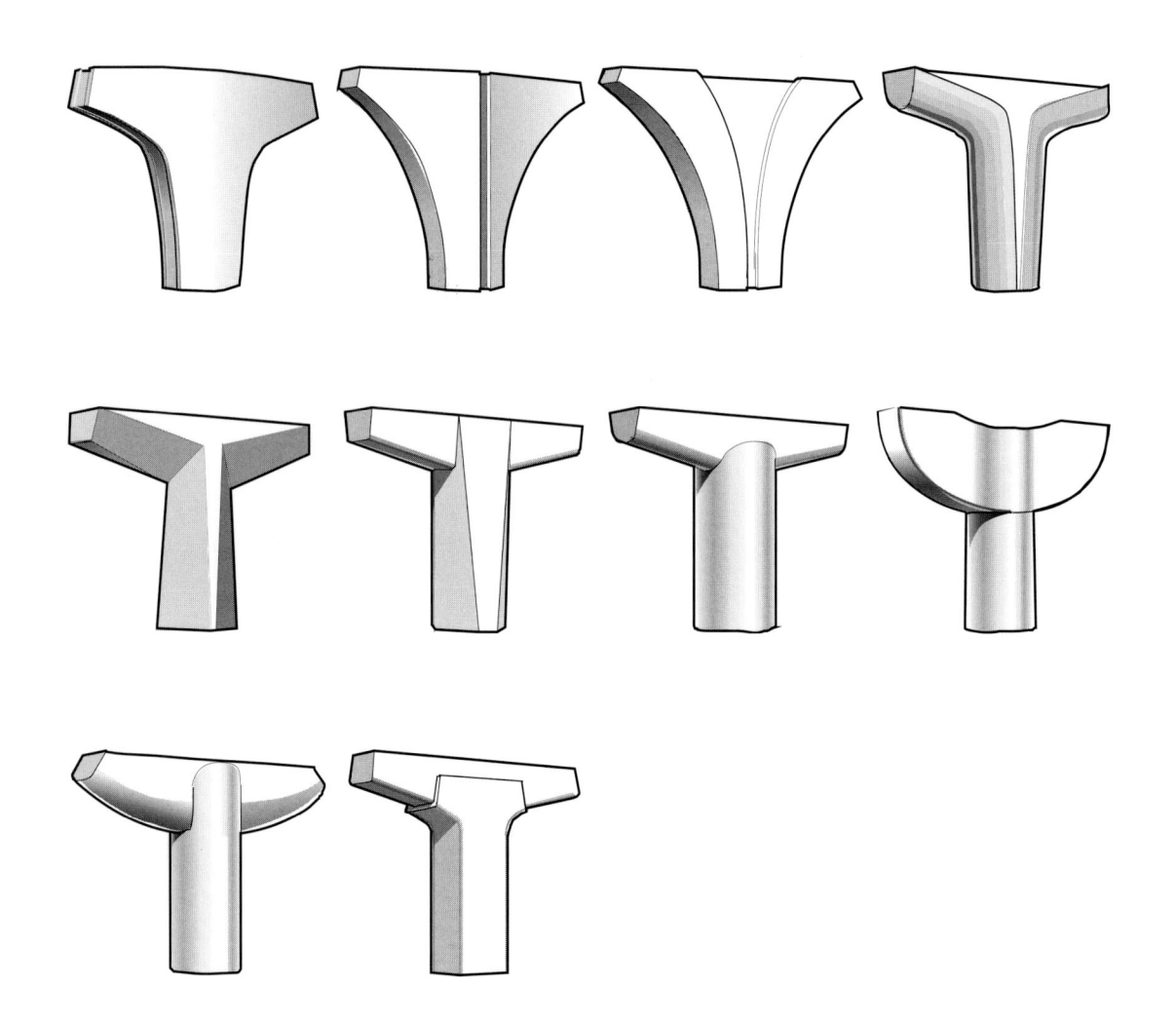

2-④　門型ラーメン橋脚の形の成り立ちを 10 案考案する。

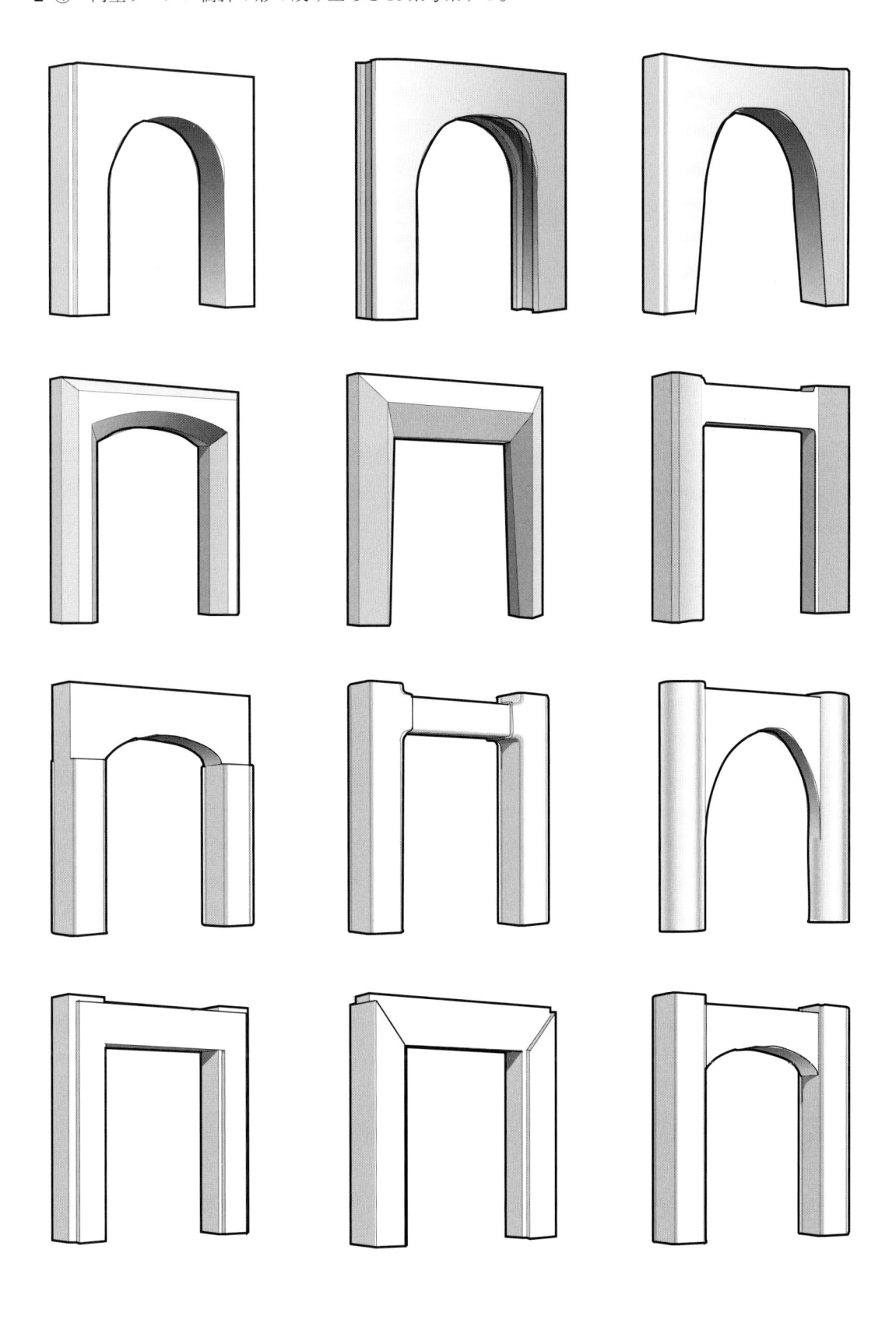

2-⑤ 身近にある橋を1つ選び，形の成り立ちを解釈してみる。成り立ちの不鮮明なところがあれば，それをどのように修正すればよいか代案をスケッチしてみる。

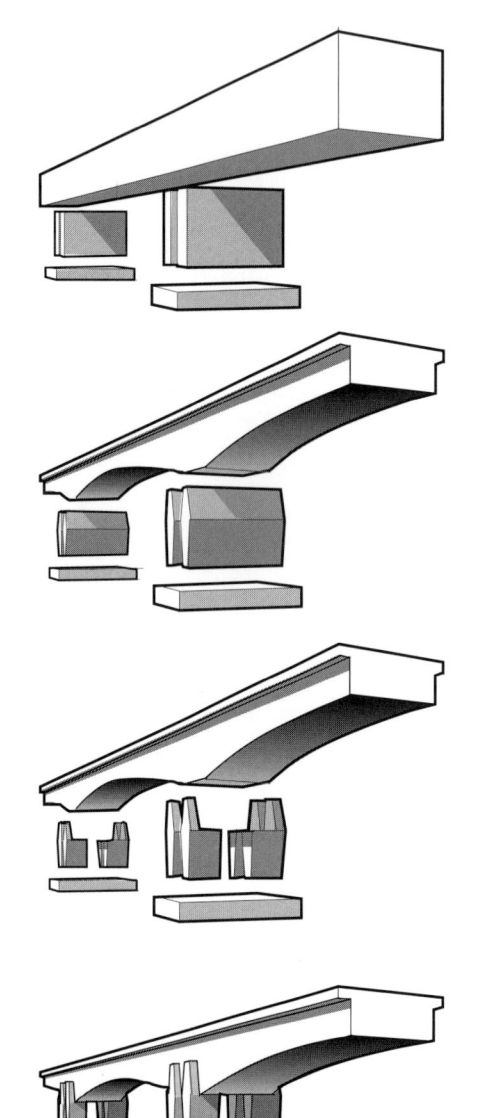

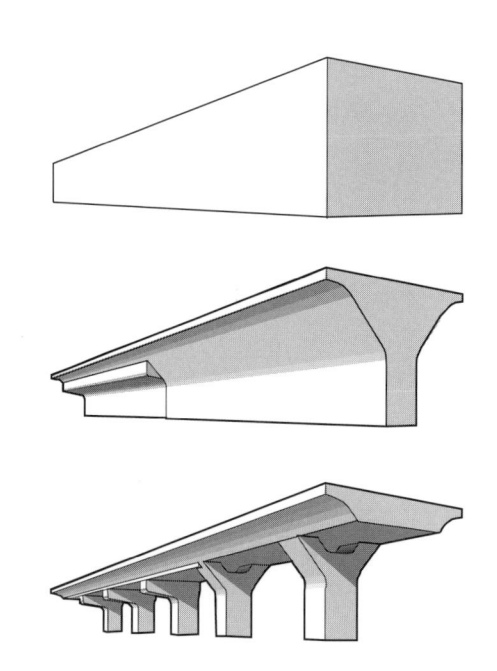

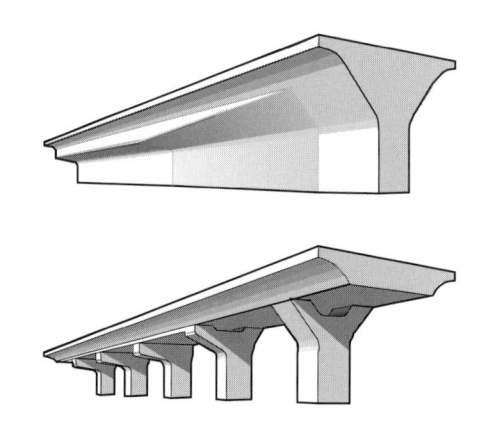

Y字橋脚部から逆L字橋脚への移行が円滑ではない。以下のように遷移区間を設けて移行を滑らかにする。

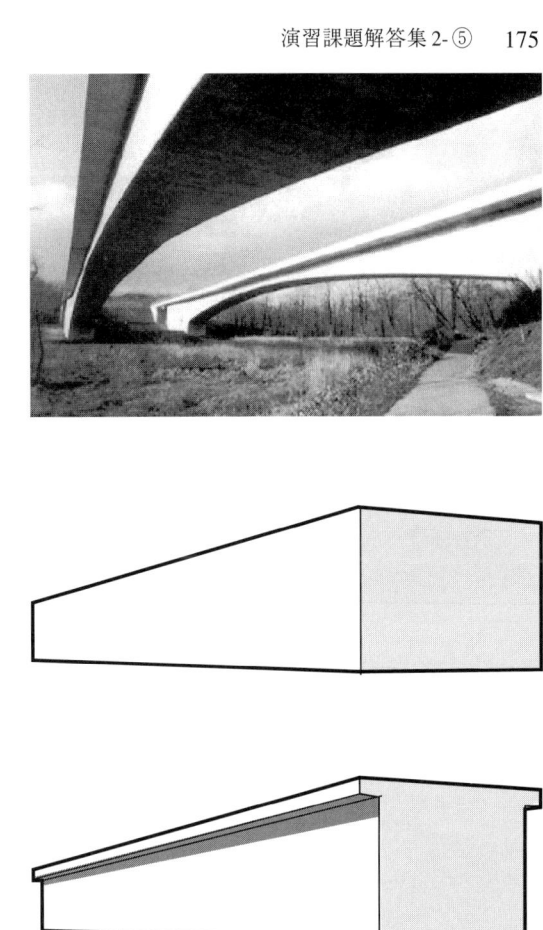

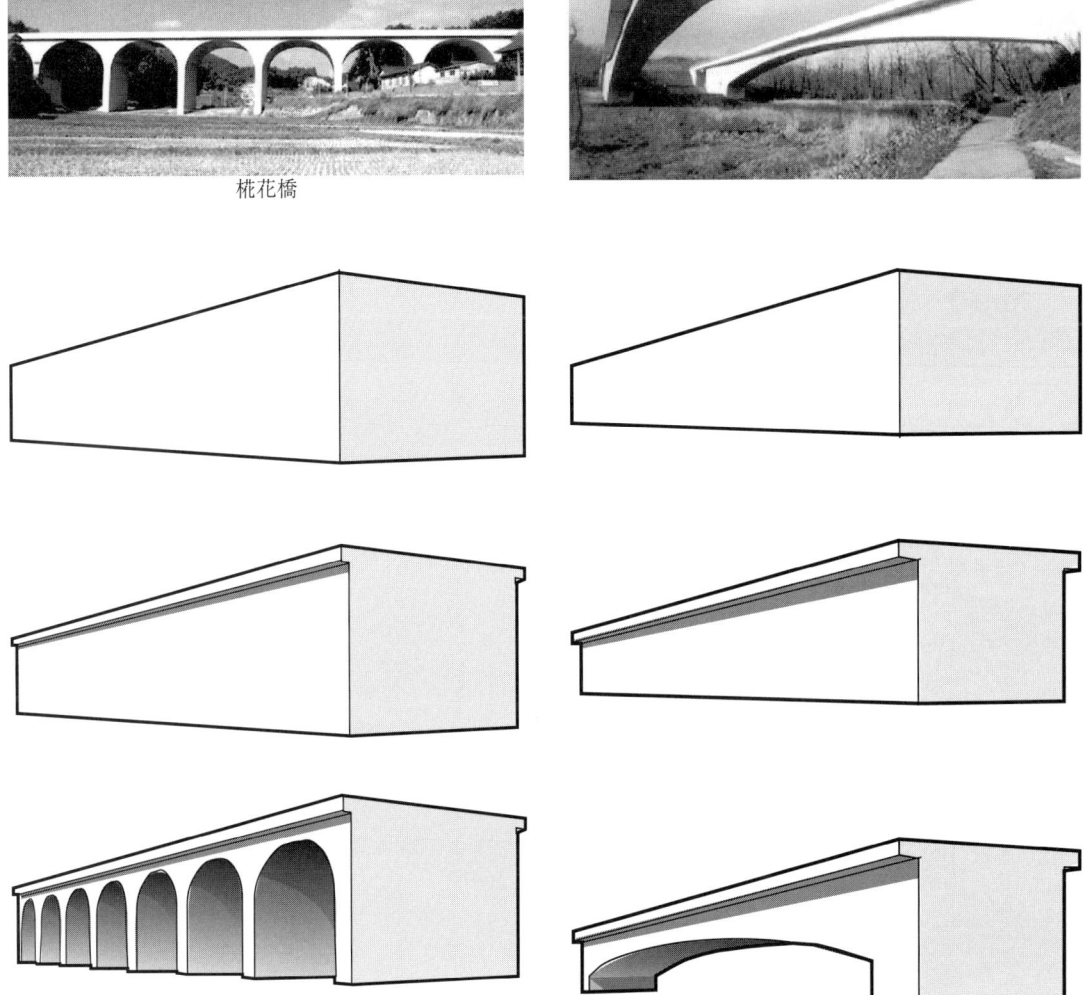

演習課題解答集2-⑤　175

桃花橋

2-⑥ バスケットハンドルタイプの下路アーチ橋は，通常加算法によって形作られていることが多いが，減算法での形作りを考えてみる。

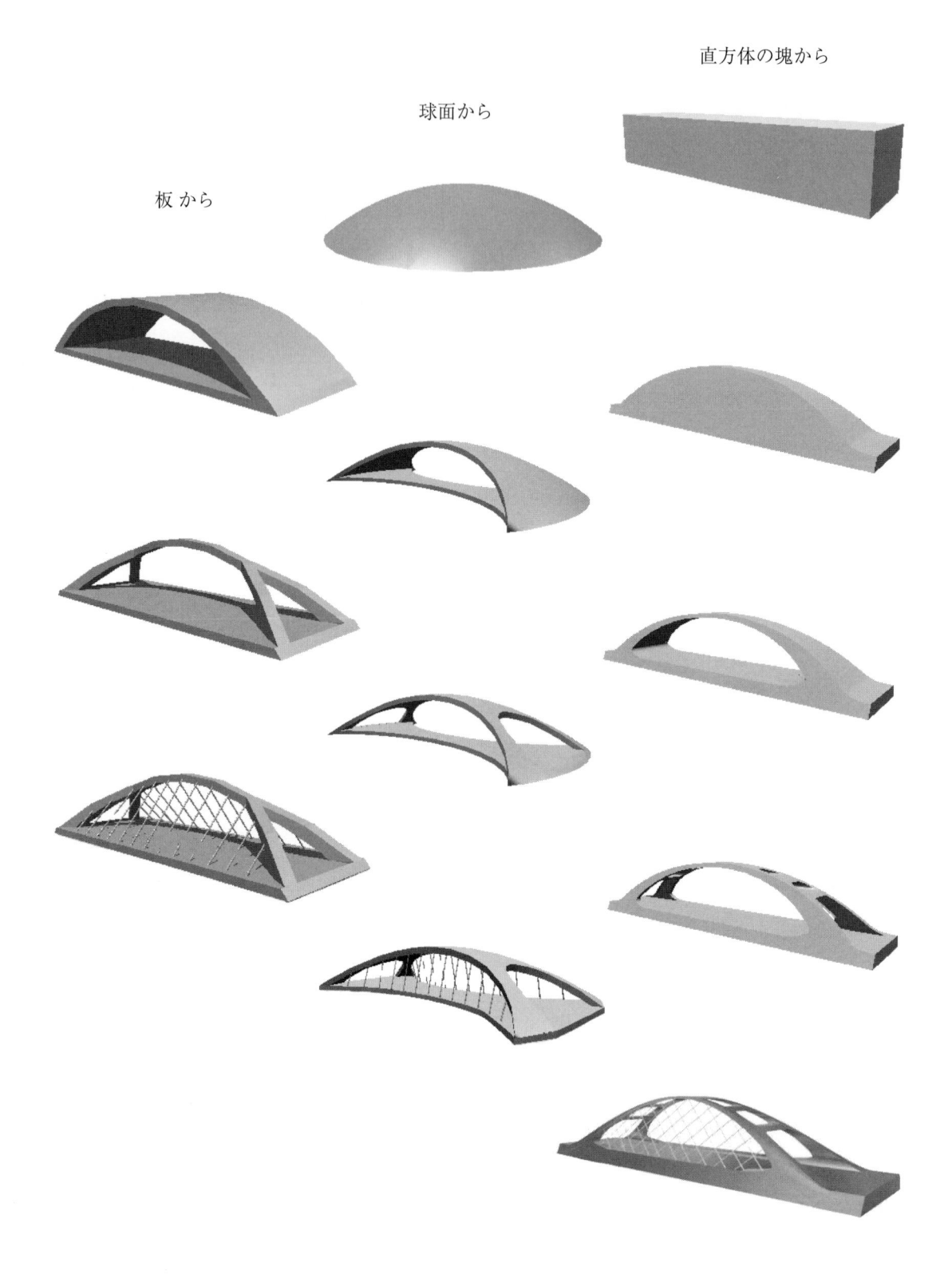

板 から　　　　　球面から　　　　　直方体の塊から

2-⑦　図2-14に示す指定したアールの大きさでアールがけを行うこと。

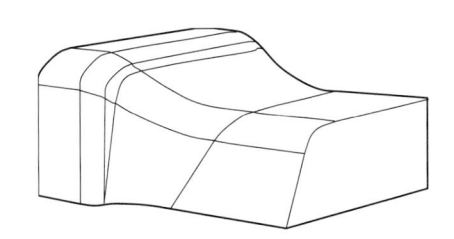

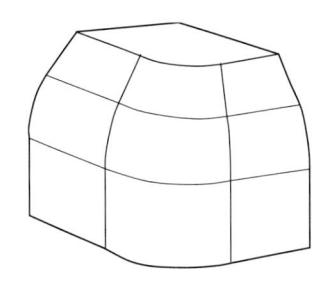

2-⑧　図2-15のアールの大きさはそれぞれ異なっている。頂点の収束型の形は本文で示すアールがけ面ではない（断面はアールではない）。その理由を考察すること。

　3つのアールの大きさが異なる場合はアールがけの法則により，大きなアールからかけなければならない。しかし，図2-15の場合は3つのアールを一度にかけようとしたため，頂点の収束型の形はアールがけ面とはならなかった。
　したがって，正しいアールがけの方法は，最初に一番大きなアールの稜線をアールがけし，残りの2種類のアールは絞り型のアールがけせねばならない。

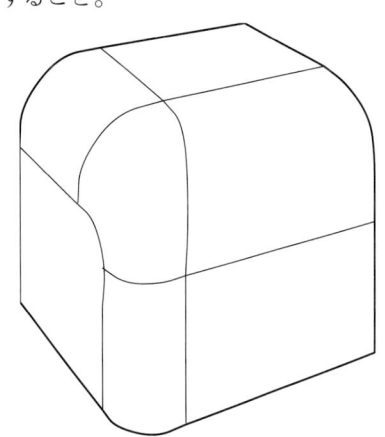

2-⑨　5径間連続桁のスパン割りを検討してみよう。

　橋長を250mと仮定し，中央径間長を60m，70m，80mとした場合のスパン割り。
　①任意の長さのa-a'を中央径間の左側橋脚上にとる。
　②a'と右端橋脚上の点dを結び，中央径間右側橋脚上の点bに立てた垂線との交点をpとする。
　③p-bの1/2の長さをpの外側にとりb'とする。
　④aとb-b'の中点nを結ぶ線がa-dと交わる点cは求める橋脚の位置である。

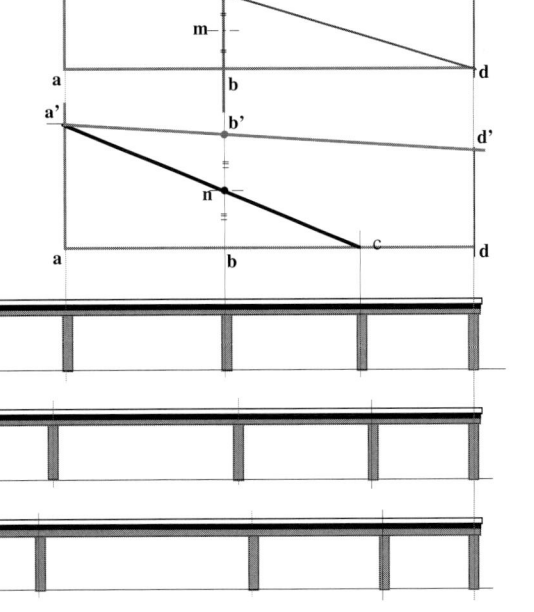

中央径間60mの場合

中央径間70mの場合

中央径間80mの場合

2-⑩ 7径間連続桁の中央径間長が200 m，等間隔の取付け橋の径間長が45 mの場合のスパン割りを検討してみよう。

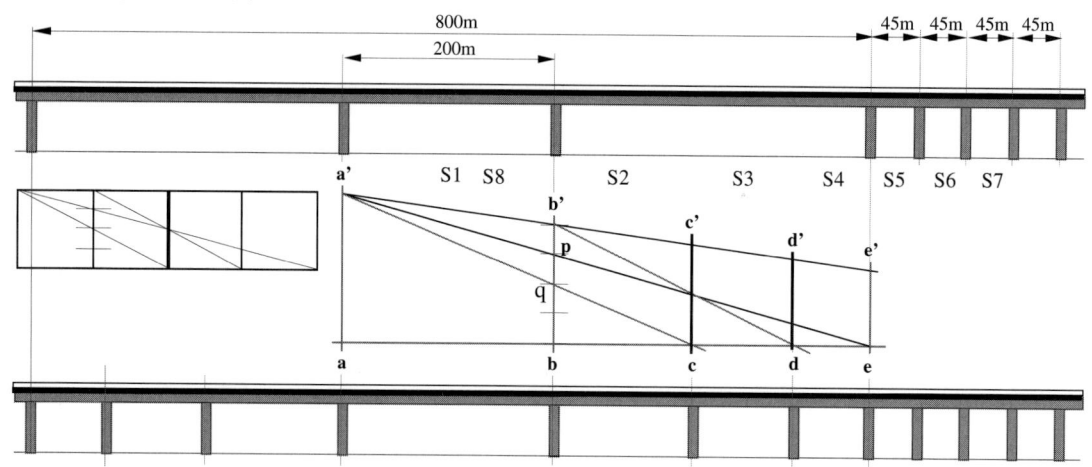

各スパンを順にS1(中央径間)，S2，S3・・とする。

ステップ1：7径間のスパン割り
①図2-42の方式にならい，a'eとbに立てた垂線との交点をpとする。
② a'とbpの2/3の点qを延長した線がaeと交わる点cは，S2のスパンを定める橋脚位置である。
③ bpの1/3をpの外側にとりb'とする。b'と，cに立てた垂線上のa'eとの交点を結ぶ線を延長し，aeとの交点dを求めると，dはS3のスパンを定める橋脚位置である。

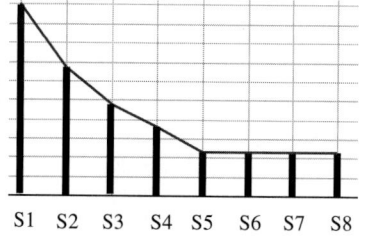

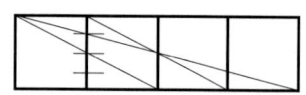

以上の操作は，左図の4つの正方形のそれぞれの対角線を引く操作に等しい。

ステップ2：錯視への対応
ステップ1で求めたスパン割りの徐変線を描くと右図上のようになる。徐変線はS5のところで折れているので，右図下のようにS2を若干短くし，それと同じだけS5のスパンを長くして徐変線を滑らかにする。下図は求めるスパン割りの図である。

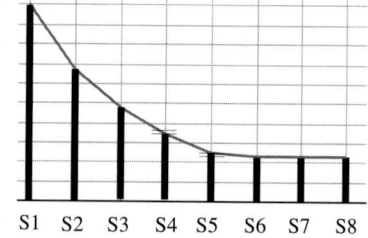

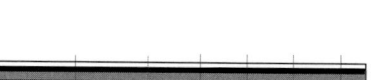

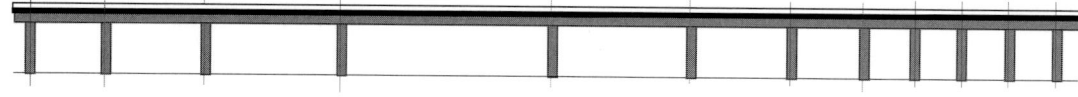

3-① マンセル記号に対応する色名を線で結んでみよう。

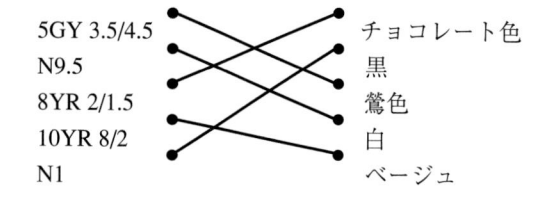

5GY 3.5/4.5   チョコレート色
N9.5   黒
8YR 2/1.5   鶯色
10YR 8/2   白
N1   ベージュ

3-② 省略

4-① 自分のオフィスの壁，天井，床，オフィス家具，パソコン等の備品類の光沢を7段階で評価し，分布図を描いてみよう。他の光沢とかけ離れたものがあれば，それが違和感を抱かせているか否か検討してみよう。同じような評価を会議室，応接室などでも行い，オフィスと比較してみるとおもしろい。

　大学のS研究室は，ブラインドが突出した光沢値を示している。それ以外は光沢値1～3の低い光沢値におさまっており，比較的落ち着いた雰囲気を醸し出している。通常，ブラインドは清掃のしやすさのためか艶やかだが，光沢の観点からはあまり艶やかでない素材が望ましい。

　大学のI会議室も，S研究室とほぼ同じような光沢値であったが，白板が高い光沢値を示している。企業の会議室などでは，白板の前に部屋の雰囲気に合わせた扉が設けられていることがあるが，扉の演出的側面もさることながら，光沢の観点からも望ましいと言えよう。

　大学会館ロビーはガラス，階段側面が突出した光沢値を示しており，これらの影響でロビー全体も光沢値の高い印象を与えている。これは，ロビーという性格上から気分の高揚を高めることやハレの日を演出することなどが意図されているからと思われる。

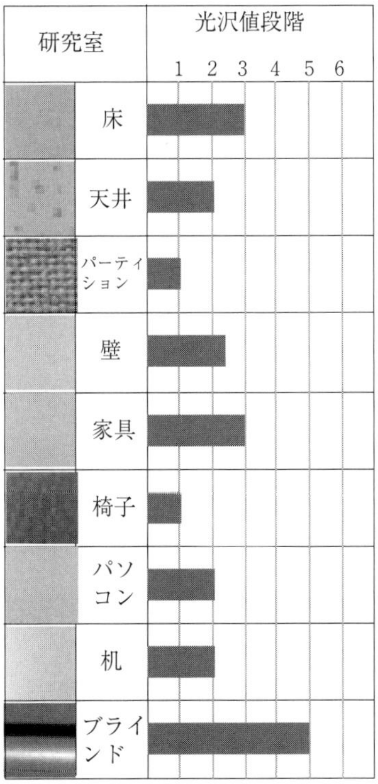

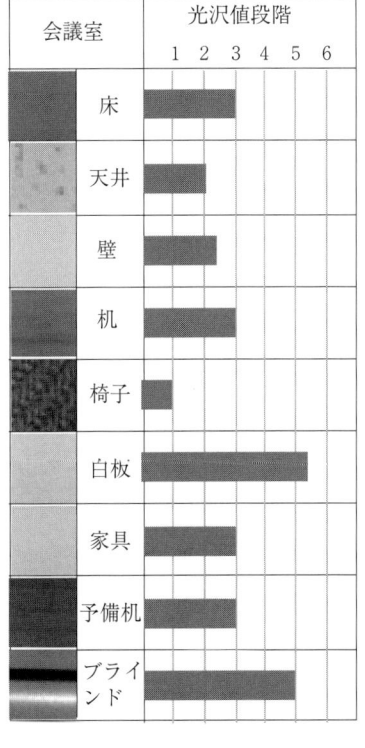

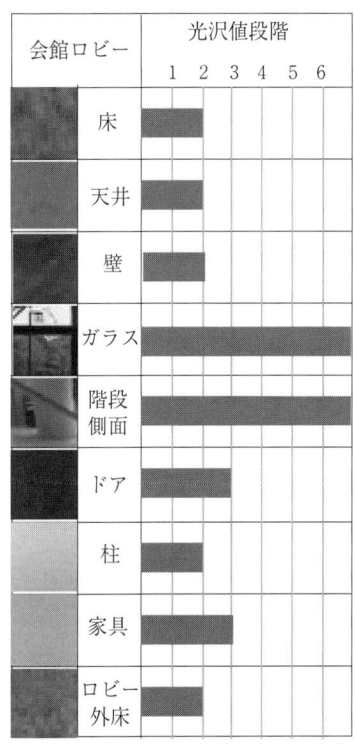

研究室		光沢値段階 1 2 3 4 5 6
	床	▬▬ (2-3)
	天井	▬▬ (2-3)
	パーティション	▬ (2)
	壁	▬▬ (2-3)
	家具	▬▬▬ (2-4)
	椅子	▬ (2)
	パソコン	▬▬ (2-3)
	机	▬▬ (2-3)
	ブラインド	▬▬▬ (4-6)

会議室		光沢値段階 1 2 3 4 5 6
	床	▬▬ (2-3)
	天井	▬▬ (2-3)
	壁	▬▬ (2-3)
	机	▬▬▬ (2-4)
	椅子	▬ (2)
	白板	▬▬▬ (3-5)
	家具	▬▬ (3-4)
	予備机	▬▬▬ (2-4)
	ブラインド	▬▬▬ (4-6)

会館ロビー		光沢値段階 1 2 3 4 5 6
	床	▬▬ (2-3)
	天井	▬▬ (2-3)
	壁	▬▬▬ (2-4)
	ガラス	▬▬▬▬▬ (2-6)
	階段側面	▬▬▬ (3-5)
	ドア	▬▬▬ (2-4)
	柱	▬▬▬ (3-5)
	家具	▬▬▬ (3-5)
	ロビー外床	▬▬ (2-3)

4-②　橋台の壁面の威圧感を軽減するため、壁面にテクスチャーを施したい。どの程度の振幅のテクスチャーを用いればよいか？　人は橋台の近くにも近寄れるが、200 mより遠くから眺めることはあまりないとする。

　近景においては領域(1)（起伏特徴が識別できる距離）、橋台との離れが200 m以内となる中景においては領域(2)（起伏特徴が平面の模様に見える領域）でよいとすると、図4-9の起伏特徴の識別距離より、壁面のテクスチャーの振幅は23mm以下でよい。

4-③　コンクリート桁橋の桁にテクスチャーを付けるとしたらどのようなテクスチャーがよいかを、架橋地点が都市部の場合と自然が色濃く残っている場所の2つの場合で考えてみる。

　一般的に橋の周囲環境の光沢は、都市部では光沢値が高く、自然部では光沢値が低いと考えられる。この考え方をベースにして、コンクリート桁橋を周囲環境に馴染ませる場合と目立たせる場合において、テクスチャーの構成要素（表面形状および知覚）をどのようにすればよいか考える。これらをまとめたものが以下の表である。

	都市部のテクスチャー		自然が多い場所のテクスチャー	
	表面形状	知覚	表面形状	知覚
馴染ませる	周辺環境と同等の高い光沢値、振幅の小さいテクスチャー	滑らかなテクスチャー	周辺環境と同等の低い光沢値、振幅の大きいテクスチャー	自然に近いザラザラしたテクスチャー
目立たせる	周辺環境と異質の光沢値、光沢値に適した振幅のテクスチャー	ザラザラしたテクスチャー	周辺環境と異質の光沢値、光沢値に適した振幅のテクスチャー	滑らかなテクスチャー

5-① 橋のスライドとハードコピーを用意し，スライドを見てその橋のデザインを評価してみよう．その際，自分がスライドのどこを見ていたかをハードコピーに丸印し，評価結果と丸印が他の人とどのように異なっているかを比較，検討してみよう．

● アラミロ橋

A: 30代男性

B: 20代女性

C: 20代男性

D: 20代男性

円の大きさは注目度を示す．

　傾けたタワーにかかる重力を利用して長スパンの主桁を吊っている点が特徴的な斜張橋である．デザインは，塔頂部の上昇性を意識した形態，付け根部の地面に対して滑らかなハンチをつけた形態，ケーブルの流れを感じさせる定着部など，細部にわたって考慮されていて被験者の評価は高い．ただ，塔基部の広がりが地面に通じていないところが気にかかる．

　○印が付けられた被験者の視線誘因箇所は，ケーブル面がつくり出す三角形の各頂点，すなわち，塔頂部，塔基部，最外側のケーブル定着部で，被験者A，Dのようにそのすべてを指摘した人もいれば，被験者B，Cのように塔基部ばかりに着目した人，塔頂とケーブル定着部のみに着目した人もいる．被験者達は必ずしもこの橋の構造の成り立ちを正確に理解しているわけではないが，塔頂部，最外側のケーブル定着部あるいは塔基部を通してタワーが桁とバランスをとっていることを理解しようとしているとともに，まるで生け花を見るように，傾いたタワーに対して視覚的にバランスがとれる箇所を被験者自身の中で見つけているようである．

●牛深ハイヤ橋

　本橋は，牛深の湾内に大きく弧を描いて架かる鋼曲線箱桁橋で，その平面線形の美しさと，桁断面の曲面が特徴的な橋である。しかし4名の被験者の視線誘因箇所をみると，まず，全員が手前橋脚の支承部近辺に視線を集中させ，2名が手前の主桁ブラケットに，また2名が後方橋脚の支承部に着目しているが，誰も桁が大きく曲がっている箇所(2番目の橋脚あたりの桁)や桁断面の特徴がよく見える桁裏には着目していない。事実，4名の被験者からは線形に対しても，断面に対してもこれといった評価はなかった。むしろ，ブラケットが規則的できれいだとか，嫌いだとか(両方の意見があった。)の評価や，橋脚が「のっぺり」しているといった評価が聞かれた。橋梁技術者の間では，特徴的な桁断面や，いかに橋全体が湾内にきれいに収まっているかを評価しているが，このような一般人の視線誘因箇所や評価は意外なものであるに違いない。しかし，ここで用いたスライドは一般によく出回っている角度であり，それに対しては，手前橋脚の支承部や手前のブラケットが視線誘因箇所になっているのである。だとすれば，ことに橋脚に関しては，主たる視線誘因箇所に相応しい造形がなされてもよいように思われる。

A: 30代男性

B: 20代女性

C: 20代男性

D: 20代男性

円の大きさは注目度を示す。

5-② 5-①の丸印は必ずしも2極構造となっていないかもしれない。それでもなお、対象を2極構造と捉えるとしたら、どこが観照の中心的箇所で、どこがその対極であるか、また、それらはそれらに相応しい造形がなされているか否かを検討してみよう。

●アラミロ橋

細かく見ると被験者Aは4極、Bは1極、Cは2極、Dは3極となっている。しかし全員がタワーには着目し、塔頂あるいは塔基部もしくはその両方を見ており、左図に示すごとく、塔頂、塔基部を含むタワーが観照の中心的箇所になっていると言えよう。その対極は、被験者のうち3人が着目している最外側の主桁ケーブル定着部であろう。

まさに生け花で言う「天」と「地」(塔頂もしくは塔基部)によって大きく傾いたバランスを最外側の主桁ケーブル定着部が「人」として全体を引き締めている。

●牛深ハイヤ橋

実験結果からすると、第1の極は手前橋脚の支承部であり、第2の極は手前主桁のブラケット部もしくは後方橋脚の支承部であると思われる。

手前主桁のブラケット部が1つの極を形成しているのは形づくりの本来のねらいではないであろう。前述のように、手前橋脚が強い視線誘因箇所とならざるを得ないとすれば、そこが観照の中心的箇所となるよう、それに相応しい形づくりがなされてもよいのではないだろうか。後方橋脚もそれに倣うとすれば、第2の極は後方橋脚に絞られ、手前主桁のブラケット部は観照の補助的役割を果たす程度となり形づくりのねらいに合致してくるように思われる。また、手前橋脚から後方橋脚への視線の途中に本橋の特徴的な桁断面や大きく湾曲した線形に注目する機会を与えることもできよう。

6-① プロポーションが美しいと思われる橋がどのような比例概念に基づいて構成されているか，図面を基に分析してみる。適当な正方形が見つかったら，黄金比が潜んでいる可能性が大きい。

生口橋

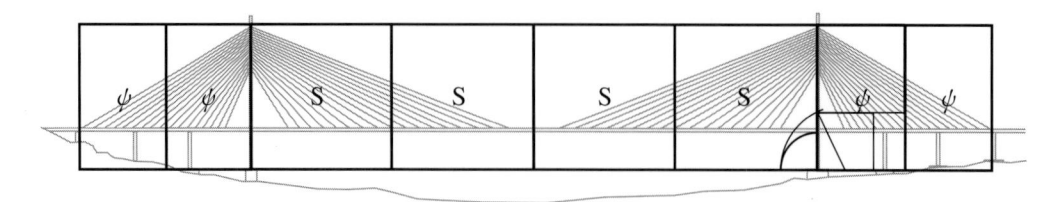

生口橋は中央径間は4つの正方形と側径間は2つのφ矩形で構成されている。桁の位置は単純な黄金分割ではなく，図6-11のゴールデンゲート橋と同様，高さ方向に黄金分割し，その小φ矩形の短辺(高さ方向)をさらに黄金分割した位置にある。

大三島橋

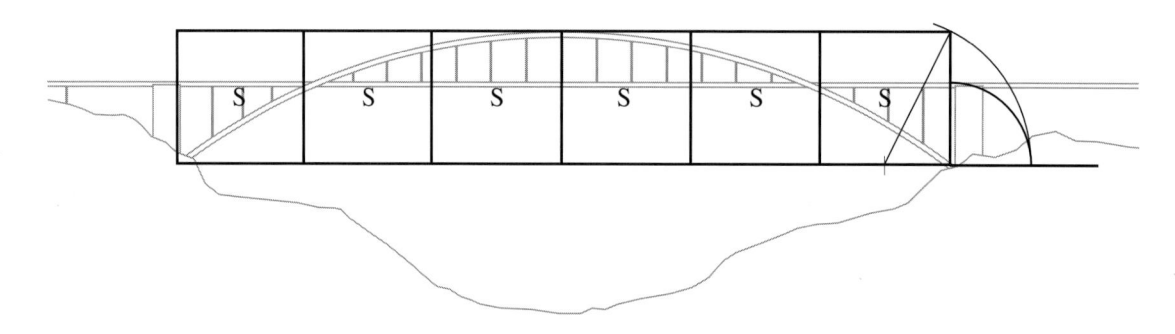

大三島橋は6つの正方形で構成されている。図6-10のヘルゲート橋と同様橋全体は黄金比を形成していないが，桁の位置は高さ方向を黄金分割した位置にある。中路アーチ橋の桁の位置は高さ方向を黄金分割した位置にあることが多いのだろうか。

明石海峡橋大橋

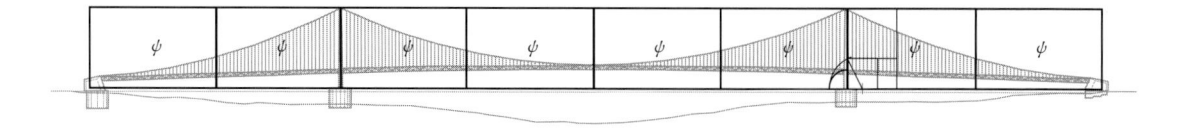

明石海峡大橋は8個のφ矩形から成り立っている。桁の位置もゴールデンゲート橋と同様，高さ方向を黄金分割し，その小φ矩形の短辺(高さ方向)をさらに黄金分割した位置にあり，橋全体が黄金比で形成されている。

6-② 主塔を挟んで左右非対称にケーブルが張られた斜張橋の図を幾つか描いてみて，どれが最もバランスがよいか検討してみる．その際，左右のケーブル角度だけではなく，粗密感も合わせて考慮に入れるとよい．

以下に示す左右のケーブル角度，ケーブルの粗密感の違いによる斜張橋15タイプについて，男女5人の学生にバランスのよい橋を3つを選んでもらった．右下の数字は得票数を示す．

結果をみると，①非対称さを強調したプロポーションのほうが好まれている．
　　　　　　②ケーブルは粗に配置するよりも密に配置するほうが好まれている．
　　　　　　③非対称であれば，ケーブルが粗であっても好まれている．
ことがわかる．

　　　　　　　　　　　　　　　　　　　　　　　　　　　　　　　　　好まれる領域

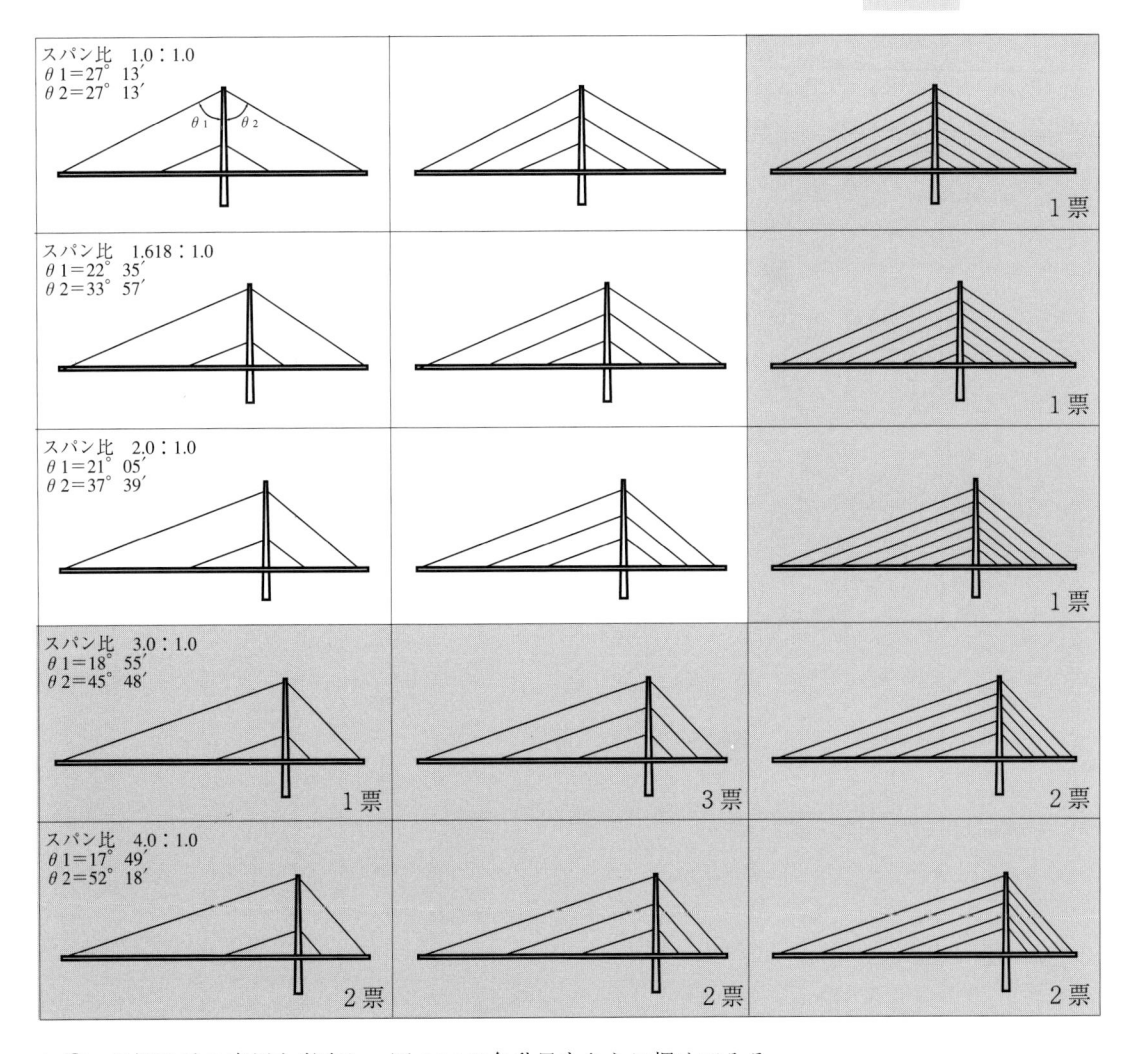

スパン比	1.0 : 1.0 $\theta_1 = 27°13'$ $\theta_2 = 27°13'$		1票
スパン比	1.618 : 1.0 $\theta_1 = 22°35'$ $\theta_2 = 33°57'$		1票
スパン比	2.0 : 1.0 $\theta_1 = 21°05'$ $\theta_2 = 37°39'$		1票
スパン比	3.0 : 1.0 $\theta_1 = 18°55'$ $\theta_2 = 45°48'$ 1票	3票	2票
スパン比	4.0 : 1.0 $\theta_1 = 17°49'$ $\theta_2 = 52°18'$ 2票	2票	2票

6-③ 景観設計の事例を考察し，図6-24の各升目をさらに埋めてみる．

　　次頁．

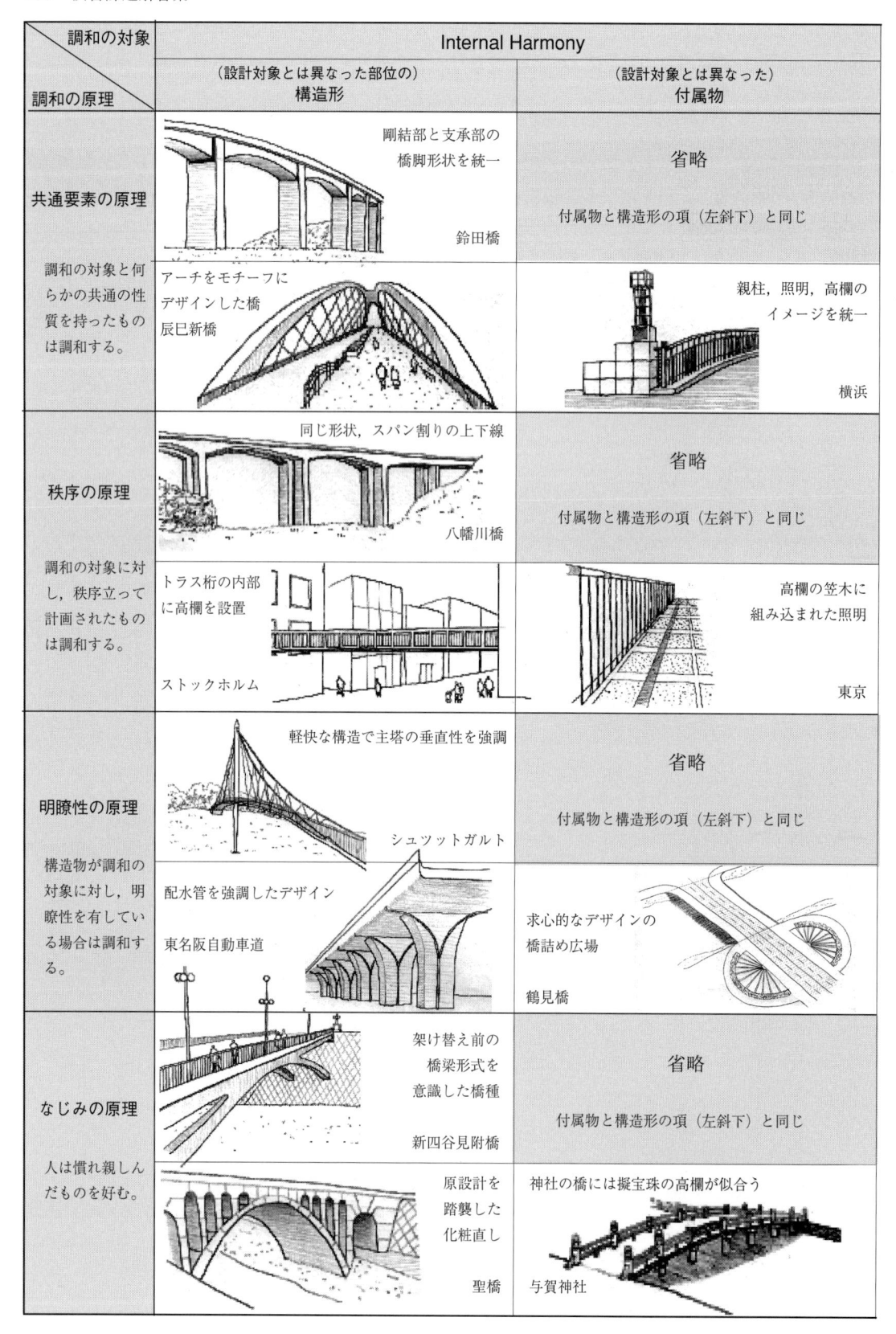

調和の原理＼調和の対象	Internal Harmony	
	（設計対象とは異なった部位の）構造形	（設計対象とは異なった）付属物
共通要素の原理 調和の対象と何らかの共通の性質を持ったものは調和する。	剛結部と支承部の橋脚形状を統一 鈴田橋 アーチをモチーフにデザインした橋 辰巳新橋	省略 付属物と構造形の項（左斜下）と同じ 親柱，照明，高欄のイメージを統一 横浜
秩序の原理 調和の対象に対し，秩序立って計画されたものは調和する。	同じ形状，スパン割りの上下線 八幡川橋 トラス桁の内部に高欄を設置 ストックホルム	省略 付属物と構造形の項（左斜下）と同じ 高欄の笠木に組み込まれた照明 東京
明瞭性の原理 構造物が調和の対象に対し，明瞭性を有している場合は調和する。	軽快な構造で主塔の垂直性を強調 シュツットガルト 配水管を強調したデザイン 東名阪自動車道	省略 付属物と構造形の項（左斜下）と同じ 求心的なデザインの橋詰め広場 鶴見橋
なじみの原理 人は慣れ親しんだものを好む。	架け替え前の橋梁形式を意識した橋種 新四谷見附橋 原設計を踏襲した化粧直し 聖橋	省略 付属物と構造形の項（左斜下）と同じ 神社の橋には擬宝珠の高欄が似合う 与賀神社

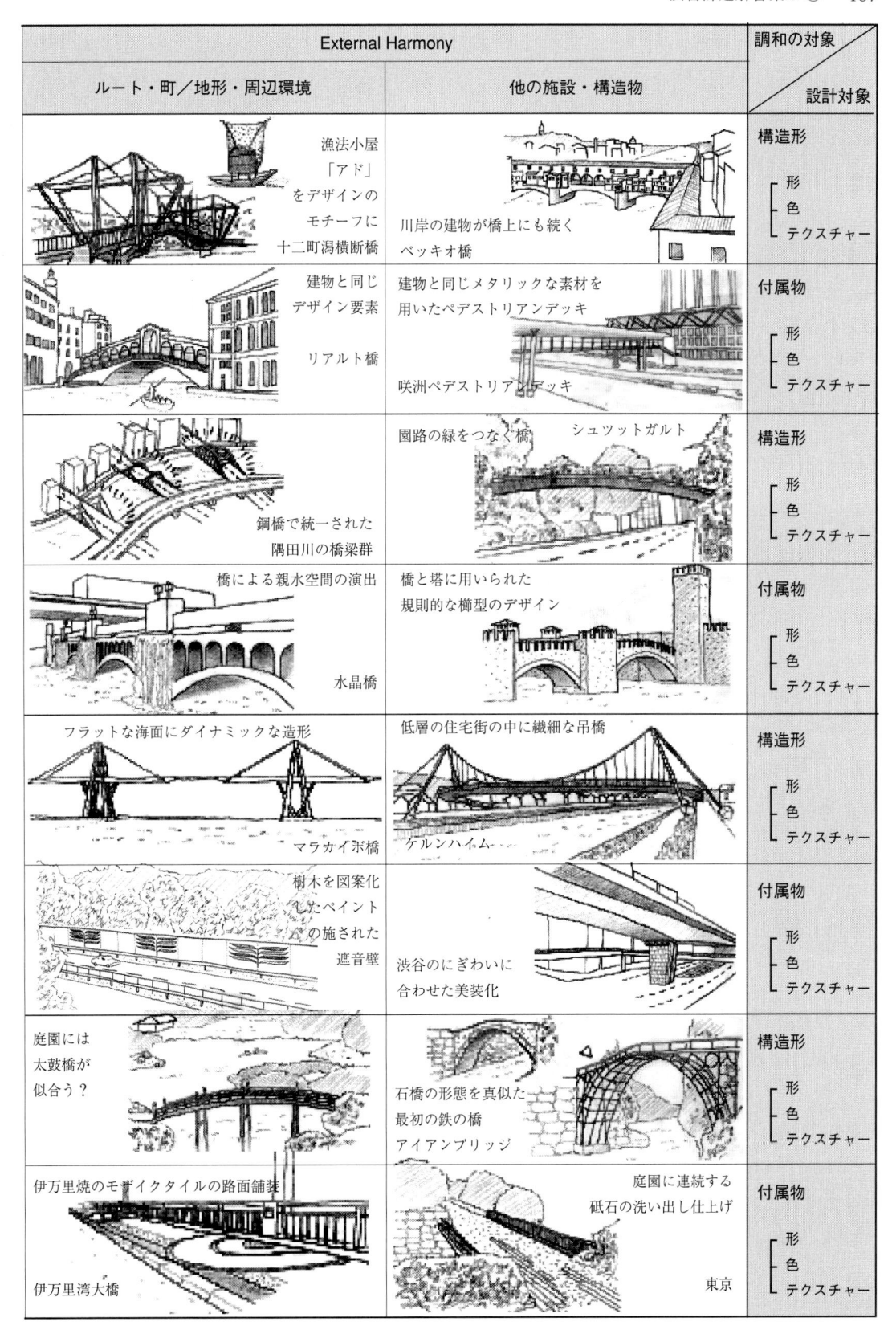

External Harmony		調和の対象
ルート・町／地形・周辺環境	他の施設・構造物	設計対象
漁法小屋「アド」をデザインのモチーフに 十二町潟横断橋	川岸の建物が橋上にも続く ベッキオ橋	構造形 - 形 - 色 - テクスチャー
建物と同じデザイン要素 リアルト橋	建物と同じメタリックな素材を用いたペデストリアンデッキ 咲洲ペデストリアンデッキ	付属物 - 形 - 色 - テクスチャー
鋼橋で統一された 隅田川の橋梁群	園路の緑をつなぐ橋 シュツットガルト	構造形 - 形 - 色 - テクスチャー
橋による親水空間の演出 水晶橋	橋と塔に用いられた規則的な櫛型のデザイン	付属物 - 形 - 色 - テクスチャー
フラットな海面にダイナミックな造形 マラカイボ橋	低層の住宅街の中に繊細な吊橋 ケルンハイム	構造形 - 形 - 色 - テクスチャー
樹木を図案化したペイントの施された遮音壁	渋谷のにぎわいに合わせた美装化	付属物 - 形 - 色 - テクスチャー
庭園には太鼓橋が似合う？	石橋の形態を真似た最初の鉄の橋 アイアンブリッジ	構造形 - 形 - 色 - テクスチャー
伊万里焼のモザイクタイルの路面舗装 伊万里湾大橋	庭園に連続する砥石の洗い出し仕上げ 東京	付属物 - 形 - 色 - テクスチャー

6-④ 対象となる橋を2橋選び，その橋の調和の状態を，設計対象を形，色，テクスチャーの3つにさらに分割したマトリックス上に記録し，調和の対象としてどのようなものが多く取り上げられているか，調和はどのような原理が多く用いられているか比較してみる。

十王川橋と柳沢橋の2橋を取り上げ，その調和状態を以下の表にまとめた。

十王川橋は，険しい自然の中をダイナミックな橋脚形状で渡るという橋を強調した明瞭性の原理が用いられている。それをいくらかでも和らげようとしているのが自然と近いコンクリートの地肌である。

一方，柳沢橋は自然の中では目立ちやすい地肌と光沢を持つ鋼橋であるが，背景が透けて見えるトラスを用いることにより，非明瞭性(図6-23の逆を狙ったもの)を図ることにより自然に溶け込ませようとしている。

両橋とも，自然になじませるために，それを阻害する要因を素材や構造形を適切に選択いくらかでも調和の方向に向かう工夫をしている。

		十王川橋	柳沢橋
共通要素の原理	形	・橋脚形状の統一	・橋脚形状の統一
	色	・ラーメン構造のため全てコンクリート色	・主径間，側径間共に同じ色に揃える ・配水管も桁と同じ色に揃える
	テクスチャー	・全て同じコンクリートの地肌	・主径間，側径間共に同じ鋼橋に揃える
秩序の原理	形	・シンメトリーな橋の形	・規則正しいリズムのトラス
	色		
	テクスチャー		
明瞭性の原理	形	・谷間に描くダイナミックな橋脚形状	・背景が透けて見える形＝非明瞭性
	色		・緑の中に映えるオレンジ色
	テクスチャー		・自然の中に見られない光沢
なじみの原理	形		
	色		
	テクスチャー	・自然の光沢に近いコンクリート ・岩肌を連想させるコンクリート	

7-① カラトラバの橋に見る材料扱いの特異な点を具体的に指摘して，その魅力を考察してみる．

Créteilの歩道橋は，バスケットハンドル型のパイプアーチである．本橋では，パイプや板材といった二次素材を多用し，それらの加工，組み合わせでもってデザインの統一を図っている．感覚的にはまるでスチレンボードでモデルを作るようであり，直感に訴える加工のわかりやすさが魅力となっている．

橋門構や上横構は内側に裏側に補剛リブが設けられているが，平板を切断しただけのあっさりしたデザインとなっている（写真(a,b)）．アーチリブとは溶接されており，また，中央の継ぎ手には高力ボルト引っ張り接合が用いられており，継ぎ手が目立たないように工夫されている．

ブラケットも平板をくり抜いて作られている（写真 (c,d)）．その端部は，ハンガーロープの定着部となり，また耳桁と連結させるジョイント構造になっている．建築や工業デザイン的処理を思わせるこうしたディテールの工夫が橋全体をすっきりさせる要因となっている．

写真(a)

写真(b)

写真(c)

写真(d)

パイプアーチの定着は，厚板の端部に設けたソケットにパイプを絞って定着している．力を大地に伝える仕組みとしては心もとない感じもするが，形の処理としてはきわめて簡潔である（写真(e)）．

写真(e)

190　演習課題解答集

　Ripollの歩道橋は傾けたパイプアーチが特徴的な橋である。補剛桁にもパイプが用いられている。ハンガーは，両パイプに溶接された結合部材を介して高力引張ボルトで接合されているが，その位置はアーチと補剛桁では異なっている。補剛桁ではパイプに直付けになっているが，アーチ部ではやや下がった位置で接合されている。これにより，アーチ部での視覚的煩雑さがなくなり，ハンガーの取り付けはすっきりしたものとなり，アーチを軽やかにしている（写真(a)）。

　写真(b)の○印で囲った耳桁の格点部を詳細に見ると写真(c)のようになっている。横構や対傾構の端部を丁寧にデザインし，耳桁に溶接された肉厚のガセットに結合させている。平板を切断しただけの部材が多い中で，要所要所をこうしたきめ細かなデザインで引き締めることにより全体を質の高いデザインへと導いている。

　写真(d)のコンクリートの梁は下部構と一体となった片持梁の階段で，下部工と階段との間には一定の間隔で穴が開けられている。この穴のあることで下部工と階段は視覚的にも分けられているが，桁裏，階段裏ということを考えると，普通であればこの穴は塞いでしまうに違いない。しかしそれでは写真のような軽快でリズミカルな感じや，片持梁の持つ緊張感もなくなってしまう。どっしりとした塊感のある造形ではなく，コンクリートにも適度の緊張感を感じさせる形づくりとなっている。

写真(a)

写真(b)

写真(d)

写真(c)

7-② 近年,複合構造を採用する橋が増えてきている。複合構造には複合構造なりの魅力があるはずである。その造形的魅力について考察してみよう。

①異種素材の組み合わせの魅力

異なる素材が組み合わさることにより,素材と素材のひびき合いをデザインのモチーフとするとともに,軽い素材,重い素材,軸力に強い素材,曲げモーメントに強い素材など,素材をその特性を最も生かせる場所に用いて,合理的な心地よさを感じさせることができる。

写真(a)はCalatravaによるMeridaのアーチ橋である。本橋は3本の鋼製パイプアーチが桁上のコンクリートのアーチ基部につながるというユニークな構造の橋である。マッシブなコンクリートのアーチ基部は鋼製パイプアーチの水平力に抵抗するとともに,軽快で透明感のあるパイプアーチと際だった対比を見せ,本橋の魅力を演出している。

写真(b)は,主桁のウェブを波鋼板,下フランジをコンクリートとすることによって,鋼とコンクリートのそれぞれの素材感,組み合わせのおもしろさを生かしている。

写真(c)は,ラーメン構造でありながら橋脚はコンクリート構造,主桁は鋼構造とすることで,合理的な心地よさを感じることができる。

また,Meridaの橋ではメタルとコンクリートの色をできるだけ近づけているが,この両橋は共にメタル部分を焦げ茶色に塗装し,全体をツートーンカラーにして,材料の違いを強調している。これも複合構造の魅力の1つとして活用することができよう。ことに写真(c)は,これがメタルあるいはコンクリートだけでできていれば決してこのような塗り分けはしないものと思われる。結果として極めて斬新な印象を与える橋になっている。

写真(a)

写真(b)

写真(c)

②新たな構造形を生む可能性

鋼とコンクリートを組み合わせて構造形を創るということ自体が新しい試みであるため，これまでにない新たな構造形を生む可能性がある．写真(a)〜(c)以外にも以下のような事例がみられる．

写真(d)は，Mimramによるアーチ橋である．Meridaのアーチ橋（写真(a)）同様，アーチ基部にコンクリートを用い，メタルのトラス桁をそれにつなげて全体としてアーチの歩道橋を形成している．

写真(e)は，写真(c)のコンクリート橋脚部を大きくし，中央をくり抜いて全体としてはV脚ラーメン橋としたものであるが，通常V脚ラーメン橋とは全く異なった印象を与えている．

写真(f)は，複合構造の結合部がデザインの大きな要素になることを示した例である．本橋では結合部の形を工業デザイン的手法を用いてデザインし，魅力的な造形を創出している．

写真(d)

写真(e) 　　　　　　　　　　　　　　写真(f)

③スレンダネスの追求

複合構造による合理化により，構造部材のスレンダネスの追求がより可能になる．写真(g)は床版と鋼管による複合断面とすることで，また写真(h)は側径間をコンクリート桁，中央径間を鋼桁とすることでスレンダネスを獲得している．

写真(g) 　　　　　　　　　　　　　　写真(h)

8-① 自分の気に入った橋がデザイン思想の変遷の中でどのように位置づけられるか考察してみよう。

　関越自動車道の永井川橋は，橋長487 mの5径間連続PCラーメン橋である。3基の中間高橋脚には，支承があるが，主桁のボックス幅と橋脚の幅をあわせることで簡潔な側面を作っている。また，上下線の橋脚位置，形状を揃えることで全体景観の煩雑さを押さえている。できるだけ視覚的な部材数を押さえようとしており，ザッハリヒカイトの造形思想が伺える。

8-② 機能主義の考え方には，ダーウィンではなく，ラマルクの進化論が影響しているとされている。どのように影響を及ぼしたかを考えてみよう。

　材料の真実を追求し実用的な機能を満たし，経済的に生産することがデザインすることの意味であるとする機能主義の思想は，全体として「形態は機能に従う」という一つの方向をもって発展してきた。しかしその方向は，ダーウィンの進化論で説明されるように，各々の変異（開発思想）自体は特定の方向性を持たず，ランダムな変異によって現れた個体がたまたま環境に適応して選択されるのだと理解するよりも，ラマルクの進化論のように，それぞれのデザイナーが知識と経験から開発思想（変異の方向性）を持ち，そのそれぞれの思想の連続として導かれた方向性であると理解する方が設計という演繹的側面の強い行為は説明しやすいものと思われる。

9-①　構造設計においてはコンセプトが立てられることはほとんどない。では，なぜ構造設計にはコンセプトは不要なのか考察してみよう。

　コンセプトとは，「当該橋梁に求められる要件」のうち，「人による意見の違いがあるもの」すなわち選択要件に対し，方向性を与えるものである。橋種選定や形づくりの段階においては選択要件は多く，コンセプトを導入して選択肢を絞り込まなければならない。しかし，橋種の選択ではなく，ある特定の構造に対して，人によりAとも考えられる，Bとも考えられるといった意見の違いがあるとすれば，それはそのどちらかを選択すればよいという問題ではない。構造の持つ使命として，意見の違いがなくなるまで議論し意見の違いを解消するか，あるいはそれが未知の領域に属するものであれば，実験や理論的解明を待って設計を進めねばならない。構造においては，「人による意見の違い」はあってはならないのである。「人による意見の違い」がなければコンセプトは不要である。
　構造を経済性や施工性といった社会的要因（国によって何が経済的か，施工しやすいかが異なることがある）によって評価する場合でも，それが明確に評価して選択できる限りコンセプトは不要である。

9-②　商品に対するデザインコンセプトの策定や承認は，その商品の売れ行きに大きく影響するため，かなり慎重に行われている。では，橋のデザインコンセプトの策定や承認はどうあらねばならないかを商品との対比で考察してみよう。

　当該橋梁に係る上位計画をもっと策定し，コンセプトの絞り込み，承認をしやすくすべきである。
　商品の場合，例えば上級機種，中級機種，下級機種といったように，1つの商品種に対して商品ラインアップを形成して市場に臨むことが多い。いわばゾーンディフェンスを敷いているわけである。「どのようなラインアップを組むかが我が社の商品に対するまず最初に立てるコンセプトである」と述べる企業もあるように，いかにゾーンディフェンスを行うかは企業にとって重要な課題となっている。橋の場合も，事業主体がこれから建設する予定の橋は，景観的に見て極めて重要な橋，生活に馴染むことが最優先されるべき橋など，どのような性格を有すべきかは様々であろう。管轄している地域をいかにゾーンディフェンスするかという商品ラインアップ計画に相当する上位計画を立てねばならない。そして，商品の場合，中級機種のデザインをしていながら，上級機種のデザインよりも上級に見えるデザインは企業にとっては当を得ない無意味なものであるように，橋の場合も，このような上位計画のもとにデザインの方向性を定めるならば，おとなしく仕上げるべき橋を，橋は土木の華であるとばかりに派手にしてみたり，あるいは逆に，景観に留意せねばならない橋を無造作に設計したりすることは防げるに違いない。また，たとえ自治体の長が自身の好みを押しつけるような態度にも責任をもって対処できよう。
　1つの企業が幾つもの商品種を出している場合，各商品種間のデザインの相違についてある姿勢が打ち出される。その蓄積として，その企業の商品群に対するブランドイメージが形成される。橋は道路の一部であり，川に架かったり，トンネルと隣接したりする。橋のデザイン，道路のデザイン，川のデザイン，トンネルのデザイン，それらは現状では事業主体の担当者も，設計者も異なっており，それら全体をデザイン面で統括する部署や担当者はいない。しかし，これではデザインはバラバラであるという負のブランドイメージしか形成できない。担当する土木構造物全体に対するデザインマネージメントを開始せねばならない。こうした上位計画が策定されれば，当該橋梁のデザインコンセプトの策定や承認は，委員会などでのいわば対処療法的承認から，より総合的に確信を持って行えるものと思われる。

橋梁形式ならびに橋梁各部の名称

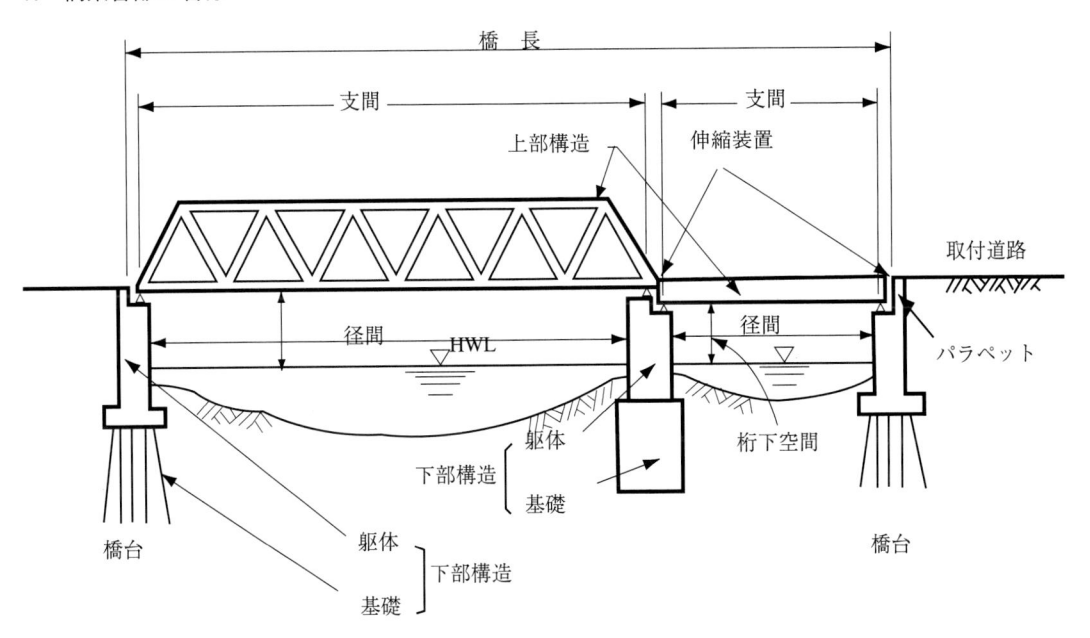

1. 橋梁各部の名称

2. 路面位置による橋の分類

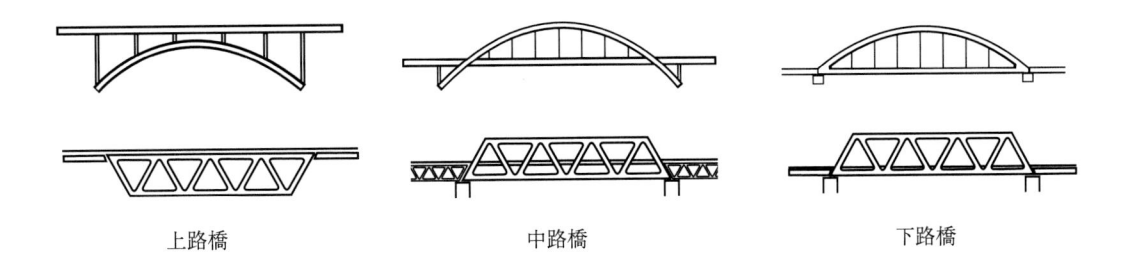

上路橋　　　中路橋　　　下路橋

3. 橋梁形式
a. 床版橋（スラブ橋）
　コンクリートでできた版で成り立っているもの

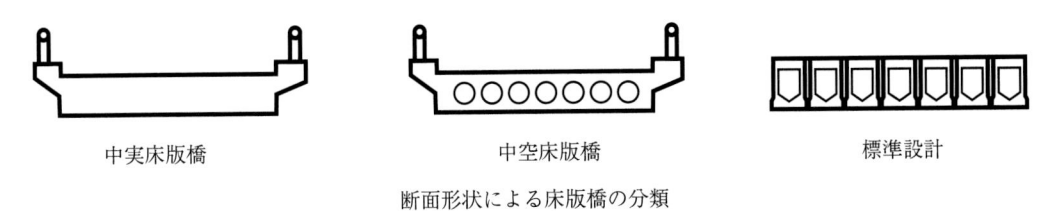

中実床版橋　　中空床版橋　　標準設計

断面形状による床版橋の分類

b. 桁橋
①I桁橋
鋼鈑やコンクリートで作られたI桁断面の主桁を有するもので，この主桁が床版を支えるもの

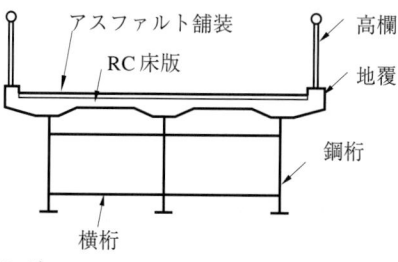

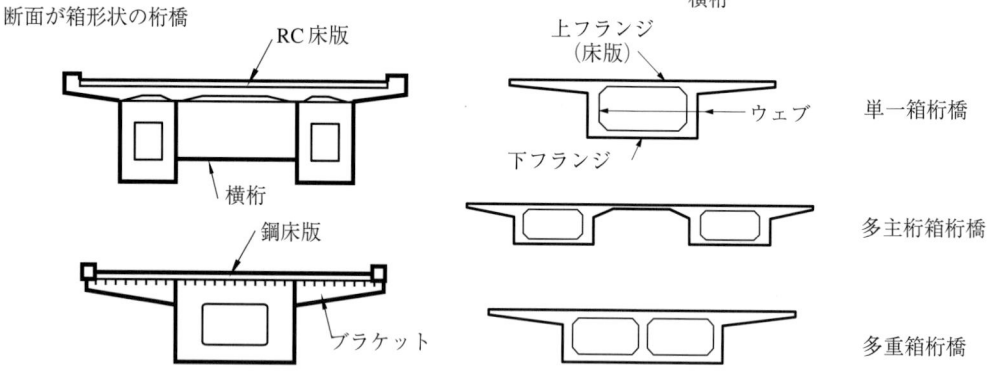

②箱桁橋
断面が箱形状の桁橋

単一箱桁橋

多主桁箱桁橋

多重箱桁橋

c. トラス橋
弦材（上弦材，下弦材）と腹材（斜材，垂直材）によって構成されるもの

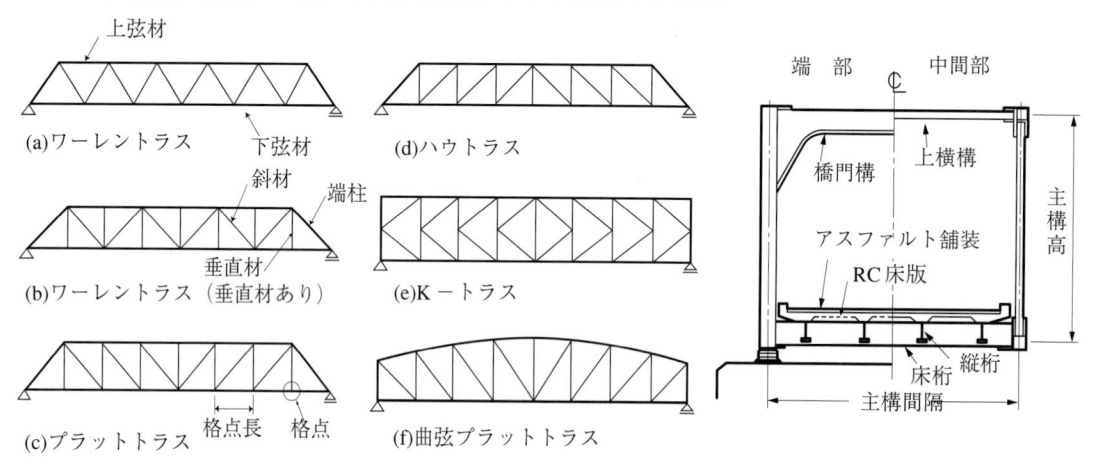

(a)ワーレントラス
(b)ワーレントラス（垂直材あり）
(c)プラットトラス
(d)ハウトラス
(e)Kートラス
(f)曲弦プラットトラス

d. アーチ橋
力をアーチ部材に軸方向圧縮力として働かせる構造

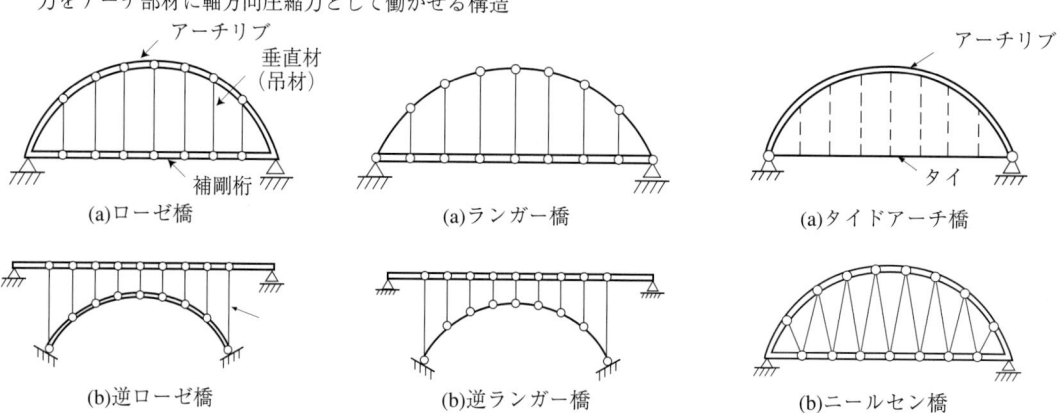

(a)ローゼ橋
(a)ランガー橋
(a)タイドアーチ橋
(b)逆ローゼ橋
(b)逆ランガー橋
(b)ニールセン橋

(a) ソリッドリブアーチ

(b) ブレースドリブアーチ

(c) スパンドレルブレースドリブアーチ

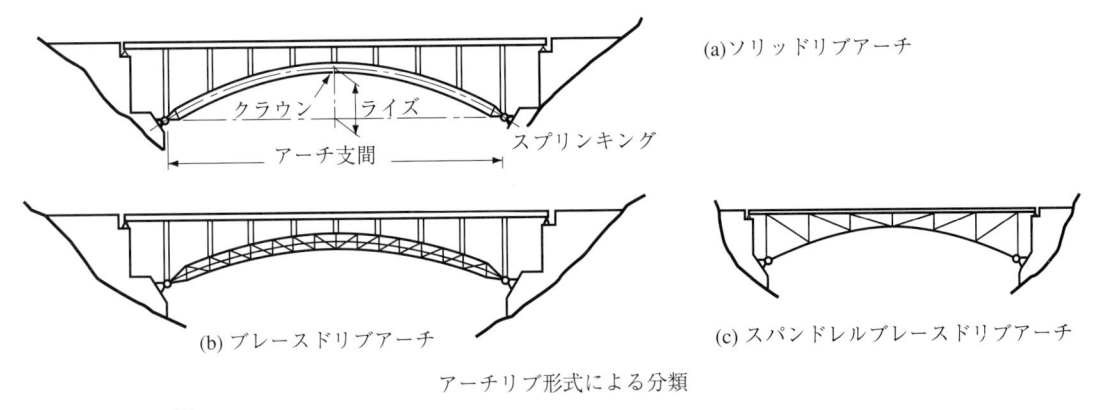

アーチリブ形式による分類

e. ラーメン橋
　橋脚と主桁とを剛結させたもの

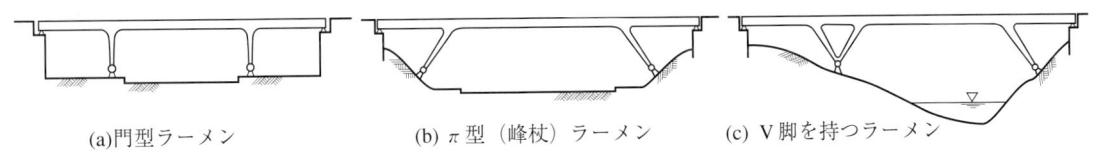

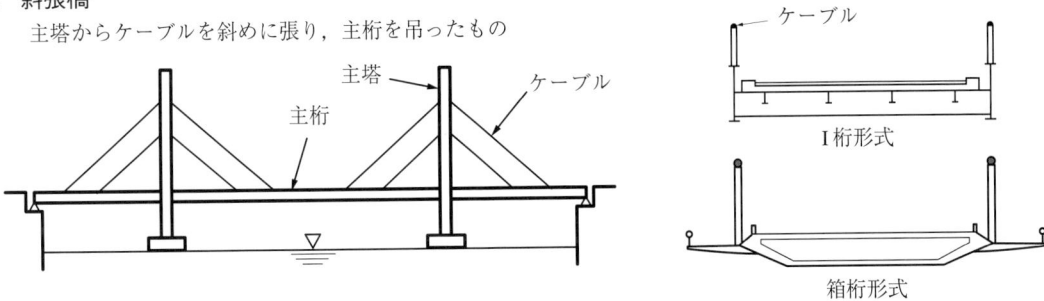

(a) 門型ラーメン　　　(b) π型（峰杖）ラーメン　　　(c) V脚を持つラーメン

f. 斜張橋
　主塔からケーブルを斜めに張り，主桁を吊ったもの

I桁形式

箱桁形式

g. 吊橋
　主塔間に張り渡されたケーブルからハンガーによって補剛桁を吊ったもの

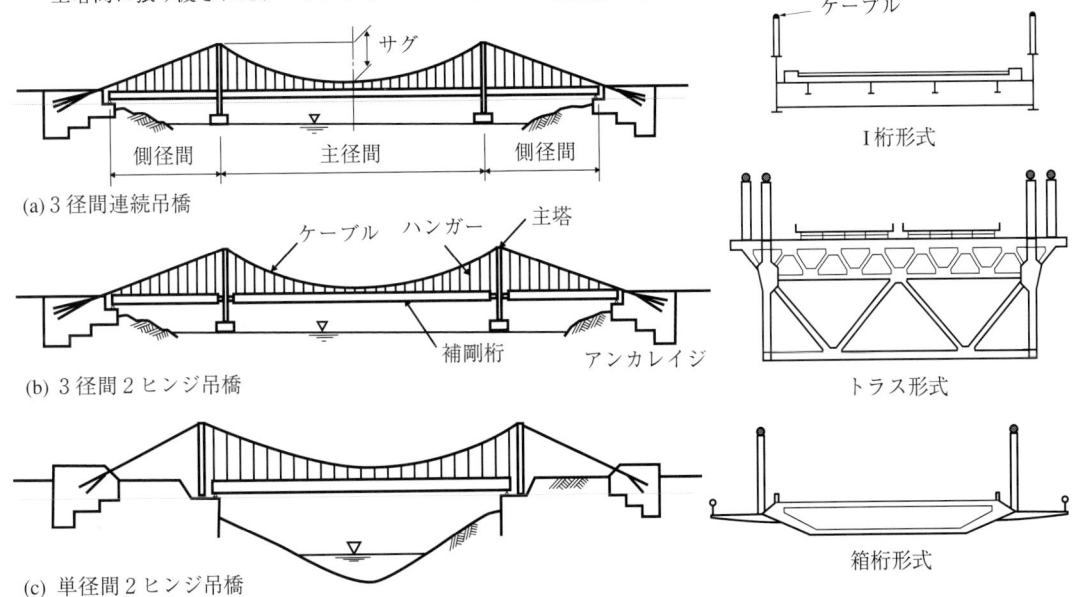

(a) 3径間連続吊橋

(b) 3径間2ヒンジ吊橋

(c) 単径間2ヒンジ吊橋

I桁形式

トラス形式

箱桁形式

索 引

ア 行

アーチ橋　26,102,120
アーチリブ　4,99,110,133
アール　23,47
　　──始まり線　47
　　コーナー──　23
アールがけ　47
　　──の種類　48,49
　　──の法則　53
　　──面　47
　　噴水型の──　53
アール・デコ　145
アール・ヌーボー　143,145
Iron Br.　141
アイディア　2, 3
　　──の視覚化　2, 3,11
アイデンティティー　153
アイマークレコーダー　95
赤坂離宮(迎賓館)　120
明石海峡大橋　75
アクティビティー　153
アニメーション　5,9
アバット　136
アメニティー　153
アラミロ橋　112
有明高架橋　81
Alexandre Ⅲ世橋　140
アンカレイジ　90,139
Ambassador 橋　147
Ammann　141,144,149
暗黙のコンセプト　158,159
飯田橋駅前歩道橋　130
External Harmony　117,125
異国情緒　139
石張り模様　81
石割り肌　87
異数頂点法　34,35
磯崎新　152
一次素材による形
　　　(コンクリート橋)　129
1点透視　13,17
伊藤　103
L'ile D'Orleans 橋　146

イルミネーション　9
色　69
　　──に対する嗜好　70
　　──の表示　65
　　──の見え　69
　　──立体　66
　　地域の──　70
　　橋本体の──　68
　　付属施設の──　68
　　ルートとしての──　70
岩大橋　57
因子分析　92
Internal Harmony　117,125
ヴィトルヴィス　106
Williamsburg 橋
宇治の平等院　112
浦戸大橋　57
英国土木学会　117
Emmerich 橋　148
鉛直要素　100
エンパイア・ステートビル
　　145
黄金比(黄金分割)　54,107
黄金截矩形　107
大島大橋　42
大田川橋　61
岡谷高架橋　57
Oscar Faber　117
オストワルト　74

カ 行

回転スペクトル　101
概念　155
格点間隔　58
加工　30,31,33,87
　　──の検討　37
加算法　34,35,40,44
ガセット　132,134
形の生成過程　30,31
形の成り立ち　30,31,38
　　──の明確化　39,40,41
形の魅力　129
型枠　79

──跡　131
合掌大橋　121
加藤誠平　116
壁高欄　44
カラーメッシュ　69
カラトラバ　132
眼球運動　95
環境色　69
観照　95
　　──の核　101
ガンター橋　138
ギーディオン　141
幾何学的合理性　149
技術シーズ　159
基線　13
基調色　68
機能主義　29,106,110,139,143
起伏特性　81
起伏特徴　86
基本要件　157
きめ　80
キャスティング　132
級数　54,55,56
　　──を用いた徐変　54,55
　　──の作成　55,56
強調法　116
共通要素の原理　121
鏡面反射　135
橋門構　99
供用アンカー　115
橋梁群のタイプ分け　123
橋梁の美的取扱い　116
ギリシャ神殿　106
均衡　105
くじら橋(稲城中央公園連絡橋)
　　162
クライスラー・ビル　145
倉敷市瀬戸大橋架橋記念館　153
グラデーション (gradation)　54,
　　105
Grand Mere 橋　145
クリスチャン・メン　137
Clifton 橋　141
来島大橋　115

索引

Creteil の歩道橋　133
群馬県橋梁色彩計画マニュアル　76
軽快感　134
径間　56
景観カラーメッシュ　69
景観マネージメント　159
形式美　105
形態上の斑点　96
形態は機能に従う　106,143
ケーブル配置　62
ゲシタルト性(形態質)　149
ゲシタルト要因　32,39,90
化粧型枠　80
桁橋　24,101,110
嫌悪色　73
言語的思考　1
弦材　71
減算法　34,35,39,43
懸垂曲線　111,141
建築十書　106
工業デザイン　139,155
鋼重ミニマム　150
鋼製型枠　82
構造形　4,41,76,
　——と色　71
光沢　81,135
　——計　82
　——計画　83
　——値　83
　——の指標　82
　——保持率　72
鋼板　130
候補色　68
合理主義　139,143
Golden Gate 橋　59,73,97,109,145
コールテン鋼　135
ゴールドセクション　54
国際装飾芸術近代産業博覧会　145
ゴシック様式　111,139
固有要件　157
新，旧 Koln Mulhen 橋　148
新，旧 Koln Rodenkirechen 橋　148
コンクリート　79,129,135
　——橋　80,85
　——打設　130
　——の打ち継ぎ跡　133
コンストラクティブ　152

コンセプト　70,155
　——主導型　159
　——不要　157
コントラスト　105
コンピュータグラフィックス　10

サ 行

彩度　65
截頭正四角錐　33
さがみさかわ9橋景観等検討委員会　160
ザギナトーベル橋　137
錯視　47,60
サグ中心　115
Saccades Movement　95
ザッハリヒカイト　148,151
ザハ・ハデド　152
差別化　161
左右対称　111,112
産業革命　140
サン・クルー橋　80
サンダーランド橋　141
3点透視　13
SanFrancisco-Oakland Bay 橋　148
Jacob's Creek 橋　142
James Finley　142
R.Jencks　152
視覚化　2
視覚的バランス　111
視覚的部品点数　133
4月25日(Tagus)橋　150
色彩　65,135
　——計画　67
　——調和理論　74
色相　65
識別距離　89,90
視距離　14,15,97
軸測投影図法　12
思考の媒介過程説　1
視線誘引個所　98
質感　81
実形図　12
視点　13
　——場　69
地肌　81
シミュレーション　9
斜張橋　40,100,102,112,119,125
ジャッド(Judd)　74,121
杓隠し　44

周期性　86
十字断面　36
重量感　134
主径間　56
主塔　58
上位計画　157
消去法　116
George Washington 橋　149
消点　13
小面積第3色覚異常　69
乗用車のデザイン　133
触知覚　81
徐変　54
　——区間　59
　——線　54,55,56
　　部材間隔の——　54
白川郷　120
新勝瀬橋　160
人体の比例　106
振幅　86
シンメトリー　105,111
スイープ法　33,34
水晶宮　142
水平材　58
水平線　13
スーパーインポーズ　11
図形の分類　29,30
スケッチ　5,6,7,11,12
　スクラッチ——　5,6
　ラフ——　5,6,7
D.Steinman　144,146,150
スチールタワー　144
スチレンボード　4,11,21
スティーブン・ホール　153
図と地　73,74,147
J.Strauss　145
スパン割り　57
図面　10
Throgs Neck 橋　149
成角透視図　12,13
正弦波　86
製品軌跡　159
St. Jojn's 橋　144
接着剤　22
Severn 橋　151
選択要件　157
戦略的　156
造形手順　31
総合計画　157
装飾　139

タ 行

側径間比　110
ソットサス　152

第1, 2, 3主因波　102
ダイアフラム　131
帝釈橋　109
対称　105
対称性の破れ　115
対象的思考　1
退色　72
態度要件　156
ダイナミック・シンメトリー　54, 55
高木　112
多々羅大橋　62, 118
多摩ニュータウン　122
ダム湖　114
溜池交差点　118
多様における統一　105
Tancarville 橋　148
単調（モノトニー）　105, 116, 122
Chesapeake Bay 橋　150
地形模型　26
秩序の原理　122
中央径間　60, 98
注視個所　95
注視軌跡　95
注視点　96
　　――移動パターン　101
　　――経路　97
　　――の集中と分散　100
抽象化　4
中心窩　95
中心投影図法　12
鋳鉄アーチ橋　141
長大吊橋　150
調和（ハーモニー）　116
　　――の原理　121
　　――の対象　118
　　――のマトリックス　124
ツオツ橋　137
吊橋　40, 100
鶴の橋　136
T字橋脚　38
庭園橋　160
停点　13
テクスチャー　79, 136
　　――環　86
　　――立体　85
　　――の視知覚　89
　　一次オーダーの――　91
　　二次オーダーの――　91
　　マクロオーダーの――　87
　　ミクロオーダーの――　87
デコンストラクティビズム
　　　　（Deconstructivism）　152
デザインコンセプト　155
デ・スティル　149
Delaware Memorial 橋　149
Telford　141
添接板　133
天門橋　134
ドイツ工作連盟
　　　　（Deutsche Werkbund）　148
等角投影図法　20
等間隔区間　59
東京国際フォーラム　138
東京湾横断道路　58, 75
統合型　161
等差級数　54, 55
透視図　10, 12, 15
　　――の修正　17
同定化　4
等比級数　54, 55
トーン　67
トーン差　74
トポロジカル（位相幾何学的）　87
Tribrough 橋　144
トラス橋　71, 134
取付橋　57
トレードオフ　160
ドローイング　5, 6
　　プレゼンテーション――　5, 6
　　プロダクション――　5, 6
トンネル坑口　90

ナ 行

なじみの原理　123
斜透視図　12, 13
斜投影図法　20
縄張法　107
2極構造　103
二次素材による形(鋼橋)　129
2点透視　13, 17
日本橋　118
ねらい　155

ハ 行

パース　6, 7
C.Purcell　148
バーナード・チュミ　153
ハーバート・リード　95
π型ラーメン　119
背景色　69
パイプアーチ　130
パイプトラス　132
バウハウス　148
白鳥大橋　75, 83
橋に求められる要件　156
橋の機能　161
バチ型橋脚　44
八幡平大橋　131
L.Buck　144
発泡材　10, 21
浜名大橋　57
バランス　37, 111
　　――の場　113
パリ国際博覧会　142
パルテノンの神殿　108
ハンチ　98, 130
Humber 橋　151
ハンプトンコート橋　83
Hammersmith 橋　139
P.C.C.S. 表色系　66
美術工芸運動 (Arts and Crafts
　　　Movement)　140
美装化　118
非対称形　112
ピタゴラス　106
美的形式原理　105
美の規範　111
美の三角構造　103
表示　2
　　――媒体　1, 2, 5
表面性状　81
ピラミッド　107
ビリングトン　137
比例法　33, 34
比例概念　106
φ矩形　107
フィボナッチ級数　54, 55
フィリップ・モリソン　115
フィリップ・ジョンソン　152
フーチング　98
Forth Road 橋　148, 150
フォトモンタージュ　6, 7

付加価値　161
富嶽三十六景　108
腹材　42
福博であい橋　161
部材端部　100
部材と部材の交点部　100
部材内変曲点　100
腐食面　88
Freeman, Fox & Partner　151
Brooklyn 橋　142
Brunel　141
ブレーシング　151
ブレストリブアーチ　134
プロポーション　37,106
分担型　162
　　──の色彩計画　70
Bear Mountain 橋　146
ベイブリッジ　42
平行投影図法　12,20
平行透視図　12,13
ペブスナー　141
Verazano Narrows 橋　144,149
ヘルゲート橋　109
Bronx-Whiteston 橋　149
Benjamin Franklin 橋　147
変色　72
偏断面桁　130
法線ベクトル　85
北斎　108
Hoshino　123
補助色　68
ホスト・モダン　152
Bosporus 橋　151
ポンピドー・センター　152

マ 行

マイケル・グレイプス　152
Mount Hope 橋　146
Macknac 橋　144,146
真駒内中央橋　130
McDermott　152

まとまりのある形　32
Multi Piece の美しさ　132
マンセル表色系　65
Manhattan 橋　144
Manford　142
Mid Hudson 橋　147
見取り図　12
ミュンヘン大橋　118
ムーン・スペンサー　74
H.Muthesius　148
明度　65
　　──差　75
明瞭性の原理　123
目地　87
　　──幅　90
目で見た形　12
Menei Strait 橋　141
L.Moisieff　144
Moselle 橋　148
Modjeski　147
モジュロール　106
モダニズム　140,143,152
モダンデザイン　139,143
モックアップ　6,7,8
　　ラフ──　5,6,7
モデル　3,5,21
　　──材料　21
　　──の機能　3
　　スタディ──　5,6,10
　　ダミー──　6,8,9
もとの形　30,31
モビール　111
Morris　140

ヤ 行

弥次郎兵衛　111
柳亮　106
八幡川橋　132
山本宏　72
ヤンベルムプラッツ　79,131
ユークリッド　107

有視距離　90
融和法　116
四谷見附橋　120

ラ 行

ラーメン橋　43
Lions Gate 橋　146
F.L.Wright　142
ラテラル　134
ラポート　3
ラン・イン　47
リープマン効果　74
リズム　105
理想状態　155
立方体　15,16,18
　　──の分割と増殖　18,19
Little Belt 橋　148
Ripoll の歩道橋　133
竜安寺石庭　114
Lindenthal　144
√5 矩形　108
ル・コルビジェ　106,145,148,149
Looking and Seeing シリーズ　29
Rhine 橋　130
レインボーブリッジ　130
Leonhardt　134,151
歴史的様式　139
レペティッション　105
レム・クールハウス　152
レンダリング 6,7
六本木交差点　118
ロベール・マイアール　137
ロンドン橋　141
ロンドン万国博覧会　142

ワ 行

若戸大橋　72
One Piece の美しさ　131

著者略歴

杉山 和雄(すぎやま かずお)

1942年香川県生まれ．1969年千葉大学大学院工学研究科工業意匠学専攻修了．シカゴにあるデザイン事務所 Latham, Tyler & Jensen Design Inc. 等を経て，1973年より千葉大学工学部工業意匠学科勤務，1994年教授，1998年千葉大学大学院自然科学研究科教授，工学博士（東京大学）．
主な作品：瀬戸大橋，大島大橋，白鳥大橋，永宗大橋（韓国，国際コンペ第1席）等．
主な著書：『Bridge Aesthetics Around the World』(Transportation Research Board, 分担)，『美しい橋のデザインマニュアル　第2集』(土木学会)，『EXCELによる調査分析入門』(海文堂，編著) 等．

橋 の 造 形 学　　　　　　　　　定価はカバーに表示

2001年3月20日　初版第1刷
2004年8月10日　　　第3刷

著者　杉　山　和　雄
発行者　朝　倉　邦　造
発行所　株式会社　朝　倉　書　店

東京都新宿区新小川町6-29
郵便番号　162-8707
電　話　03(3260)0141
FAX　03(3260)0180
http://www.asakura.co.jp

〈検印省略〉

© 2001 〈無断複写・転載を禁ず〉

中央印刷・渡辺製本

ISBN 4-254-26140-3　C 3051　　　　　　　Printed in Japan

日中英用語辞典編集委員会編

日中英土木対照用語辞典

26138-1 C3551　　A5判 500頁 本体12000円

日本・中国・欧米の土木を学ぶ人々および建設業に携わる人々に役立つよう，頻繁に使われる土木用語約4500語を選び，日中英，中日英，英日中の順に配列し，どこからでも用語が捜し出せるよう図った。〔内容〕耐震工学／材料力学，構造解析／橋梁工学，構造設計，構造一般／水理学，水文学，河川工学／海岸工学，湾岸工学／発電工学／土質工学，岩盤工学／トンネル工学／都市計画／鉄道工学／道路工学／土木計画／測量学／コンクリート工学／環境工学／土木施工学／他

京大防災研究所編

防災学ハンドブック

26012-1 C3051　　B5判 740頁 本体32000円

災害の現象と対策について，理工学から人文科学までの幅広い視点から解説した防災学の決定版。〔内容〕総論（災害と防災，自然災害の変遷，総合防災的視点）／自然災害誘因と予知・予測（異常気象，地震，火山噴火，地表変動）／災害の制御と軽減（洪水・海象・渇水・土砂・地震動・強風災害，市街地火災，環境災害）／防災の計画と管理（地域防災計画，都市の災害リスクマネジメント，都市基盤施設・構造物の防災診断，災害情報と伝達，復興と心のケア）／災害史年表

東工大 池田駿介・名大 林　良嗣・京大 嘉門雅史・東大 磯部雅彦・東工大 川島一彦編

新領域 土木工学ハンドブック

26143-8 C3051　　B5判 1120頁 本体38000円

〔内容〕総論（土木工学概論，歴史的視点，土木および技術者の役割）／土木工学を取り巻くシステム（自然・生態，社会・経済，土地空間，社会基盤，地球環境）／社会基盤整備の技術（設計論，高度防災，高機能材料，高度建設技術，維持管理・更新，アメニティ，交通政策・技術，新空間利用，調査・解析）／環境保全・創造（地球・地域環境，環境評価・政策，環境創造，省エネ・省資源技術）／建設プロジェクト（プロジェクト評価・実施，建設マネジメント，アカウンタビリティ，グローバル化）

前北大 五十嵐日出夫編著

土木計画数理

26104-7 C3051　　A5判 292頁 本体4800円

土木計画に応用されている数理を実際への応用を第一として，厳密性を尊重しながら平易に解説。〔内容〕概説／集合論／確率と確率分布／統計的推論／実験計画法／多変量解析／マルコフ連鎖／待ち行列理論／ネットワーク理論／線形計画法

杉本光隆・河邑　眞・佐藤勝久・土居正信・豊田浩史・吉村優治著
ニューテック・シリーズ

土の力学

26491-7 C3351　　A5判 192頁 本体2800円

力学的背景を明確にして体系的な理解を重視した初学者向け教科書。演習問題付き。〔内容〕土の基本的性質／地盤内の応力と力学問題（土の力学の基礎知識）／土中の水とその流れ／圧密／土のせん断特性／土圧／支持力／斜面の安定／地盤改良

冨田武満・福本武明・大東憲二・西原　晃・深川良一・久武勝保・楠見晴重・勝見　武著

最新土質力学（第2版）

26145-4 C3051　　A5判 224頁 本体3600円

土質力学の基礎的事項を最新の知見を取入れ，例題を掲げ簡潔に解説した教科書。〔内容〕土の基本的性質／土の締固め／土中の水理／圧縮と圧密／土のせん断強さ／土圧／地中応力と支持力／斜面の安定／土の動的性質／土質調査／地盤環境問題

京大 禰津家久・名工大 冨永晃宏著

水理学

26139-X C3051　　A5判 328頁 本体5200円

水理学を体系の中で理解できるように，本文構成，図表，式の誘導等に様々な工夫をこらし，身につく問題と詳解，ティータイムも混じえた本格的な教科書。〔内容〕I．流れの基礎／II．水理学の体系化―流体力学の応用／III．水理学の実用化

前京大 岩佐義朗・前広島大 金丸昭治編

水理学　I

26121-7 C3051　　A5判 212頁 本体4000円

大学専門課程の学生を対象に，水理学の基本を図や表をできるだけ多くして懇切ていねいに解説した。〔内容〕静水の力学／流体の力学／管路の定常流／開水路の定常流／浸透層内の流れ／次元解析と水理相似率／波（基礎）

前京大 岩佐義朗・前広島大 金丸昭治編

水理学　II

26122-5 C3051　　A5判 184頁 本体3500円

水理学Iに引き続き，非定常現象を含む複雑な各種の現象を対象として，それらを解析するときの基本的な考え方と解析方法を解説。〔内容〕管路の非定常流／開水路の非定常流／流砂／貯水池・湖沼の水理／波（応用）／高潮／河口の水理

室　達朗・荒井克彦・深川良一・建山和由著

最新建設施工学
―ロボット化・システム化―

26131-4 C3051　　　A5判 208頁 本体3800円

新たな視点から建設施工学を捉え，新しい制御技術をやさしく簡潔に記述したテキスト。〔内容〕序論／自動制御の要素技術／自動制御の手法／建設ロボットの要素技術／ロコモーション方式の自動化／建設工事におけるロボットの開発事例

元長崎大 伊勢田哲也著
土木工学基礎講座7

新版 土 木 施 工

26442-9 C3351　　　A5判 272頁 本体4200円

旧版を全面的に改訂し，各種施工計画・施工法を平易に解説した大学・高専の学生，現場技術者向けの絶好の教科書・参考書。〔内容〕土工／岩石掘削工／基礎工／擁壁工および橋台，橋脚工／コンクリート工／トンネル工／施工計画と施工管理

巻上安爾・土屋　敬・鈴木徳行・井上　治著

土 木 施 工 法

26134-9 C3051　　　A5判 192頁 本体3800円

大学，短大，工業高等専門学校の土木工学科の学生を対象とした教科書。図表を多く取り入れ，簡潔にまとめた。〔内容〕総説／土工／軟弱地盤工／基礎工／擁壁工／橋台・橋脚工／コンクリート工／岩石工／トンネル工／施工計画と施工管理

大塚浩司・庄谷征美・外門正直・原　忠勝著

コンクリート工学

26126-8 C3051　　　A5判 192頁 本体3500円

コンクリート工学の基礎事項を体系的かつ重点的に学べるテキスト。〔内容〕セメント／骨材／混和材料／フレッシュコンクリート／コンクリートの強度／コンクリートの弾性・塑性・体積変化／コンクリートの配合設計／コンクリートの耐久性

日本橋梁建設協会編

新版 日本の橋 （CD-ROM付）
―鉄・鋼橋のあゆみ―

26146-2 C3051　　　A4変判 224頁 本体14000円

カラー写真で綴る橋梁技術史。旧版「日本の橋（増訂版）」を現代の橋以降のみでなく全面的に大幅な改訂を加えた。〔内容〕古い木の橋・石の橋／明治の橋／大正の橋／昭和前期の橋／現代の橋／これからの橋／ビッグ10・年表・橋の分類／他

前金沢大 小堀爲雄著
土木工学基礎講座8

橋 梁 工 学 （訂正版）

26440-2 C3351　　　A5判 288頁 本体4800円

従来のリベット接合から高力ボルト接合への変化を受けて詳細に解説。〔内容〕橋梁工学の基礎／鉄筋コンクリート床版と鋼床版／溶接プレートガーダー橋と合成げた橋／トラス／各種の橋／橋の下部構造と橋の架設／合成げた橋の設計例

前北大 渡辺　昇著
朝倉土木工学講座11

橋 梁 工 学

26410-0 C3351　　　A5判 592頁 本体7800円

鋼鉄道橋，道路橋などの示方書および解説を骨子とした鋼橋の設計に関する教科書。〔内容〕総論／橋の影響線／座屈理論／許容応力度／連結／床版・床組／プレートガーダー／合成げた／トラス／合成げた橋設計計算例／トラス橋設計計算例

前早大 吉川秀夫著
朝倉土木工学講座17

河 川 工 学 （改訂増補版）

26414-3 C3351　　　A5判 304頁 本体4800円

永年好評を博した旧版を，その後に生じた新しい問題など最新の資料で書き改めた大学学部学生向けのテキスト。〔内容〕概説(河川の形態・作用)／河川の調査／河川の計画／河道計画／河口部の計画／河川工作物／河川の維持・管理／砂防工事

前東北大 福田　正・佐藤道路技研 松野三朗著
土木工学ライブラリー9

道 路 工 学

26460-7 C3351　　　A5判 160頁 本体3000円

土木工学科の学生を対象に，最新の資料によってわかりやすく解説したテキスト。〔内容〕序論／調査および計画／交通流の性質／幾何構造／道路の付属施設／舗装概論／舗装材料／路床と路盤／アスファルト舗装／セメントコンクリート舗装

前京大 住友　恒・鳥取大 細井由彦著
土木工学ライブラリー10

環 境 衛 生 工 学

26461-5 C3351　　　A5判 164頁 本体3200円

土木技術者が日常の業務で必要とする環境問題の知識を，総合的に把握し，技術的にいかにアプローチすべきかを解説した学生の教科書。〔内容〕環境衛生工学の基礎／環境問題と環境の指標／環境の計画／環境施設／土木工事と環境問題

前東北大 福田　正編　東北大 武山　泰・日大 堀井雅史・東北工大 村井貞規・東北学院大 遠藤孝夫著

新版 交 通 工 学

26142-X C3051　　　A5判 176頁 本体3200円

道路を対象にしてまとめられたテキスト。〔内容〕交通と道路／都市交通計画／交通調査と交通需要予測／交通流の特性／交通容量／交差点設計／道路の人間工学／交通事故／道路の幾何構造設計／交通需要マネジメント／交通と環境／道路施設

京大 田村　武著

構 造 力 学
―仮想仕事の原理を通して―

20116-8 C3050　　　A5判 168頁 本体2900円

「構造の力学」を通して「力学の構造」を学ぶことを主眼とし，初学者を悩ませる"仮想仕事の原理"を懇切丁寧に解説した好テキスト。〔内容〕トラス構造の基礎と仮想仕事の原理／弾性トラス構造の解法／はりの構造／はりの仮想仕事の式の応用

元北大 能町純雄著 土木工学基礎講座1 **構　造　力　学　Ⅰ** 26431-3 C3351　　Ａ５判 268頁 本体4300円	不静定ばりと，長柱の一部を除くほかはすべて静定平面構造を取り扱い，静力学における力と材料の関係を，はりとトラスを主題にして説明した。〔内容〕力とモーメント／材料の性質と強さ／応力とひずみ／断面の性質／はりの断面力／柱／他
元北大 能町純雄著 土木工学基礎講座2 **構　造　力　学　Ⅱ** 26432-1 C3351　　Ａ５判 240頁 本体4600円	第Ⅰ巻に引続き不静定構造を解説し，あらたに曲げねじりを受ける部材を詳細に取り扱う。〔内容〕構造物の弾性変形／不静定トラス／アーチ／たわみ角法によるラーメンの解法／モーメント分配法／ねじり／弾性床上のはり／構造物の塑性解析
北大 林川俊郎著 現代土木工学シリーズ5 **橋　梁　工　学** 26485-2 C3351　　Ａ５判 296頁 本体4700円	新しい耐震基準，示方書などに準拠し，充実した演習問題でわかりやすく解説した最新のテキスト。〔内容〕総論／荷重／鋼材と許容応力度／連結／床版と床組／プレートガーダー／合成げた橋／支承と付属施設／合成げた橋の設計計算例
東工大 大即信明・金沢工大 宮里心一著 朝倉土木工学シリーズ1 **コンクリート材料** 26501-8 C3351　　Ａ５判 248頁 本体3800円	性能・品質という観点からコンクリート材料を体系的に展開する。また例題と解答例も多数掲載。〔内容〕コンクリートの構造／構成材料／フレッシュコンクリート／硬化コンクリート／配合設計／製造／施工／部材の耐久性／維持管理／解答例

◆ エース土木工学シリーズ ◆

教育的視点を重視し，平易に解説した大学ジュニア向けシリーズ

福井工大 森　康男・阪大 新田保次編著 エース土木工学シリーズ **エース 土木システム計画** 26471-2 C3351　　Ａ５判 220頁 本体3600円	土木システム計画を簡潔に解説したテキスト。〔内容〕計画とは将来を考えること／「土木システム」とは何か／土木システム計画の全体像／計画課題の発見／計画の目的・目標・範囲・制約／データ収集／分析の基本的な方法／計画の最適化／他
阪産大 西林新蔵編著 エース土木工学シリーズ **エース 建設構造材料** 26472-0 C3351　　Ａ５判 160頁 本体2800円	大学や高専でのカリキュラムの内容に合わせコンパクト化，および新しい内容を盛り込んだテキスト。『改訂新版土木材料』の全面改訂版。〔内容〕総論／鉄鋼／セメント／混和材料／骨材／コンクリート／その他の建設構造材料
関大 和田安彦・阪産大 菅原正孝・前京大 西田　薫・神戸山手大 中野加都子著 エース土木工学シリーズ **エース 環　境　計　画** 26473-9 C3351　　Ａ５判 192頁 本体2900円	環境問題を体系的に解説した学部学生・高専生用教科書。〔内容〕近年の地球環境問題／環境共生都市の構築／環境計画（水環境計画・大気環境計画・土壌環境計画・廃棄物・環境アセスメント）／これからの環境計画（地球温暖化防止，等）
樗木　武・横田　漢・堤　昌文・平田登基男・天本徳浩著 エース土木工学シリーズ **エース 交　通　工　学** 26474-7 C3351　　Ａ５判 196頁 本体3200円	基礎的な事項から環境問題・IT化など最新の知見までを，平易かつコンパクトにまとめた交通工学テキストの決定版。〔内容〕緒論／調査と交通計画／道路網の計画／自動車交通の流れ／道路設計／舗装構造／維持管理と防災／交通の高度情報化
中部大 植下　協・前岐阜大 加藤　晃・信州大 小西純一・北工大 間山正一著 エース土木工学シリーズ **エース 道　路　工　学** 26475-5 C3351　　Ａ５判 228頁 本体3400円	最新のデータ・要綱から環境影響などにも配慮して丁寧に解説した教科書。〔内容〕道路の交通容量／道路の幾何学的設計／土工／舗装概論／路床と路盤／アスファルト・セメントコンクリート舗装／付属施設／道路環境／道路の維持修繕他
田澤栄一編著　米倉亜州夫・笠井哲郎・氏家　勲・大下英吉・橋本親典・河合研至・市坪　誠著 エース土木工学シリーズ **エース コンクリート工学** 26476-3 C3351　　Ａ５判 264頁 本体3600円	最新の標準示方書に沿って解説。〔内容〕コンクリート用材料／フレッシュ・硬化コンクリートの性質／コンクリートの配合設計／コンクリートの製造・品質管理・検査／施工／コンクリート構造物の維持管理と補修／コンクリートと環境他
福本武明・荻野正嗣・佐野正典・早川　清・古河幸雄・鹿田正昭・嵯峨　晃・和田安彦著 エース土木工学シリーズ **エース 測　量　学** 26477-1 C3351　　Ａ５判 216頁 本体3900円	基礎を重視した土木工学系の入門教科書。〔内容〕観測値の処理／距離測量／水準測量／角測量／トラバース測量／三角測量と三辺測量／平板測量／GISと地形測量／写真測量／リモートセンシングとGPS測量／路線測量／面積・体積の算定

上記価格（税別）は 2004 年 7 月現在